生物类

21世纪高职高专系列教材

生 物 学

■ 主　编　　刘隆炎　　利容千

■ 主　审　　梅星元

武汉大学出版社

图书在版编目(CIP)数据

生物学/刘隆炎,利容千主编;梅星元主审.—武汉:武汉大学出版社,2004.9
 21世纪高职高专系列教材
 ISBN 978-7-307-04315-2

Ⅰ.生… Ⅱ.①刘… ②利… ③梅… Ⅲ.生物学—高等学校:技术学校—教材 Ⅳ.Q

中国版本图书馆 CIP 数据核字(2004)第 079347 号

责任编辑:黄汉平　　责任校对:黄添生　　版式设计:支　笛

出版发行:**武汉大学出版社**　(430072　武昌　珞珈山)
　　　　(电子邮件:cbs22@whu.edu.cn 网址:www.wdp.com.cn)
印刷:崇阳县天人印刷有限责任公司
开本:880×1230　1/32　印张:12.25　字数:348 千字
版次:2004 年 9 月第 1 版　　2010 年 7 月第 4 次印刷
ISBN 978-7-307-04315-2/Q·82　　　定价:17.00 元

版权所有,不得翻印;凡购买我社的图书,如有缺页、倒页、脱页等质量问题,请与当地图书销售部门联系调换。

前 言

21世纪将是生命科学与生物技术迅猛发展的新时期。

生物学课程是生物技术专业的基础课程。生物学知识浩瀚如海，如何编出一部既能与国际接轨，又具有生物技术专业特色的生物学教材，对我们是一次考验与探索，深感责任重大。因此，根据教材改革精神，在编写过程中必须遵循以下三个原则：其一，包涵生物学基础知识，但有侧重点，详略适度；其二，引进与现代生物学和生物技术有关的生物学前沿知识和科技热点问题的知识，开阔学生视野，激发学生学习兴趣，激励探索和创新的精神；其三，与高中生物学教材衔接，并重视传授科学思维方法。为此，我们作了很多努力，例如在新增的现代生物学与生物技术篇，深入浅出地联系和体现生物学理论和应用的热点与新进展，涉及生物技术、基因工程、细胞工程、酶工程、发酵工程、蛋白质工程、动物克隆技术、人类辅助生育技术——体外受精和胚胎移植、转基因动植物、生物芯片等内容。这些内容既对学生生物学素质和知识的提高有一定帮助，也有利于后续课程的学习。倘若能起到导读作用，就达到我们的期望了。

本书共分四篇11章，可作本科、大专通用教材，建议教学时数为46~76课时。

本书编写分工如下：前言、绪论、第5章、第10章、第11章，刘隆炎、利容千编写；第1章、第3章、第4章，彭玲编写；第2章，彭玲、刘隆炎编写；第6章、第7章，王明全编写；第8章，王亚芬编写；第9章，陈其国编写。

本书承蒙华中师范大学梅星元教授审阅与指导，在此特表衷心感谢。由于我们专业水平及编写能力有限，加之时间紧，肯定会有不少缺点及不足之处，恳请专家和读者不吝赐教，以利再版修正。

刘隆炎　利容千
2004 年 5 月 1 日

目 录

绪论 ··· 1
  0.1 生物学的发展简史及其主要趋势 ······················· 1
  0.2 生物学的分科 ··· 5
  0.3 学习生物学的目的与方法 ·································· 7

第一篇 组成生物体的结构层次

第1章 生命的特征和起源 ···································· 9
  1.1 生命的基本特征 ··· 9
    1.1.1 核酸和蛋白质 ·· 9
    1.1.2 细胞生命的基本单位是细胞 ························ 9
    1.1.3 新陈代谢 ·· 10
    1.1.4 信息传递 ·· 10
    1.1.5 生长和发育 ·· 10
    1.1.6 生殖（reproduction）································· 10
    1.1.7 遗传（heredity）和变异（variation）········ 11
    1.1.8 进化（evolution）······································· 11
    1.1.9 生物与环境的统一 ······································ 11
  1.2 生命的起源 ·· 11
    1.2.1 原始生命的化学演变 ··································· 12
    1.2.2 原核细胞的产生 ·· 13
    1.2.3 自养生物的出现 ·· 15
    1.2.4 从原核生物到真核生物 ······························ 15

第2章 生命的基本单位——细胞 ····················· 17

2.1 细胞的分子基础 … 17
2.1.1 生物小分子 … 17
2.1.2 生物大分子 … 19
2.2 细胞的基本概念 … 26
2.2.1 细胞的形态和大小 … 26
2.2.2 原核细胞（prokaryotic cell） … 28
2.2.3 真核细胞 … 32
2.3 细胞周期和细胞分裂 … 63
2.3.1 细胞周期 … 63
2.3.2 细胞分裂 … 64
2.3.3 细胞周期的调控 … 74
2.3.4 癌细胞、癌基因和抑癌基因 … 75
2.3.5 细胞的衰老和死亡 … 77

第3章 组织、器官和系统 … 81
3.1 高等植物的组织和器官 … 81
3.1.1 植物组织 … 81
3.1.2 植物的营养器官 … 87
3.1.3 植物的生殖器官 … 103
3.1.4 高等植物的系统 … 108
3.2 哺乳动物的组织器官和系统 … 108
3.2.1 动物组织 … 108
3.2.2 哺乳动物的器官系统 … 116

第二篇 生命过程一般原理

第4章 物质和能量的代谢 … 141
4.1 生物的代谢类型 … 141
4.2 生物催化剂——酶 … 143
4.3 细胞呼吸 … 147
4.4 光合作用 … 155

6.3.3 胚后发育 … 258
6.3.4 衰老和死亡 … 258

第7章 生物进化 … 262
7.1 达尔文和自然选择理论 … 262
7.1.1 达尔文以前的进化学说 … 262
7.1.2 达尔文和《物种起源》 … 263
7.1.3 自然选择学说 … 263
7.2 达尔文以后进化论的补充和发展 … 264
7.2.1 基因库和哈迪-温伯格定律 … 264
7.2.2 基因频率的改变 … 267
7.2.3 综合进化论 … 268
7.2.4 分子进化和中性学说 … 269
7.2.5 点断平衡说 … 271
7.3 物种的形成 … 271
7.3.1 隔离在物种形成中的作用 … 271
7.3.2 物种形成方式 … 273

第三篇 生物的多样性和生物的环境

第8章 生物的类群 … 276
8.1 生物的分界 … 276
8.1.1 分类系统 … 276
8.1.2 生物分类等级和物种的命名 … 278
8.2 病毒界 … 279
8.2.1 病毒的形态 … 280
8.2.2 病毒的结构 … 280
8.2.3 病毒的繁殖 … 281
8.3 原核生物界 … 283
8.3.1 细菌 … 283
8.3.2 放线菌 … 286
8.3.3 古细菌 … 287
8.3.4 蓝藻 … 287

8.3.5 其他原核生物 ············ 287
8.4 原生生物界 ············ 288
8.4.1 主要特征 ············ 288
8.4.2 主要类群 ············ 289
8.4.3 原生生物与人类的关系 ············ 290
8.5 真菌界 ············ 290
8.5.1 真菌门 ············ 290
8.5.2 地衣门 ············ 293
8.6 植物界 ············ 294
8.6.1 植物界的进化 ············ 294
8.6.2 藻类植物 ············ 294
8.6.3 苔藓植物 ············ 296
8.6.4 蕨类植物 ············ 298
8.6.5 裸子植物 ············ 299
8.6.6 被子植物 ············ 300
8.7 动物界 ············ 301
8.7.1 海绵动物门 ············ 301
8.7.2 腔肠动物门 ············ 302
8.7.3 扁形动物门 ············ 304
8.7.4 原体腔动物门 ············ 306
8.7.5 环节动物门 ············ 307
8.7.6 软体动物门 ············ 307
8.7.7 节肢动物门 ············ 308
8.7.8 棘皮动物门 ············ 309
8.7.9 脊索动物门 ············ 310

第9章 生物与环境 ············ 312
9.1 生物与环境的相互作用 ············ 312
9.1.1 生物圈 ············ 312
9.1.2 生物与无机环境 ············ 313
9.1.3 生物与有机环境 ············ 316
9.2 种群生态学 ············ 316

       9.2.1 种群的概念 ··· 316
       9.2.2 种群的基本特征 ····································· 317
       9.2.3 存活曲线 ··· 319
   9.3 群落生态学 ··· 320
       9.3.1 群落的概念 ··· 320
       9.3.2 群落的基本特征 ····································· 320
       9.3.3 群落的结构 ··· 321
       9.3.4 群落的类型和分布 ··································· 321
       9.3.5 群落的演替 ··· 322
   9.4 生态系统 ··· 324
       9.4.1 生态系统的概念 ····································· 324
       9.4.2 生态系统的特征 ····································· 324
       9.4.3 生态系统的组成 ····································· 325
       9.4.4 生态系统的结构 ····································· 326
       9.4.5 生态系统的功能 ····································· 328
       9.4.6 生态系统的平衡 ····································· 332
   9.5 人与环境 ··· 333
       9.5.1 控制人口数量，提高人口素质 ························· 333
       9.5.2 合理开发资源，走可持续发展道路 ····················· 334
       9.5.3 保护和建设环境 ····································· 334

第四篇 现代生物学与生物技术

第10章 现代生物技术 ··· 335
   10.1 生物技术概述 ··· 335
   10.2 生物技术的研究领域 ····································· 336
       10.2.1 基因工程 ··· 336
       10.2.2 细胞工程 ··· 341
       10.2.3 酶工程 ··· 344
       10.2.4 发酵工程 ··· 345
       10.2.5 蛋白质工程 ······································· 347
   10.3 生物技术的服务领域 ····································· 347

10.3.1	在医药卫生领域中的应用	347
10.3.2	在农业、食品工业中的应用	350
10.3.3	在开发能源和解决污染中的应用	352
10.3.4	制造工业原料 生产贵重金属	353

第11章 生物学前沿科技 ……………………………………… 355
11.1 动物克隆技术 …………………………………………… 355
- 11.1.1 克隆的基本概念 …………………………………… 355
- 11.1.2 动物克隆的基本方法 ……………………………… 355
- 11.1.3 动物克隆技术的应用前景 ………………………… 357
- 11.1.4 克隆人 ……………………………………………… 358

11.2 人类辅助生育技术——体外受精-胚胎移植（IVF-ET） …………………………………… 360
- 11.2.1 常规 IVF-ET 技术及其派生技术 ………………… 360
- 11.2.2 IVF-ET 技术的发展 ……………………………… 363
- 11.2.3 先进的辅助生育技术面临的社会、伦理、道德、法律等问题 ……………………………… 364

11.3 转基因动植物 …………………………………………… 365
- 11.3.1 转基因动物的构建 ………………………………… 365
- 11.3.2 转基因动物的应用 ………………………………… 366
- 11.3.3 转基因植物的构建 ………………………………… 369
- 11.3.4 转基因植物的应用 ………………………………… 369
- 11.3.5 转基因生物的安全性 ……………………………… 370

11.4 生物芯片 ………………………………………………… 371
- 11.4.1 生物芯片概念 ……………………………………… 371
- 11.4.2 生物芯片的应用 …………………………………… 372

主要参考文献 ………………………………………………… 376

绪 论

生物学（biology）是研究生命的科学，所以也称生命科学（life science），是研究生命现象的本质，并探讨生物发生和发展的一门科学。

0.1 生物学的发展简史及其主要趋势

早在二三千年以前，在我国和古希腊，已经有了不少关于生物学知识的记载。古代的人在栽种作物和驯养牲畜等农业生产实践中，在寻找药物治疗疾病的医学实践中，积累了许多关于动、植物形态、习性和用途等知识。例如，我国古代《内经》记载了人体解剖学方面的知识，提出"心主身之血脉"，"经脉流行不止，环周不休"的血液循环的观念。《尔雅》还记载了从战国以来人们就开始使用草、木、虫、鱼、鸟、兽等来概括整个生物界的不同类别。

古代两河流域的巴比伦人，公元前 5000 年已知道椰枣（Phoenix dactylifera）有雌雄之分；公元前 2000 年已知道用人工传粉技术来提高椰枣产量。古埃及人在公元前 2000 年已能利用某些药草作为防腐剂，用来殓藏尸体。古印度人在公元前 2000 多年已栽种小麦、大麦、粟等粮食作物。

古希腊的医学之祖 Hippocrates 已认识到，疾病是由环境条件和生活条件所引起的，而不是"凶恶的灵魂"所致。Aristotle 对动、植物有广泛的研究，观察过 500 种动物。

但是，Aristotle 相信灵魂的存在，并认为上帝是万物的始终。这些在以后的几百年中影响很大，成为生物学中各种唯心主义学说的根源。

古罗马的 Galen C. 对解剖学有一定的贡献，他研究牛、羊、猪、狗、猿等的内部器官，从而推论人体有许多构造也和这些动物相似，这对中世纪以前的西方医学发展有很大的影响。

提奥弗拉蒂斯（Theophrastus，公元前 370～前 285 年）通过对植物的调查研究，描述了近 500 种植物，并按它们的形态分为乔木、灌木和草木；按生长环境分为陆生植物、水生植物，还进一步把陆生植物分成常绿植物和落叶植物，水生植物分成淡水植物和咸水植物，成为逐级组合系统分类的开端。在 14 世纪到 16 世纪，欧洲重视药用植物收集、描述和绘制图谱。意大利的凯沙尔比诺（A. Caesalpino，1519～1603 年）和英国的约翰·雷（John-Ray，1627～1705 年），他们在分类学上有重大建树，前者已经知道了子房有上、下位的不同，并认识了几个自然科，如豆科、伞形科等，还提出花和果实是植物分类最重要依据的观点，后者提出了按子叶数目，把被子植物分为单子叶植物和双子叶植物。

我国明朝李时珍（1518～1593 年）撰写的巨著《本草纲目》，把生物界的分类提到一定高度。在该书中，他把植物分成草、谷、菜、果、木，把动物分成虫、鳞、介、禽、兽和人，并结合生态分析了药性，还对许多种动、植物进行了形态描述，绘制了图谱，成为留传后世的不朽著作。

在欧洲，4～15 世纪，由于封建制度和宗教思想的统治，自然科学的发展受到压制，生物学没有新的发展。16 世纪以后开始文艺复兴，资本主义发展起来。随着工业和商业发展的需要，随着对自然资源的探索，生物学积累了许多实际资料，获得了新的发展。Vesalius A.（1514～1564 年）对解剖学作了研究，他对 Galen C. 的一些错误记述作了修正。Harvey W.（1578～1657 年）研究动物生理，特别是心脏中的血液循环，奠定了动物生理学的基础。Hooke R. 用显微镜观察植物，于 1665 年首先描述了细胞。Malpighi M.（1628～1694 年）用显微镜观察皮肤和肾的结构，Leeuwenhock A.V.（1632～1723 年）用显微镜观察微生物，发现了原生动物和细菌。

从古代到 18 世纪这段漫长时间，无论是中国还是外国，大体上是依据农业生产和医药需要对有关生物学进行总结和描述，逐渐发展到通过观察和实验来对生命现象进行分析和推理。

在这一时期中，生物学在各方面，如分类学、解剖学、生理学等，都获得了许多成就，但是，在学术观点上，唯心主义仍占统治地位，尤其是"特创论"和"物种不变论"的流行。它们认为动、植物的物种是孤立的，彼此间没有关系，都是由上帝创造的，一旦出现以后，它们的形态和特性永远不变。"特创论"和"物种不变论"在19世纪以后，随着生物科学的发展才逐渐被摒弃。

19世纪生物学中的重大进展是"细胞学说"的出现和"进化论"的建立。Schleiden M.和Schwann T.（1838~1839年）综合了有关细胞方面的知识，于1838~1839年创立了细胞学说（cell theory）。他们指出，细胞是一切生物构造和功能上的基本单位，整个机体是由细胞和细胞的产物所组成。细胞学说表明，不同生物都是由细胞构成，都是由细胞发展而来。英国生物学家达尔文（C.R.Darwin，1809~1882年），在1831年乘英国资源探查的军舰作了五年的环球航行，搜集和观察到证明许多生物进化发展的事实和材料，并于1859年发表了《物种起源》的巨著，确立了以自然选择学说为中心内容的生物进化观点。与达尔文进化论同样具有划时代意义的是孟德尔（G.Mendel，1822~1884年）遗传规律的重新发现，并在此基础上，逐渐形成了生物学的一个新的分科——遗传学。

20世纪以来，生物化学、生物物理学等分科陆续建立，一些新方法引进到生物学的研究，工程技术上的成就使研究手段不断改进，形成了细胞生物学、分子生物学等新分科。20世纪60年代以来，细胞生物学和分子生物学的研究成果证明，细胞有更微细的超微结构，各种细胞都是由核酸、蛋白质等大分子构成的。Watson J.和Crick F.（1953年）阐明了脱氧核糖核酸（DNA）分子的双螺旋结构，DNA分子的自我复制，DNA分子中遗传信息经转录而形成信使核糖核酸（mRNA），再经翻译而产生各种有功能的蛋白质。这是生物界中分子运动规律的核心，称为"中心法则"，它揭示了生物遗传、代谢、发育、进化等过程的内在联系。

由于技术上的改进和研究方法上的创新，核酸、蛋白质、酶等大分子的结构已被搞清，并开始人工合成。1965年，我国科学家首先人工合成胰岛素。生物界遗传信息中统一的"遗传密码"的发现，从分子水平上证实了生物界各类型间的发展联系。同时，也为重组 DNA 技术（基因工程）提供了理论基础。20 世纪 70 年代以来，逆转录酶、限制性内切核酸酶和连接酶等的发现与应用更为基因工程的发展提供了必要的条件。

20 世纪 80 年代以来，基因工程不仅广泛应用于医药工业、食品工业、农牧业生产，而且也开始应用于遗传病的基因诊断与基因治疗，生命科学中的高技术研究正在日益转化为巨大的生产力。扫描隧道显微镜（STM）的出现使我们可以观察单个原子的三维排布。在此基础上形成了纳生物学（nanobiology），即在 $0.1 \sim 100$ nm 的长度上研究生物大分子的精细结构与功能的联系，用纳传感器获取生化信息和电信息，使生物学的发展有了新的基础。

另一方面，DNA 的聚合酶链反应（PCR）技术、酵母人工染色体（YAC）技术和 DNA 的快速序列测定技术等的出现与应用，使我们对人类基因组全部 DNA 序列（约 30 亿个碱基对）的分析有了必需的手段。人类基因组项目（HGP），计划在 2005 年以前用现代技术把人类基因组全部 DNA 序列分析清楚。人类基因组计划（HGP）与"曼哈顿的原子弹计划"、"阿波罗人类登月计划"一起被誉称为 20 世纪科学史上三大里程碑。分子遗传学理论和生物技术，在迎接人口、资源、能源、食物和环境等五大危机的挑战中将大显身手。例如辐射和化学诱变、原生质体分离与融合技术、花粉培养、组织培养和细胞杂交等，都给农业生产带来了巨大变革。近年来，基因工程和"克隆"（colone）技术的应用，为动、植物育种开创了新的途径。有关生物的新陈代谢机理、生长发育、遗传变异和生态等研究，为农业高产、稳产，改善自然生态环境和在病、虫、草害等防除方面带来新的思路和对策。

保护大自然，维持生态平衡是人类维护自身生存和发展的前提，已引起人们高度关注。

综上所述，从生物学的发展历史可以看到以下的主要发展趋势：

1. 由宏观到微观不断深入，结构与功能的相互联系、相互制约，分子生物学的迅猛发展就是明显的标志，21世纪将是生命科学的时期。

2. 由分析到综合的发展，着重辩证的综合是另一个趋势。多学科综合探讨生物体中各种生命现象的内在联系，个体与群体之间及其与外界环境之间的相互联系。例如，生态系生物学就是生物学与地学之间的边缘学科，生态系就是人类生活环境的重要背景，是环境评价的主要根据，也是环境保护、土壤资源合理利用的科学基础。

3. 新方法、新技术、新概念的广泛应用。数学、物理学、化学向生物学领域的渗透，生物工程技术的发展，电子学、纳米科学技术、控制论、信息论等新理论、新概念的应用，电子显微镜、扫描隧道显微镜、晶体衍射、电子计算机等新技术、新仪器的应用等，大大提高了对生命物质分析的精确性和对复杂生命系统的综合能力，极大地促进了生物学的纵深发展。

当前，生物学必将出现更多的新成就，在农业、工业、医学、国防建设等各领域中产生更大的影响，形成更高的生产力。

0.2 生物学的分科

生物学的研究范围极其广泛，因研究对象及其性质、角度、层次的不同，建立了许多不同的分支学科。

0.2.1 依研究生物的类群不同

动物学（Zoology）或动物生物学（Animal biology）是研究动物的形态结构、生理机能、分类、生态分布、遗传和进化的科学。

植物学（Botany）或植物生物学（Plant biology）是研究植物的形态结构、生理机能、分类、生态分布、遗传和进化的科学。

微生物学（Microbiology）是研究微生物，包括细菌、真菌、病毒等的形态结构、分类、生理生化、遗传变异等生命活动规律的科学。在微生物学中还派生出细菌学（Bacteriology）、真菌学（Mycology）和病毒学（Virology）。

人类学（Anthropology）是研究人类体质特征、类型及其变化规律的科学。

古生物学（Palaeobiology）是研究保存在地层中各种古代生物遗体和遗迹的科学。

0.2.2 依研究生命现象所取侧重点不同

形态学（Morphology）研究生物形态结构特点和形成的规律，以及形态与周围环境相适应的关系。

生理学（Physiology）研究生物体在生命活动的各种过程中，有机体个体发育和系统发育因生活条件不同而发生变化的规律性。

生态学（Ecology）研究生物与环境的相互关系，包括生物对环境的改变和环境对生物的影响等。

胚胎学（Embryology）研究动、植物的胚胎形成和发育的规律。

分类学（Taxonomy）研究不同生物的形态和性状的异同点，以及彼此的亲缘关系和起源演化。

遗传学（Genetics）研究生物的遗传和变异以及进化的科学。

进化论（Theory of Evolution）研究生物发生、发展的规律。

0.2.3 依对生物不同结构水平的研究

分子生物学（Molecular biology）从分子水平上来研究生命现象的物质基础，现在主要研究核酸和蛋白质的结构和功能。

细胞生物学（Cell biology）以细胞为研究对象，包括细胞结构、细胞化学成分和细胞的繁殖。

个体生物学（Individual biology）以生物个体为研究对象，包括个体生物的生长、发育和繁殖的全过程。

居群生物学（Population biology）以某一物种的居群来研究它的迁入、迁出、出生和死亡等规律，并预测该居群的消长和分布格局。

生物群落（Biotic community）研究在一定空间内各个生物种群

有规律的集合和群落演替规律。

生态系统（Ecosystem）研究在一定空间内生物群落与非生命环境的相互作用，其主要纽带是能量转化和物质循环，把生物与非生命环境紧密相联。

0.2.4 依生物学与其他学科的相互渗透建立的边缘学科

生物化学（Biochemistry）运用化学理论和方法研究生物的化学组成（如蛋白质、核酸、脂类和糖类等）与化学变化规律，以阐明生命现象的本质。

生物物理学（Biophysics）研究生命现象中的物理学和物理化学的规律及其在生命活动过程中的意义。

生物数学（Biomathmatics）主要指用于生物科学研究中的数学理论和方法，如生物统计学、生物控制以及运筹对策等。

仿生学（Bionics）研究生物的结构、功能、能量转换和信息传递过程等方面的优异特征，并将其移植于工程技术，以创造新型的或改进旧有的机械、仪器及建筑结构等。

0.3　学习生物学的目的与方法

生命科学是 21 世纪的主导学科。

生物学是生物工程院校的重要基础课。无论生物技术专业还是生物制药专业都离不开这个基础知识。例如，细胞、遗传与变异等部分为后继课程或专业课程提供理论基础知识。又如生物的繁殖与进化、生物的多样性和生物与环境等部分加深从不同角度认识各种生命现象的发生与发展规律以及生物与环境之间的相互依存关系。此外，现代生物学与生物技术部分开辟了通往学科前沿的窗口，深入浅出地联系和体现生物学基本知识的热点和最新进展，有利于激励学生探索和创新的精神。

学习生物学的目的归根结底是：认识生命现象的发生、发展规律和生命的本质，以便控制、保护、利用和改造生物。

如何学好生物学课程呢？有一个学习方法问题。

其一，树立辩证唯物主义观点。善于运用辩证唯物主义观点认识生命界种种奥秘。如认识生命是物质运动的最高形式，生命现象的种种规律是客观存在而不以人的意志为转移的。避免陷于唯心主义的上帝主宰一切的"神创论"、"物种不变论"的迷途。又如，认识有机体整体与局部、结构与功能、遗传与变异、同化与异化、个体发育与系统发育等都是对立统一的关系，即彼此之间既相互联系，又相互制约。绝不能孤立地一成不变地看待它。

其二，要善于应用观察、分析和综合的方法，并在学习中勤于思考，多问几个为什么？还要努力从那些千变万化的生命现象和错综复杂的相互联系中，去探索一些规律性的或本质性的东西，学习以简单的思路图、对比与综合图表等方法记载复杂的生命现象与特征。

其三，重视能力训练，尤其是实验能力的培养。生命科学迅速兴起与科学实验分不开。实验既能巩固理论知识，又培养了我们探索、求知与动手能力。

第一篇　组成生物体的结构层次

万千世界中,生命不是本来就存在并永远存在下去的,它也有一个发生、发展及消亡的过程。生命起源于非生命物质,并逐渐发展形成细胞——组织——器官——系统,最终组成一个复杂的生命。

第1章　生命的特征和起源

1.1　生命的基本特征

1.1.1　核酸和蛋白质

所有的生命都具有共同的生命大分子基础——核酸和蛋白质,由于这两种分子具有多样性和复杂性,造就了生物界物种的多样性和生命现象的复杂性。核酸是一切已知生物的遗传物质,由核酸组成的遗传密码在生物界一般是通用的。生物体通过这一统一的密码来编码自己的基因程序,表达出各种蛋白质,来实现自身的生长、发育、生殖、遗传等生命活动。

1.1.2　细胞

生命的基本单位是细胞,细胞都具有相似的结构,各部位结构都具有特定的功能。除病毒、类病毒以外,单细胞生物仅由一个细胞组成,多细胞生物一般由数以万计的细胞组成。在细胞这一层次上还有组织、器官、系统、个体、种群、群落、生态系统等层次。各层次每一结构单元之间,相互协调活动构成了复杂的生命系统。

1.1.3 新陈代谢

各种生物都以新陈代谢（metabolism）这一基本的生命运动形式来实现与外界环境之间的物质交换，及其相伴随的能量转移过程，包括同化作用（assimilation）和异化作用（dissimilation）两个方面。生物体从外界摄取简单的营养物质，将其转变为构成自身的复杂物质并储存能量的过程，称为同化作用，也称合成代谢。生物体把自身的复杂物质分解成简单物质排出体外，并伴随释放能量的过程称为异化作用，也称为分解代谢。这两个作用同时进行，相互依存。生物体正是在这种不断建成和破坏中得到更新。一切生命活动都依靠新陈代谢的正常运转得以维持，随着新陈代谢的终止，生物体也就死亡。

1.1.4 信息传递

这是维持机体生命活动的统一机制，为什么生物始终作为一个整体完成其复杂的行为？为什么生物能对环境刺激作出响应？为什么生物能适应多变的外部环境，而又保持着内环境的稳定？这都是因为在生物体内存在各种类型的信息传递模式。在遗传中，DNA的编码存在遗传信息的传递；在生长发育和代谢中，包括神经、激素、免疫等系统对内外环境信息的传递。总之，信息对于生命具有极为重要的意义，生命形态表现生命的过程实际上就是传递信息的过程。

1.1.5 生长和发育

生长和发育是生物体量变与质变的转化。生长（growth）通常是指生物从小到大的过程，这一过程同化作用大于异化作用。发育（development）一般理解为个体发育（ontogeny），如一粒种子萌发长成参天大树，一个动物受精卵发育为成体动物。

1.1.6 生殖（reproduction）

所有生物都有繁殖后代，使之得以代代不断延续的能力，这一现象叫生殖。生殖保证了生物体种族的繁衍，使生物延绵不断，为生物界生生不息的延续打下基础。

1.1.7 遗传（heredity）和变异（variation）

生物体产生的后代，通常与亲代相似，这一现象叫遗传。但后代与亲代之间总存在一定程度的差异，这一现象叫变异。生物的遗传和变异主要受基因的控制和基因改变的影响，它是生命存在的中枢。

1.1.8 进化（evolution）

历史上，生物表现出明确的不断演变和进化的趋势，这是生命的又一重要特征。地球上的生物诞生于大约35亿年前。从原始的单细胞生物开始，经过漫长的生物进化，到今天形成了庞大的多细胞生物体系，包括高等智能生物人类的出现，印证了生物进化的历程。

1.1.9 生物与环境的统一

这是自然界相互依存的基本法则，从构成生物的化学元素和生物大分子的生物化学成分看，生物是来自非生物环境的，组成生物的化学成分并没有超出自然界存在的化学元素之外，其中C、H、O、N、P、S、Ca占有较大的比例，这些元素构成了生物特有的基础生物大分子（蛋白质、核酸、糖类和脂类）。另外，生物的结构都适合于一定的功能，而这一功能又适合于该生物在一定环境下的生存和延续，这体现了生物对环境的适应性。

1.2 生命的起源

生命的历史未必是循序的，它肯定是难以预料的。地球上生命的进化是通过一系列意外的偶发事件来实现的。科学家们正为探索地球上何时何处以及怎样（这是最重要的）出现第一次生命作出不懈的努力。

1.2.1 原始生命的化学演变

生命发生的最早阶段是化学演变，即从无机小分子进化到原始生命的阶段。对于这一阶段的认识，以前苏联生物化学家奥巴林提出的"化学演变说"最为著名。这一学说认为，最初的原始生命乃是由原始地球上的非生命物质通过化学作用，逐步由简单到复杂，经过一个极漫长的自然演化过程而形成的。奥巴林将这一过程划分为三个阶段，我们不妨把这三个阶段看做是生命起源的三步曲，最简单的有机物及其衍生物的出现，是地球上生命起源的最初阶段。原始大气中含有甲烷、水、氨和氢，当大气层受到紫外线照射、宇宙射线等能量影响时，就能使碳氢化合物利用水分子中的氧而逐渐被氧化，形成各种含氧或含羟基的衍生物，如醛、醇、酸等，并广泛分布在地球大气层中。这些化合物又很容易与存于大气中的氨结合成胺盐和胺，这样，在地球原始大气中就出现了形形色色的含氧和含氮的碳氢衍生物。以后，当地球降温时，水蒸气凝结成雨水降至地面，形成原始海洋，大气中各种不同的有机物随雨水冲刷下来，在原始海洋中就包含了各种简单的有机物，形成了"热稀释汤"。这就是奥巴林所谱写的地球上生命起源的第一步曲。

从简单有机物演化为复杂有机物，这是生命起源的第二阶段，奥巴林认为这个阶段主要是在原始海洋中进行的。大气中合成后降到水里的有机物数量非常丰富，就像大自然厨师所烹调的一锅"营养汤"。由于在水域中含有各种有机物，它们能催化各种碳氢化合物的变化，并参与反应成为有机物的组成部分，这样，简单的有机物就有可能在常温条件下进行各种化学反应，形成氨基酸、核苷酸等，并由氨基酸、核苷酸进一步分别形成多肽、多核苷酸直至蛋白质、核酸等复杂的化合物。奥巴林的这些假说，不少已得到了实验验证。

具有新陈代谢生命特征的多分子体系的产生是生命起源最关键的一步，这是奥巴林所认为的第三阶段。这个阶段是由死变活的质变阶段，是生命起源研究道路上所遇到的疑难问题的症结所在。这个阶段看来十分神秘，但是，科学家们并不乞求神的帮助，他们相继设计了各种实验，提出了各种假说。

20世纪30年代以来，奥巴林关于生命起源的化学演化说受到各方面的重视，然而由于第二次世界大战的影响，未能开展更深入的研究。1953年，美国科学家米勒（S.L.Miller）在奥巴林学说的启发下，根据他的导师尤利（H.C.Urey）的一些设想，把甲烷、氨、水蒸气、氢气的混合体装在一个封闭的系统内，连续火花放电一周，结果得到大量有机化合物。反应产物经鉴定有11种氨基酸，其中甘氨酸、丙氨酸、天冬氨酸和谷氨酸四种氨基酸，存在于天然蛋白质中。米勒模拟原始地球条件合成小分子，对生命起源研究产生了重大影响，成为生命起源研究史上一个关键性实验。虽然米勒使用的仪器很简单，但是他的构思严谨，设计精巧，能很好地符合实验要求，对后人有很大的启示。其后，许多科学家相继模拟原始地球条件，合成了很多种有机化合物。

关于生命起源化学进化的实验模拟虽然进行了大量工作，但主要还是集中于生物小分子的合成方面，至于重要大分子的合成进展并不大，而关于原始细胞模型的工作更是限于假设和推测，离原始地球上的原始生命还有很大差距。生命起源要研究的是40多亿年前物质如何"由死变活"的问题，难度可想而知。只有加强多学科合作，特别是宇宙学、地质学、有机化学和分子生物学等学科协同作战，才有可能逐步攻克生命起源这个堡垒。

1.2.2 原核细胞的产生

生物大分子还不是原始的生命，各种生物大分子单独存在时，不表现生命的现象，只有在它们形成了多分子体系时，才能显示生命现象。这种多分子体系就是原始生命的萌芽。

为了探讨多分子体系的形成及其特征，奥巴林和福克斯分别提出了自己的学说。

奥巴林的团聚体学说（coacervate theory）认为，生物大分子主要是蛋白质溶液和核酸溶液合在一起时，可形成团聚体小滴，这就是多分子体系，它具有一定的生命现象，奥巴林的实验能使团聚体具有吸收、合成、分解、生长、生殖等生命现象。

微球体学说（micro sphere theory）是福克斯提出的。微球体主要是由类蛋白物质在盐溶液中加热溶解，再冷却之后形成的一种胶质小球。它比团聚体更稳定，与现代细胞有许多相似之处。微球体表现出许多生物学特性，例如：①微球体表面有双层膜，使微球体能随溶液渗透压的变化而收缩或膨胀；②能吸收溶液中的类蛋白质而生长，并能以一种类似于细菌分裂的方式进行繁殖；③在电子显微镜下可见微球体的超微结构类似于简单的细菌；④表面膜的存在使微球体分子对外界分子有选择地吸收。在吸收了ATP之后，表现出类似于细胞质流动的活动。

但无论是哪一种多分子体系，如果要继续进化为原始的生命，下列三点必须具备：

第一，多分子体系内部必须具有一定的物理化学结构，这是生命起源的一个重要条件。有一定的物理化学结构，体系中所发生的化学反应就能在有序水平上进行，并和外界发生相互作用，使体系更加稳定而不易被破坏，才能生存下来，并脱离外界环境而独立出来。分子的有规律的空间排列是造成多分子体系一定物理化学结构的主要依据。

第二，多分子体系的主要组成必须是蛋白质和核酸，有了这两类分子，才能完成遗传信息的转录和翻译，而其他的大分子如多糖、脂类等也都参加到核酸和蛋白质体系中去，完成它们的特定功能。

第三，原始膜的形成。多分子体系的表面必须有膜。有了膜，多分子体系才有可能和外界介质分开，成为一个独立的稳定系，也才有可能有选择地从外界吸收所需分子，防止有害分子进入，而体系中各类分子才有更多机会互相碰撞，促进化学过程的进行。原始膜的结构和功能是在进化过程中不断完善和复杂化而成为现在的生物膜。

在原始海洋中，含有丰富的有机物质，而大气中缺氧，因此，最早出现的一定是厌氧的，结构简单的原核细胞。当异养原核生物不断发展，而海洋中现成有机物逐渐减少的情况下，出现了自养的原核生物。

1.2.3 自养生物的出现

当外界环境中物质逐渐用尽的时候，自养原核生物就出现了。据推测，某些多分子体系中就包含有卟啉化合物，可进行初步的光化学反应。而一旦原核细胞中出现了叶绿素分子，也就伴随着出现了可行光合作用的自养生物。自养生物能自己制造有机物质，不再依赖周围环境供应营养。光合作用产生了分子氧，使地球上大气的组成发生了变化：①形成了臭氧保护层，切断了紫外线的供应，促进了绿色植物的发展，使生命不被破坏。②有氧呼吸的产生，随着大气中氧的浓度不断增加，使好氧细胞得以生存，高效的有氧呼吸代替无氧呼吸。

1.2.4 从原核生物到真核生物

现代细胞学的研究表明，生物界内部在结构上的最大差异，不是在动物和植物之间，而是存在于原核生物（procaryote）和真核生物（eucaryote）之间。生命史的研究表明：真核生物肯定是晚于原核生物的出现。因为，第一，最早出现的化石是原核生物，年龄至少有34亿年，而真核生物的年龄最多不超过20亿年；第二，真核生物都是好氧呼吸的，因此它们必然是在还原性大气变为含氧大气之后才出现的，所以，多数人赞同1970年Lynn Margulis等人提出的真核细胞来自原核细胞的"内共生学说"（endosymbioltic theory）。该学说认为：真核细胞的线粒体和质体来源于共生的真细菌（线粒体可能来源于紫细菌，质体来源于蓝藻），运动器（包括鞭毛和胞内微管系统）来自共生的螺旋体类的真细菌。内共生学说的主要依据是，现代真核细胞的线粒体和叶绿体都具有自主性的活动，它们的DNA为环状，它们的核糖体为70S，这些都和细菌、蓝藻是相同的。

除了线粒体和质体外，真核细胞中的核膜、内质网以及高尔基体等内膜系统又是怎样进化来的呢？20世纪40年代，人们用电子显微镜揭示了真核细胞中普遍存在的单位膜结构。很多人主张真核细胞的内膜系统是古原核细胞的外膜向内折入而发展起来的，线粒体的外膜和叶绿体的外膜则是内质网延伸而成的。

但是，内共生学说不能解释细胞核的起源，因为真核细胞的核结构和原核细胞的拟核差别很大，不仅仅是有无核膜的问题。对于这一难点，还有待进一步的研究。

思 考 题

1. 生命的基本特征是什么？
2. 说明生命起源的大致历程及有关的研究概况。

第2章 生命的基本单位——细胞

2.1 细胞的分子基础

细胞是生物体形态结构和生理功能的基本单位。而活细胞中所有的生命物质总称为原生质。原生质是生命的物质基础，组成原生质的化学元素有50多种，其中最主要的是C、H、O、N四种元素，其次为S、P、Cl、K、Na、Ca、Mg等元素，上述元素占细胞全重99.9%以上，称大量元素。此外，在细胞中还有数量极少的微量元素，如Cu、Zn、Mn、Mo、Co、Cr、Si、F、Br、I、Li、Ba等。原生质中的所有元素并非单独存在，而是相互结合，以无机化合物和有机化合物的形式存在。无机化合物包括水、无机盐等。有机化合物包括有机小分子和生物大分子。有机小分子指的是单糖、脂肪酸、氨基酸和核苷酸，生物大分子指的是多糖、脂肪、蛋白质、核酸等。

2.1.1 生物小分子

(一) 无机化合物

1. 水

水具有独特的溶剂性质，在细胞中作为溶剂，溶解细胞中水溶性的化学物质。

水可作为物质分散的介质，使细胞内物质分散，细胞的各种代谢活动和许多生化反应均需在水溶液中进行。

水的比热高，热容量大，能吸收热和分散热，故能调节体温，维持机体或细胞的正常代谢活动。水还是细胞内许多生物化学反应的反应物和生成物，水也是细胞外液的主要成分，是细胞生活的外环境。细胞中的水，以游离水和结合水两种形式存在。起溶剂作用的水在细胞中均为游离水，占细胞总水量的95%以上。结合水是以氢键或其他引力与蛋白质分子相结合的水分子，构成细胞结构的组成部分。

2. 无机盐

无机盐是参与构成细胞的重要成分，也是维持细胞生存环境的重要物质。在细胞中，无机盐多以离子状态存在，其中含量较多的阳离子有 Na^+、K^+、Ca^{2+}、Fe^{3+}、Mg^{2+} 等；阴离子主要有 Cl^-、SO_4^{2-}、PO_4^{3-}、HCO_3^- 等。它们对维持细胞内外的渗透压、pH 值，保证细胞的正常功能都是十分重要的，有的直接与蛋白质或脂类结合，组成具有一定功能的结合蛋白质（如血红蛋白）或类脂（如磷脂），有的作为激素的调节物和媒触物起作用。总之，无机盐也是细胞生命活动不可缺少的物质。

（二）有机小分子

1. 单糖（monosaccharide）

单糖的通式为 $(CH_2O)_n$，其中 n 为正整数，范围为 3~7。它是构成双糖和多糖的基本单位。单糖中以核糖（戊糖，$C_5H_{10}O_5$）和葡萄糖（己糖，$C_6H_{12}O_6$）最重要。核糖（ribose）和脱氧核糖（dyoxyribose）是核酸的组成成分。葡萄糖则是许多细胞的主要营养化合物和能源物质，由葡萄糖组成重复结构的简单多糖，在植物细胞内主要是淀粉，在动物细胞内主要是糖原，它们用于贮存能量，当葡萄糖分解时，所释放的能量用以合成三磷酸腺苷（ATP），供细胞生命活动所需。

2. 脂肪酸（fatty acid）

脂肪酸是直链脂肪烃有机酸，一般含有 1 个羧基，通式为 $CH_3(CH_2)_nCOOH$。脂肪酸有两个明显不同的区域：长的碳氢链，是疏水的（不溶于水），无化学活性；羧基可在溶液中电离，是亲水的（溶于水），易形成酯和酰胺。细胞内的脂肪酸分子通过羧基与其他分子共价相连。

脂肪酸在细胞内最重要的功能是构成细胞膜，同时脂肪酸也能分解产生 ATP，是细胞内能量的贮存形式。

3．氨基酸（amino acid）

氨基酸是蛋白质结构的基本单位，尽管组成蛋白质的 20 种氨基酸在化学组成上各不相同，但是它们在结构上具有共同特点，即每个氨基酸的碳原子上都含有 4 个部分：1 个氨基（—NH_2），1 个羧基（—COOH），1 个氢原子（—H）和 1 个 R 基团或称侧链（见图 2-1）。

$$H_2N-\overset{\overset{H}{|}}{\underset{\underset{R}{|}}{C}}-COOH \quad 或 \quad H_3N^+-\overset{\overset{H}{|}}{\underset{\underset{R}{|}}{C}}-COO^-$$

图 2-1　氨基酸分子结构式

不同的氨基酸，其 R 基团不同，并因其形状、大小、所带电荷以及形成氢键能力等的不同，决定了不同的氨基酸具有不同的理化性质，其不同的理化特性又决定了它们所组成蛋白质的特性，从而构成了蛋白质多种复杂功能的基础。

4．核苷酸（nucleotide）

核苷酸是组成核酸（nucleic acid）的基本单位，每个单核苷酸由 1 个碱基，1 个戊糖和 1 个磷酸脱水缩合而成。碱基有 2 类，即嘌呤和嘧啶。嘌呤有 2 种，即腺嘌呤（adenine，A）和鸟嘌呤（guanine，G）；嘧啶有 3 种，即胞嘧啶（cytosine，C），胸腺嘧啶（thymine，T）和尿嘧啶（uracil，U）；戊糖有 2 种，即核糖和脱氧核糖。

碱基与戊糖脱水缩合形成的化合物称为核苷（nucleoside），核苷再接上 1 个磷酸分子构成单核苷酸，连接 2 个分子磷酸为二磷酸核苷（ADP）。连接 3 个磷酸为三磷酸核苷（ATP），单核苷酸是合成核酸的原料，ATP 可参与细胞各种反应之间的能量传递。

2.1.2　生物大分子

细胞内的生物大分子是重要的生命物质，它们的结构复杂，相对分子质量在10 000~1 000 000U之间,这些大分子被赋予了与小分子截然不同的生物学特征,在细胞内各自执行其独特的功能,具有生物活性,携带着生命信息,决定着生物体的结构和功能。

（一）蛋白质

蛋白质（protein）是存在于一切细胞中的生物大分子,是一切生物体形态结构和生理功能的物质基础,蛋白质在机体中担负着各种各样的生理功能。如在参与细胞的运动,控制生物膜的通透性,调节代谢物质的浓度,催化细胞内的各种生化反应,识别其他生物分子和控制基因的复制及表达等方面,都起着重要的作用。

1. 肽键和肽链

构成蛋白质的氨基酸虽然只有20种,但是组成一个蛋白质分子的氨基酸的数目却是很多的。组成蛋白质的氨基酸数目从几十个到十几万个不等,这许许多多的氨基酸都是通过肽键（peptide bond）依次缩合形成肽链（peptide chain）的。一个蛋白质分子可以含有一条或几条肽链。肽键是由一个氨基酸分子的羧基（—COOH）和另一个氨基酸分子的氨基（—NH$_2$）之间脱水缩合而成的键。肽键将氨基酸逐个连接成链状结构称为肽链。由两个氨基酸分子脱水缩合而形成的化合物称为二肽；由众多氨基酸分子脱水缩合而成的化合物称为多肽。在书写多肽或蛋白质分子结构时,将有游离的氨基(—NH$_2$)或有氨基离子（—NH$_3^+$）的一端置于开始,将有羧基（—COOH）或羧基离子（—COO$^-$）置于结束端,分别称为N端或C端。

2. 蛋白质分子的结构

蛋白质分子具有复杂的空间结构,即具有一级、二级、三级和四级结构。

（1）蛋白质分子的一级结构：多肽链中氨基酸按一定的顺序形成的线性结构就是蛋白质分子的一级结构。蛋白质分子一级结构的化学键主要是肽键,在侧链中可以有少量的二硫键。一条多肽链可能是一个完整的、有活性的蛋白质分子,也可能是某一蛋白质结构的亚基,单独存在时不能表现生物活性。

（2）蛋白质分子的二级结构：这是在一级结构的基础上,即多肽链本身线形顺序中位置比较接近的氨基酸残基之间通过氢键所形成的三维立体结构。氢键是由肽链中—NH—的 H 与—CO—中的 O 之间的静电相互吸引，形成比较弱的键。蛋白质的二级结构有两种形式，一种是 α 螺旋（氢键在多肽链内部形成）；另一种是 β 片层（氢键在多肽链之间形成）。二级结构是纤维蛋白质分子的结构基础，如细胞中的肌动蛋白和肌球蛋白、细胞外基质中的胶原蛋白，以及毛、发、鳞、甲等的角蛋白。

（3）蛋白质分子的三级结构：是指蛋白质分子在二级结构的基础上，按一定的方式再进行盘曲折叠而形成的空间结构。具有三级结构的蛋白质分子在形态上都有近似球形或椭圆形的外形，通常称之为球蛋白。如酶蛋白、免疫球蛋白、分泌蛋白、毒素蛋白等。维持蛋白质三级结构的化学键主要有氢键、二硫键、离子键、疏水键等。

（4）蛋白质分子的四级结构：是由亚基组装而成的结构。具有两条或两条以上的有独立三级结构的多肽链组成的蛋白质分子才有四级结构。亚基与亚基之间通过非共价键（范德华力）聚合成具有一个非常稳定空间构象的复杂结构，称为蛋白质分子的四级结构。一般而言，组成蛋白质分子四级结构的这些亚基单独存在时没有生物学活性，只有结合成完整的四级结构才具有生物学活性。亚基是独立的结构单位，但不是独立的功能单位。有些蛋白质没有四级结构，具有三级结构就具有生物学活性（图 2-2）。

蛋白质是构成细胞结构最重要的部分，在细胞中蛋白质分子可以单独存在，也可以自我组装成为超分子结构，即几种蛋白质分子组合在一起，构成一种结构，如胶原纤维、微管、微丝、中等纤维以及线粒体的基粒等。蛋白质也常与细胞中的其他化学分子结合成复合体，如与脂类结合成为脂蛋白，与糖类结合成为糖蛋白，与核酸结合成为核蛋白等，它们称为结合蛋白质。单纯由氨基酸组成的蛋白质称为单纯蛋白质，如清蛋白（卵清蛋白）、组蛋白等。

（二）脂类

脂类是不溶于水而易溶于有机溶剂的有机化合物。在活细胞中有多种脂类，其中主要的有脂肪、磷脂、类固醇和糖脂。

脂肪是 1 分子甘油和 3 分子脂肪酸构成的中性脂，也称为三酰甘油。脂肪酸是其主要成分，不同的脂肪酸有所差异，但都是由一端带有一个羧基（—COOH）的碳氢链构成，不同的脂肪酸链的碳原子数不同，通常为 14～24 个。有的脂肪酸链中含有一个或多个双键，这种含双链的脂肪酸称为不饱和脂肪酸。

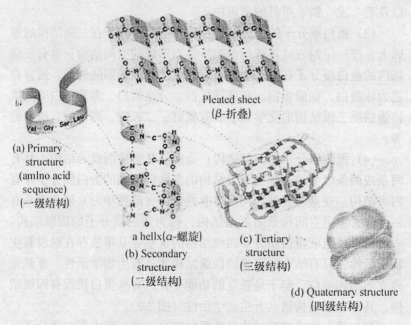

图 2-2　蛋白质分子的结构

类固醇又称甾族化合物，是脂肪的衍生物。人体细胞中的类固醇是胆固醇、胆汁酸等。胆固醇是最重要的类固醇，所有的性激素如雌激素、黄体酮、睾酮均是以此为原料合成，维生素 D 也是以胆固醇为原料合成的。

磷脂是含有无机磷酸的脂类，而糖脂是含低聚糖的脂类。磷脂和糖脂是构成生物膜的主要成分。

（三）核酸

核酸（nucleic acid）最初从细胞核中分离出来，因其具有酸性故称为核酸。它是细胞中重要的一类生物大分子。核酸主要存在于细胞核内,在细胞质中也存在一些,在生物界中每一细胞中无一例外地都含有核酸。它作为遗传物质与细胞及机体的生长、发育、遗传、变异、繁殖有直接的关系,担负着遗传信息的贮存、复制和表达。机体内一切生命活动均来自于蛋白质的特性,而一切蛋白质的合成都是由核酸所携带的遗传信息决定的。

1. 核酸的化学组成及分子结构

核酸是由数十个乃至数百万个单核苷酸聚合而成的复杂大分子化合物。每个单核苷酸又是由三类小分子化合物组成,即戊糖、磷酸、含氮碱基。戊糖有两种:核糖和脱氧核糖。碱基有两类:嘌呤碱和嘧啶碱。核苷酸是核酸分子的基本单位,核苷酸通过戊糖第3位碳原子上的羟基与另一个核苷酸磷酸上的羟基结合而脱去一分子水形成磷酸二酯键,单核苷酸之间通过3′,5′磷酸二酯键逐个聚合成多核苷酸链。磷酸二酯键对于组成和维持核酸分子结构起着十分重要的作用。

无论哪一类核酸都是以此基本结构为基础,通过另一些化学键(以氢键为主)的结合,使单一的长链分子相互盘曲折叠,形成螺旋状的空间结构。这样一种复杂的空间结构对于表示核酸的复杂功能是极其重要的。

2. 核酸的种类

细胞中的核酸主要有两大类,即核糖核酸(ribonucleic,RNA)和脱氧核糖核酸(deoxyribonucleic,DNA)。

(1) DNA的结构和功能

DNA是最重要的核酸分子,有关DNA的研究是现代生物学的中心课题。从1953年沃森与克里克揭示并提出DNA的双螺旋结构模型,为分子生物学、分子遗传学的建立及分子细胞生物学的形成和发展奠定基础以来,有关DNA分子结构的研究一直是生物学的热门课题。

DNA双螺旋结构模型提示,DNA分子由两条多核苷酸链组成,两条链之间的结合具有这样一些特征:①两条脱氧核苷酸长链以反向平行的方式形成双螺旋。即一条多核苷酸链的5′端与另一条多核苷酸链的3′端相应;②双螺旋结构中,所有核苷酸的碱基都位于链的内侧,即两条链之间;③两条多核苷酸链碱基之间通过氢键有规律地严格互补配对,A 与 T 之间形成两个氢键(A=T,T=A),G 与 C 之间形成三个氢键(G≡C,C≡G)。两条互补链(complementary chain)中的嘌呤碱基的总数与嘧啶碱基的总数是相等的,也就是 A+G=T+C;④每一互补的碱基对位于同一平面上,并垂直于螺旋主轴,每一相邻碱基对旋转 36°,相距 0.34nm,10 个碱基对旋转 360°,相距 3.4nm,螺旋的直径为 2nm(图 2-3)。

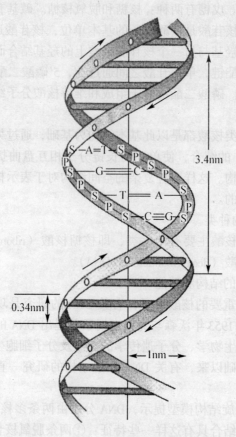

图 2-3　DNA 分子的双螺旋结构模型

24

DNA 分子双螺旋结构多为线形结构，也有的呈环状结构，如线粒体 DNA 和细菌质粒 DNA。组成 DNA 分子结构中的碱基对（base pair, bp）数目可以是很大的，而每条链上碱基的排列顺序是随机的，这就决定了 DNA 分子的复杂性和多样性。以一个分子有 100 个碱基对来说，则 4 种碱基对的组合方式就是 4^{100} 种之多。实际上 DNA 分子量是巨大的，所以其排列组合方式可以是无限的，这就为 DNA 分子贮存生物体无数的遗传信息提供了结构基础。DNA 在细胞中的作用是作为遗传信息的载体，生物体所有的遗传信息都贮存在 DNA 碱基的排列顺序之中，DNA 具有自我复制功能。通过复制，遗传信息可以从亲代细胞传给子代细胞，也可以从亲代个体传给子代个体。DNA 具有转录合成 RNA 的功能，通过转录将特定的遗传信息从 DNA 转移到 mRNA，并通过 mRNA 指导蛋白质的合成，实现遗传信息的表达。DNA 与细胞的代谢、生物的性状及蛋白质的种类、性质密切相关，因此，DNA 控制着生物的生长、发育、繁殖、遗传和变异，是细胞中最重要的成分。

(2) RNA 的结构和功能

RNA 是一种多核苷酸的单链结构，一般为线形，但有的单链自身盘曲折叠成假双链或部分双链。细胞中的 RNA 有三种，即信使核糖核酸（messenger RNA, mRNA）、转运核糖核酸（transfer RNA, tRNA）、核糖体核糖核酸（ribosomal RNA, rRNA）。细胞内的 RNA 主要分布在细胞质中，在细胞核内也有少量存在。

信使 RNA（mRNA）：指 mRNA 从细胞核内拷制和传递 DNA 分子上的遗传信息，将这种信息传递到细胞质中与核糖体结合，作为合成蛋白质的指令。

转运 RNA（tRNA）：tRNA 分子是单链状的结构，常常自身盘曲形成部分双螺旋，整个分子呈三叶草形，靠近它的柄部有 CCA 三个碱基，与之相对的另一端呈环状，称为反密码环，在环上有三个碱基，称为反密码子（anticodon）（图 2-4）。

tRNA 的作用是在遗传信息的表达过程中，活化并转运氨基酸到核糖体的特定部位，每一种氨基酸由一种或一类特异的 tRNA 来转运，在转运中按照 tRNA 上的反密码子与 mRNA 上的密码子形成互补的碱基来决定运送特定的氨基酸。

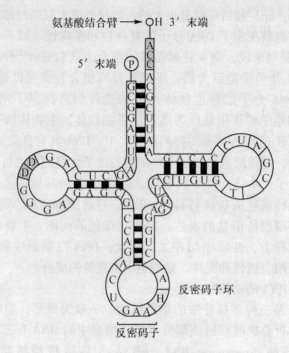

图 2-4 tRNA 的三叶草形结构（引自 B.Alberts 等）

核糖体 RNA（rRNA）：rRNA 是三类 RNA 分子中最大的一类，在细胞中更新较慢。它与蛋白质形成的复合结构——核糖体，是细胞内将氨基酸缩合成肽链的装配机，是细胞内蛋白质的合成场所。

2.2 细胞的基本概念

2.2.1 细胞的形态和大小

细胞的形态多种多样，有球形、杆状、立方体形、梭形、星形、多角形和圆柱形等。多细胞生物体，依照细胞在各种组织和器官中所承担的功能而分化出不同的形态结构，如植物体中具有输导作用的细胞呈长筒状；支持器官的细胞呈长纺锤形；吸收水分和无机盐的根毛细胞，向外突起，以增加吸收面积；动物体中运动的肌肉细胞是长梭形或纺锤形的；担负氧气运输的红血球是圆盘状的（见图2-5）。

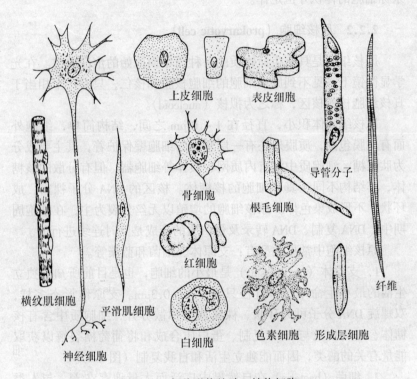

图 2-5 各种形状的动、植物细胞

细胞一般都很小，要用显微镜才能观察到。测量细胞的常用长度单位是微米（μm）、纳米（nm）。大多数细胞的直径是在几到几十微米的范围内。属于细菌类的支原体是最小的细胞，直径只有100nm。鸟类的卵细胞肉眼可见，鸵鸟的卵细胞直径可达到75mm。有些细胞直径并不大，但它可以伸得很长，如人的某些神经细胞，直径虽只有100μm，它的长度却可以达到1m以上，这和神经细胞的传导功能相一致。由此可见，细胞的大小与生物的进化程度和细胞功能是相适应的。

同类型细胞的体积一般是相近的，不依生物体个体大小而增大或缩小。如牛、马、人、小鼠的肾细胞或肝细胞的大小基本相同。器官的总体积与细胞的数目呈比例，而与细胞的大小无关，这种关系称细胞的体积守恒定律。

2.2.2 原核细胞（prokaryotic cell）

原核细胞是具有生命物质的一种简单而原始的生命单位。在光学显微镜下，见不到原核细胞的细胞核膜和核仁，只有一个相当于真核细胞核的核区，称之为拟核（nucleoid）。

原核细胞体积小，直径在 $1 \sim 10 \mu m$ 之间，结构简单，细胞外面有质膜包围，质膜外还有一层坚固的细胞壁保护着，其主要成分为肽聚糖。细胞质中没有内质网、质体等细胞器，但有分散的核糖体，其结构不同于真核细胞的核糖体。核区的 DNA 分子裸露，成环状，不形成染色体。原核细胞的增殖以无丝分裂为主，在细胞周期中，DNA 复制、DNA 转录及蛋白质的合成是同时连续进行的。

原核细胞中常见类型有：支原体、细菌和蓝藻等。

1. 支原体（mycoplasma）是最小的细胞，也是目前所知能独立生活的最小生命单位，直径只有 $0.1 \sim 0.3 \mu m$。支原体形态多样，双螺旋 DNA 分子可为环状、裸露或呈弥散分开，细胞质中含有核糖体、RNA 以及与 DNA 复制、蛋白质合成和将葡萄糖裂解以获取能量有关的酶类，因而能独立生活和自我复制（图 2-6）。

2. 细菌（bacteria）在自然界中广泛而大量地存在着，与人类的关系极为密切。细菌是原核生物的主要代表，细胞外有细胞壁，细胞壁外还包有荚膜或黏液层，有些则具有鞭毛。细菌 DNA 分子不与蛋白质结合，也无膜包围，而称为拟核。质膜凹陷形成复杂程度不一的间体，内含有与能量代谢有关的酶类物质。间体还能复制 DNA 分子，复制出的 DNA 分别进入两个子细胞。细胞质中含有大量的核糖体，大部分游离在细胞质中，一部分附着在质膜的内表面，行使蛋白质合成功能。在细菌的细胞质内还含有核外 DNA 分

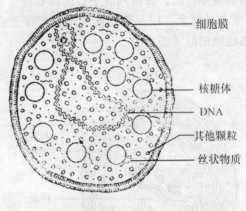

图 2-6 支原体

子,为小的环状,称之为质粒(plasmid)。质粒携带有一定的遗传信息,能自我复制,有时能整合到细菌核区 DNA 中,表现出某些特定的性状。细菌细胞通常以一分为二的无丝分裂方式增殖,有些种类在不良环境中则形成芽胞(图 2-7)。

3. 蓝藻(bule algae)亦称蓝细菌。蓝藻的细胞壁由纤维素和

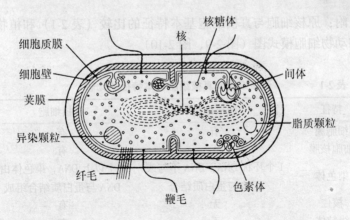

图 2-7 细菌细胞模式图

果胶质组成。细胞质内有环状 DNA 分子，也无膜包被。细胞质中有非常发达的类囊体片层，并排列成平行的同心环，其上含有叶绿素 a、胡萝卜素和叶黄素，以及藻蓝素和藻红素等光合色素，光合作用与绿色的植物相似（图 2-8）。

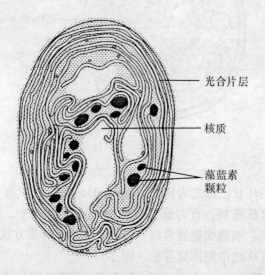

图 2-8　蓝藻细胞模式图

附：原核细胞与真核细胞基本特征的比较（表 2-1）和植物细胞和动物细胞模式图（图 2-9、图 2-10）

表 2-1　　　　原核细胞与真核细胞基本特征的比较

特征	原核细胞	真核细胞
细胞膜	有	有
细胞核膜	无	有
染色体	1 个环状 DNA，DNA 不与或很少与蛋白质结合	2 个以上 DNA，染色体由 DNA 与蛋白质结合组成
核仁	无	有
线粒体	无	有

续表

特征	原核细胞	真核细胞
内质网	无	有
高尔基复合体	无	有
溶酶体	无	有
核糖核蛋白体	70S	80S
核外 DNA	细菌具有裸露的质粒 DNA	线粒体 DNA，叶绿体 DNA
细胞骨架	无	有
细胞增殖方式	无丝分裂	有丝分裂为主

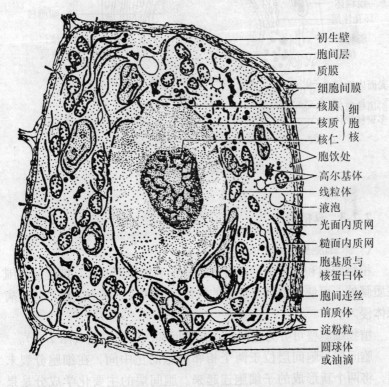

图 2-9　电镜下的根尖幼小细胞的图解

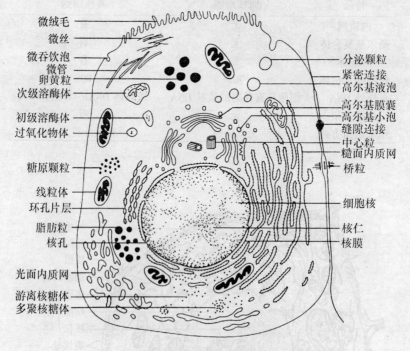

图 2-10 动物细胞模式图

2.2.3 真核细胞

(一)细胞壁(cell wall)

植物细胞和细菌细胞都有细胞壁,动物细胞没有。细胞壁包围在质膜外,可使细胞具有较强的机械强度和抗张能力,还可防止病原体侵入。

植物细胞壁可分为胞间层、初生壁和次生壁三层(图 2-11)。

胞间层 胞间层位于两个相邻细胞的正中间,在细胞分裂末期,将两个新形成的子细胞连起来。胞间层的主要化学成分是果胶。果胶是一种无定形的,可塑性大和高度亲水的多糖,粘而柔软。因此,不影响新生细胞的生长。果胶可在果胶酶的作用下分解，使胞间层消失，细胞分离。

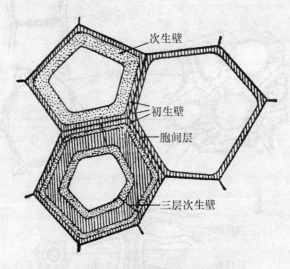

图 2-11　细胞壁横切面图解

初生壁　初生壁薄而有弹性，能随着细胞的生长而延伸，位于胞间层两侧，主要成分为纤维素、半纤维素和果胶，具有分生能力。

次生壁　次生壁位于初生壁内侧，紧贴质膜。次生壁较厚，为 $5\sim10\mu m$，可分为内、中、外三层，一般由纤维素、半纤维素组成，还含有大量的木质素和木栓质，所以比较坚硬，使细胞具有较大的机械强度和抗张力。

植物细胞壁上还有两种特化的结构：纹孔和胞间连丝（图 2-12）。

纹孔（pit）　细胞壁在一些位置不形成次生壁，只有较薄的胞间层和初生壁，因此，形成未增厚的区域，称为纹孔。在相邻细胞壁上，纹孔往往成对发生，形成纹孔对。纹孔对中间的胞间层和初生壁，合称纹孔膜。

胞间连丝（plasmodesma）　是穿过纹孔对的细胞质细丝，相邻细胞的细胞膜伸入纹孔，光面内质网也彼此相通，构成胞间连丝。它使整个植物体的细胞质联成一个整体，称为共质体。

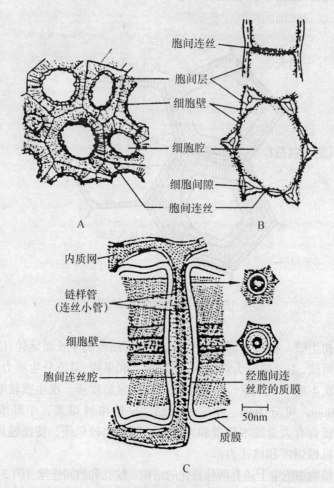

图 2-12 几种类型的细胞群横剖面（胞间连丝的分布）和胞间连丝的超微结构
A. 柿胚乳细胞；B. 烟草茎中的薄壁细胞；C. 胞间连丝的超微结构（左为纵剖面，右为横剖面）（引自 Robards，1971）

纹孔对和胞间连丝在植物的生长发育、物质运输、信息传递以及遗传物质的转移中起重要的作用，同时，也为病原体的传播提供了通路。

（二）细胞核（cell nucleus）

一切真核细胞都有完整的细胞核，但被子植物的筛管分子和哺乳动物的成熟红细胞没有细胞核，这些细胞最初是有核的，后来在发育过程中消失了。大多数细胞是单核的，但有些细胞是多核的，如成熟的花粉细胞，具有营养核和生殖核。

细胞核是细胞的控制中心，对细胞的生长分化和代谢起着决定性作用，遗传物质主要位于核中。

细胞核包括核膜、核质、染色质和核仁等部分（图2-13）。

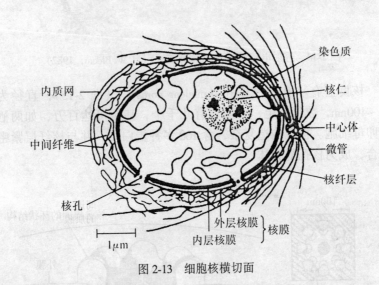

图2-13　细胞核横切面

1．核膜（nuclear envelope）　包在核外面，包括核膜和核膜下的核纤层两部分。核膜由两层单位膜组成，每层膜厚7~8nm，两膜之间为宽10~50nm的核周腔（perinuclear space）。在很多种细胞中，核外膜延伸而与细胞质中糙面内质网相连，并且，其上也附有许多核糖体颗粒，因此，核外膜实为围核的内质网部分。

核膜内面为纤维质的核纤层（图2-14），是一种纤维蛋白，称核纤层蛋白（lamin），向外与细胞质中的中间纤维相连，主要功能是维持核膜和染色体的形态。

图 2-14 透射电镜照片显示核纤层（引自 W.Bloom，1982）

核膜上有小孔，称核孔（nuclear pores）（图 2-15），直径为 50～100nm，数目不定，一般均有几千个，甚至可达百万，如两栖类卵母细胞。核孔构造复杂，含 100 多种蛋白质，并与核纤层紧密结合，成为核孔复合体。

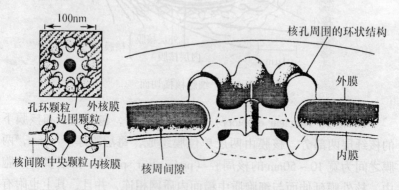

图 2-15 核孔复合体模式图（引自 B. Alberts 等）

核膜允许小分子蛋白质穿过而进入细胞核，但对大分子的出入有选择性，如大分子蛋白质、RNA 等超过 6 000U 的分子几乎不能穿过核膜,只能通过核孔进出核内外。

2. 染色质(chromatin) 在间期细胞核中,存在一种能被碱性染料(如苏木精)着色的物质,称为染色质。染色质在光镜下呈纤维状结构,交织成网,网上还有较粗大、染色更深的团块。着色浅、呈细丝状的区域称常染色质(euchromatin)(图2-16),为功能活跃的部分(正在进行复制),着色深的区域称异染色质(heterochromatin)(图2-17),一般不活跃,染色质丝螺旋化程度较高。

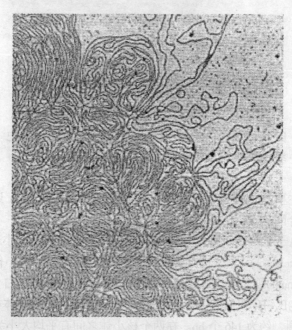

图 2-16 透射电镜照片显示间期核中处于伸展状态、折叠压缩程度低、用碱性染料染色时着色浅的常染色质(引自 W.Bloom, 1962)

真核细胞的染色质由 DNA 和蛋白质组成,也含少量 RNA,DNA 和蛋白质的比例约为 1∶1,蛋白质包括组蛋白和非组蛋白。组蛋白是碱性的,富含赖氨酸和精氨酸,易和带负电荷的 DNA 结合。组蛋白分为 H_1、H_2A、H_2B、H_3 和 H_4 五种,各有不同的功能。非

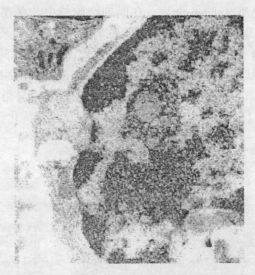

图 2-17 透射电镜照片显示体外培养 48 小时的人淋巴细胞核中浓聚的异染色质（引自 Stanley DA，1971）

组蛋白主要是一些有关 DNA 复制和转录的酶，如 DNA 聚合酶和 RNA 聚合酶等。

在电子显微镜下可以看到染色质呈串珠状的细丝，小珠称为核小体（nucleosomes）（图 2-18），其直径约为 10nm，核小体之间以 1.5~2.5nm 的细丝相连，核小体的核心部分由四对组蛋白分子构成（H_2A、H_2B、H_3 和 H_4 各两个）。DNA 分子链缠绕在核小体核心的外围 1.75 圈，约为 146 个 bp。在两个核小体之间有平均大小为 60bp 的连接片段，称为 DNA 连线（linker）。一分子组蛋白 H_1 位于 DNA 连线上，其功能可能是促进各核小体的聚拢，所以，在染色质中平均每 200 个 bp 即出现一个核小体，构成染色质丝的一个单位。

细胞分裂期，染色质高度螺旋化，凝集成在光学显微镜下清晰可辨的，具有明显形态特征的染色体。所以，染色质和染色体实际上是一种东西，只是处于细胞周期的不同阶段而呈现不同的形态而已。有关染色体的形态结构特征，将在"遗传和变异"这一章叙述。

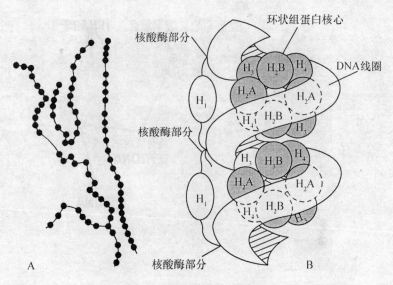

图 2-18 核小体结构示意图
A. 电镜下的核小体示意图；B. 核小体结构图

染色体在细胞核内具有特殊功能，能够自我复制，和生物的遗传有密切关系。在细胞分裂期，染色体将它所携带的遗传信息，平均分配到两个子细胞中去，保证遗传的稳定性。

3. 核仁（nucleolus） 是细胞核中折光性很强的圆球形结构，没有外膜。各种生物的核仁数目一般都是固定的，例如：非洲爪蟾有两个核仁，小麦有五个核仁，人只有一个核仁。核仁在细胞分裂时消失，分裂完成后又重新形成。

核仁主要由蛋白质和 RNA 组成，还含有少量的 DNA 和酶类。在电子显微镜下，可以看到核仁是由核仁丝、颗粒和基质构成（图 2-19）。核仁丝是由一些长度不一，直径为 3～100 埃的细丝组成，而且位于核仁的中央。颗粒位于核仁的周围，直径约为 150 埃，类似核糖体。核仁丝和颗粒都是由核糖核酸和蛋白质结合而成的，悬浮在无定形的基质中，其质主要由蛋白质组成。

在染色体上，存在某一个或几个特定染色体的片段，构成核仁

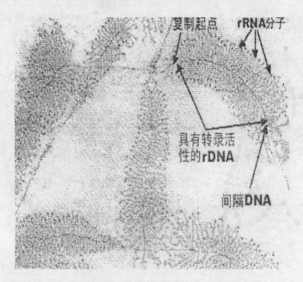

图 2-19 透射电镜照片显示蛙卵母细胞核仁中的转录单位
（引自 Y.Osheim and O.J.Miller, Jr）

的组织者，称核仁组织区（nucleolus organizer）。核仁位于染色体的核仁组织区的周围。核仁组织区的 DNA 即是 rRNA 的基因，即 rDNA。

核仁的主要功能是转录和合成 rRNA，装配核糖体的大、小亚基，核糖体形成后通过核孔进入细胞质内，为蛋白质的合成提供场所。因此，蛋白质合成旺盛的细胞，常有较大的核仁，如精原细胞、卵原细胞及肿瘤细胞中，核仁较大。

4．核基质（nuclear matrix） 是一种纤维状的网，布满整个细胞核，网内充满液体，网的成分为纤维蛋白。核基质是核的支架，并为染色质提供附着的场所。

（三）细胞膜（cell membrane）

细胞膜也叫质膜（plasma membrane），覆盖在细胞的表面，把细胞内的原生质和外界环境分开。细胞膜的厚度为 7～8nm，在光镜下很难分辨。但在电子显微镜下，细胞膜可以分为内、中、外三层结构，内、外两层为电子密度大的暗层；中间为电子密度小的亮层，通常把这种三层结构的膜称为单位膜（unit membrane）。单位膜不仅存在于细胞表面，细胞内的大部分膜管系统也是由单位膜构成的，统称为生物膜（biological membrane）。

细胞膜的分子结构主要是由按一定规律排列的蛋白质和磷脂分子所组成，有的细胞膜中还含有少量糖类。

根据细胞膜内含蛋白质和磷脂分子的排列和分布情况，以及在电镜下所看到的膜的形态结构，曾提出几种有关细胞膜结构的模型，例如：片层结构模型、单位膜模型、液态镶嵌模型等。但目前较为公认的是液态镶嵌模型（fluid mosaic model）学说（见图2-20）。该学说认为：生物膜是由流动的脂质双分子构成生物膜的骨架，球蛋白分子无规则地分散在脂双层分子中。液态镶嵌模型的主要特点是：①生物膜是流动的，膜中的脂分子可以自由移动（侧向扩散、旋转运动、自身摆动、翻转运动），蛋白质分子也可以在膜平面上作侧向移动；②膜蛋白的分布是不对称的，有内在蛋白和外在蛋白之分，生物膜的许多重要功能都是由膜蛋白分子来执行的；③除了脂类和蛋白质以外，细胞膜的表面还有糖类分子，称为膜糖，膜糖一般和蛋白质结合成为糖蛋白，或与脂分子结合成糖脂。

细胞膜是细胞与周围环境的屏障，细胞在生命活动过程中通过

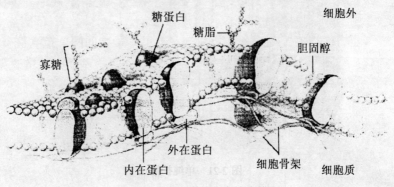

图2-20　细胞膜的液态镶嵌模型

细胞膜不断地与周围环境进行物质交换，细胞膜对进出细胞的物质具有选择通透性和调节作用。即细胞膜的这种选择通透性又称为膜的半透性。细胞膜的功能还表现在细胞识别、信号转导、免疫等方面。以下主要介绍细胞膜的物质运输功能。

物质穿过细胞膜的方式大体可分为扩散、渗透、主动运输、内吞作用和外排作用等方式。

1. 扩散（diffusion） 物质分子从高浓度到低浓度的运输就称为扩散。分子的过膜扩散取决于膜两侧的分子浓度、分子的大小、溶解性和带电性。例如：由于细胞呼吸，细胞内 O_2 浓度总是低于血浆或体液中 O_2 浓度，而 CO_2 的浓度则高于血浆或体液中 CO_2 的浓度，体液中的 O_2 就向细胞内扩散，而细胞内的 CO_2 则向血浆或体液扩散；由于膜上小孔的直径小于 1.0nm，因此只有不大于 1.0nm 的分子才能穿膜扩散。O_2、CO_2 以及乙醇等其他一些小分子，它们的跨膜扩散完全是因浓度梯度的存在而实现的，这种扩散不需要膜中蛋白质分子的帮助，也不需要细胞提供能量，称为单纯扩散（simple diffusion）（图 2-21）。

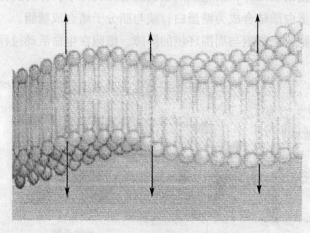

图 2-21 单纯扩散

有些物质（如葡萄糖）本身不易通过单纯扩散而进入细胞，但可与质膜上称为载体的球蛋白结合，并由载体携带穿越质膜，这种扩散称为易化扩散（facilitated diffusion）。易化扩散也是顺浓度梯度扩散，也不需要细胞提供能量，但扩散的速度却远远大于单纯扩散。存在于红细胞膜上的葡萄糖载体，对葡萄糖有特异的亲和力，葡萄糖分子与此载体蛋白外侧的亚基结合，使载体蛋白的构象发生改变，将葡萄糖分子转入细胞内（图2-22），每个红细胞膜上有 5×10^4 个载体蛋白，最大传递速度可达每秒运输180个葡萄糖分子入胞。

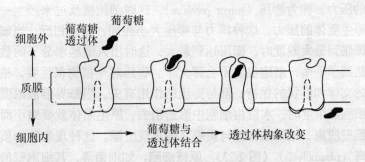

图 2-22 葡萄糖透过体载运葡萄糖图解

2. 渗透（osmosis） 其实就是穿过膜的扩散，是指水分子从水势高（如纯水）一侧穿过膜而进入低水势（如蔗糖溶液）一侧的扩散。

水分子的运动取决于水分子的动能。通常用水势（water potential）来度量水分子的动能。在纯水中，水分子的动能最大，而在溶液中，由于溶质分子吸引水分子，阻止它们之间的相互碰撞，结果水分子动能减少。在标准温度和压力下，纯水的水势规定为0，则溶液的水势应小于0，即为负值。渗透作用的强度可用渗透势（osmotic potential）来表示，渗透势实际上就是溶液的水势与纯水水势之差，即

$$渗透势 = 水势_{溶液} - 水势_{纯水}$$

通常，所有细胞的渗透势均为负值。溶液浓度越高，水势就越小，即负值越大，渗透势也越小。水势和渗透势的单位可用帕斯卡（Pa）来表示。

膨压和质壁分离：植物细胞的中央液泡中有含有各种溶质的细胞液。液泡和细胞外界溶液之间隔着两层半透膜（液泡膜和质膜）和细胞质。为了简化起见，可以将这些结构当做一个统一的半透膜。

在低渗溶液中，水分子通过渗透作用进入细胞，结果细胞膨大。但细胞不会因过度膨大而胀破。因为以纤维素为主要成分的细胞壁的膨胀能力是有限度的，到一定程度，就会产生一种压力，阻止细胞的进一步膨胀。植物细胞在吸水而膨胀时，原生质体产生对细胞壁的压力，称为膨压（turgor pressure），这时细胞壁反过来产生一种对原生质体的压力，这种压力与膨压大小相同，方向相反，当细胞壁膨胀到最大限度时，膨压达到最大，这时出入细胞水分子的数量就达到了平衡，细胞也就不会膨大了。膨压对于植物很重要，植物体的支撑和形状的保持，都与膨压的作用有关。当外界溶液浓度大于细胞液浓度时，水就由细胞中渗透出去，原生质体就要缩小而与细胞壁脱离，结果细胞壁与质膜之间出现空隙。这种现象称为质壁分离（plasmolysis）（图 2-23）。原核细胞，如细菌等，其细胞壁的化学成分虽与植物细胞壁不同，但同样也会产生质壁分离现象。

淡水生活的原生动物，如草履虫、变形虫等，没有细胞壁来控制水的渗入，但细胞内有伸缩泡，可以排出过多的水，防止细胞胀破。

3. 主动运输　细胞膜上的载体蛋白将离子、营养物和代谢物等从低浓度经过膜转运到高浓度的过程称为主动运输（active transport）。主动运输需要能量供给，能量来源于 ATP，所以主动运输需要载体和能量的供应，这两个基本特征，有别于被动运输。

在生物体内主动运输的例子很多。例如，多细胞动物的细胞都是处于液体环境之中，它们细胞内 K^+ 的浓度大多高于细胞外液，而 Na^+ 的浓度大多低于细胞外液。这种离子浓度梯度的形成是由于质膜中存在着一种被称为 Na^+-K^+ 泵的特殊主动运输系统之故，该系统具有重大的生理意义，动物在静止时所消耗的能量，有 1/3 就是用于进行离子主动运输的。

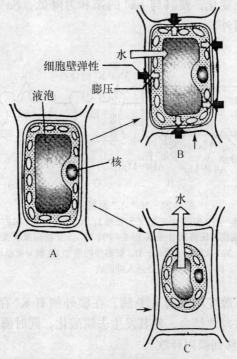

图 2-23 植物细胞膨压和质壁分离
A. 正常细胞在等渗溶液中；B. 吸涨在低渗溶液中；C. 质壁分离在高渗溶液中

Na^+-K^+泵实际上是一种能分解 ATP 的酶即 Na^+-K^+ ATP 酶所构成的。这种酶除需要 Mg^{2+} 外，还需要 Na^+ 和 K^+ 的存在才能水解 ATP。

$$ATP + H_2O \xrightarrow{Na^+、K^+、Mg^{2+}} ADP + Pi + H^+$$

Na^+-K^+ ATP 酶由两个亚单位组成，大亚单位（催化亚单位）为跨膜蛋白，分子量约为 12kU，具有 ATP 酶的活性，在细胞外有 K^+ 的结合部位，在细胞质中有 Na^+、Mg^{2+} 和 ATP 的结合部分；小亚单位为外在糖蛋白，分子量约为 55kU，其功能可能与固定作用有关。

其作用过程可分为以下两个步骤（图 2-24）：

第一步，在细胞膜内侧，有 Na^+、Mg^{2+} 存在的情况下，ATP 酶被 Na^+ 激活，将 ATP 分解为 ADP 和高能磷酸根。磷酸根与 ATP

酶共价结合形成磷酸-ATP酶中间体（即酶的磷酸化），引起酶蛋白分子发生构象变化，使其与 Na^+ 的亲和力降低，Na^+ 被分离释放，将 Na^+ 带到膜外。

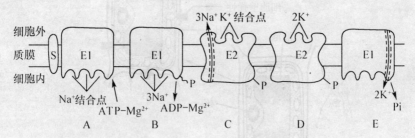

图 2-24　Na^+-K^+ 泵的运输机制

A~E 代表 Na^+-K^+ ATP 酶的 β 亚基（大亚基）：A. Na^+、ATP-Mg^{2+} 和 β 亚基结合；B. ATP 的一个高能键转移到 β 亚基上（~P）；C. β 亚基构象改变，高能磷酸键放出能量，使三个 Na^+ 从细胞中泵出；D. 细胞外的两个 K^+ 和 ν 亚基结合；E. ν 亚基的磷酸基团水解，两个 K^+ 从细胞外进入细胞内

第二步，改变构象的 ATP 酶，在膜外侧有 K^+ 存在时，与 K^+ 亲和力大，并与之结合，使其发生去磷酸化，同时酶又恢复到原来构象，将 K^+ 移到膜内释放。

由上可见，随着 ATP 不断被分解，磷酸根快速被结合与释放（即磷酸化和去磷酸化），ATP 酶的构象随之不断发生变化，与 Na^+、K^+ 的亲和力也发生改变，由此将 Na^+ 移到细胞外，而将 K^+ 送到细胞内。利用红细胞血影测得，每水解 1 个 ATP 分子所释放的能量，可供泵出 3 个 Na^+、泵入 2 个 K^+。

4. 内吞作用　单细胞动物，如变形虫、草履虫等都可吞噬细菌或其他食物颗粒。人体白细胞，特别是巨噬细胞能吞噬入侵的细菌、细胞碎片以及衰老的红细胞。细胞吞噬固体颗粒的作用称为吞噬作用（phagocytosis）（图 2-25）。

除固体颗粒外，多种细胞，如肠壁细胞以及一些原生生物，如变形虫等，还能吞入液体，这种吞入液体的过程称为胞饮作用（pinocytosis）。

吞噬作用和胞饮作用总称为内吞作用（endocytosis）。内吞作用使一些不能穿过细胞膜的物质和食物颗粒、蛋白质大分子等进入细胞之中，形成含有液体或固体的小泡（食物泡），小泡和溶酶体融合，吞入物即被消化。

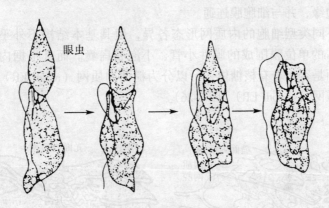

图 2-25　杆囊虫（*Peranema*）吞噬眼虫的过程

5. **外排作用**　吞入的食物被消化后，所余渣滓从细胞表面排出，称为外排作用（exocytosis）。细胞本身合成的物质，如胰腺细胞合成的酶原粒（蛋白质）从细胞表面排出，也是外排作用。这里一个饶有趣味的现象是膜的循环使用：酶原粒的膜在外排时不被排出而并入细胞膜；食物泡的膜来自细胞膜，外排时膜也不被排出，而"退还"给细胞膜。

（四）细胞质和细胞器

除细胞核外，细胞的其余部分均属细胞质（cytoplasm），在细胞质膜与细胞核之间有透明、黏稠，并且时刻流动着的物质，称为胞质溶胶（sytosol）。在胞质溶胶中，有许多特殊结构被称做细胞器（organelle）。细胞器犹如一套房子内的各个房间，形成了区域分离和功能特化。主要的细胞器有：

1. 内质网和核糖体

除原核生物和哺乳动物的成熟红细胞外，所有动、植物细胞都有内质网（endoplasmic reticulum，ER）

1945年，Porter K.R. 和 Claude A.D. 等在电镜下观察培养的小鼠成纤维细胞时，发现细胞质中存在一些小管、小泡和扁囊连接而成的网状结构，由于这些网状结构多位于细胞核附近的所谓内胞质网，故称内质网。后来发现这种结构并不局限于内质，也延伸到细胞的边缘，并与细胞膜连通。

不同类型细胞的内质网形态各异，但其基本结构不外乎由厚 5～6nm 的单位膜围成的膜性小管、小泡和扁囊。而且根据内质网膜表面是否附着有核糖体，可以分为糙面内质网（rough ER）和光面内质网（smooth ER）（图2-26）。

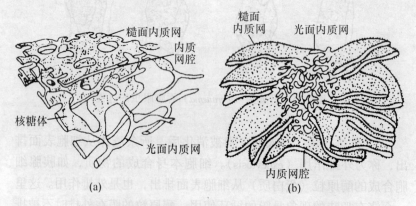

图 2-26 内质网立体结构模式图
(a) 引自 E. D. P, De Roberts 等；(b) 引自 R. V. Krsitic。

光面内质网（sER）的膜上没有核糖体颗粒，多数为短管状和泡状，少数呈层状，但其板层短，层次少，这种内质网的功能，在睾丸和肾上腺细胞主要是合成固（甾）醇；在肌细胞是贮存钙，调节钙的代谢，参与肌肉收缩；在肝细胞是制造脂蛋白所含的脂类和解毒作用。此外，光面内质网还有合成脂肪、磷脂等功能，所以脂肪细胞中，总含有丰富的光面内质网。

糙面内质网（rER）膜上附有颗粒状核糖体（ribosome），也呈多层次板层状排列，各板层之间相连通，而且也同核膜沟通，使它们成为既是各自独立，又是互相联系的统一整体。核糖体是细胞合成蛋白质的场所，所以糙面内质网的功能是参与蛋白质的合成和运输，这种内质网常见于蛋白质合成旺盛的细胞中。如在能产生抗体的浆细胞和分泌多种酶的胰腺细胞中特别丰富。

核糖体除了附着在内质网膜的外表面，还有一种存在形式是游离在细胞质中。后者常见于未分化的细胞中，如原红细胞和皮肤表面的生发层细胞。核糖体是由核糖体核糖核酸（rRNA）和蛋白质构成的略呈球形的颗粒状小体，直径 8～30nm，多数为 15～20nm。每个核糖体由两个亚单位组成，即大亚单位和小亚单位（图2-27）。在合成蛋白质时，核糖体呈单体状态，并由直径为 1～1.5nm 的 mRNA 链将它们串联在一起，组成合成蛋白质的功能团，称为多聚核糖体（polyribosome）（图 2-28）。游离于细胞质中的多聚核糖体为螺旋状或花簇状集合体。多聚核糖体中单位的数目取决于 mRNA 的长度。

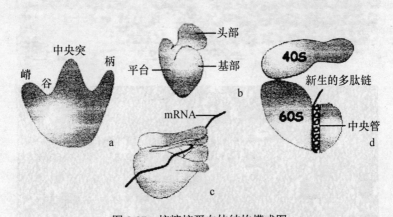

图 2-27 核糖核蛋白体结构模式图
a. 大亚基；b. 小亚基；c. 大、小亚基的结合；d. 核糖体的剖面图

2. 高尔基复合体（Golgi complex）

这是意大利人高尔基（Camillo Golgi）于 1898 年在神经细胞中首先观察到的细胞器，所以称为高尔基体（Golgi apparatus）。除红细胞外，几乎所有动、植物细胞中都有这一种细胞器（见图 2-29）。动物细胞的高尔基体通常定位于细胞核的一侧，植物细胞高尔基体

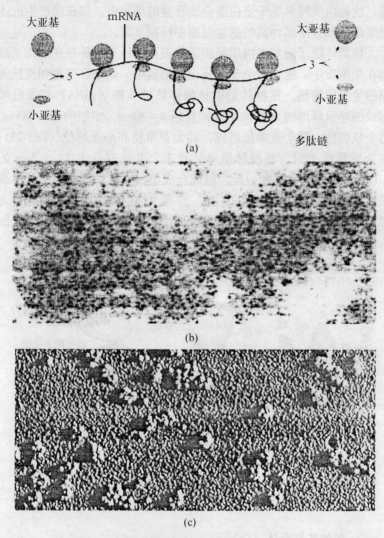

图 2-28 （a）多聚核糖体的模式图； （b）扫描电镜图示多聚核糖体；（c）透射电镜图示环形及螺旋形多聚核糖体（引自 G.Karp，1999）

常分散于整个细胞中。高尔基体的形态很典型，在电镜照片上很容易识别，它是由一系列扁平小囊和小泡所组成的。分泌旺盛的细胞,如唾腺细胞等,高尔基体也发达。

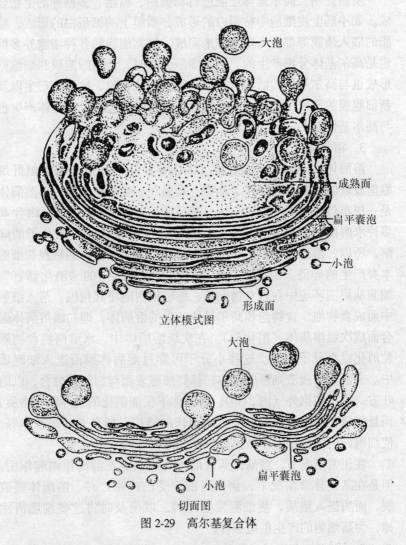

图 2-29 高尔基复合体

高尔基体在细胞生命活动中是不可缺少的修饰中心。它参与分泌物的贮存、浓缩、集聚和运输作用。从内质网断下来的分泌小泡移至高尔基区并与其融合,小泡中的分泌物在这里加工后,围以外膜而成分泌泡。分泌泡脱离高尔基体向细胞外周移动。最后,分泌泡外膜与细胞膜愈合而将分泌物排出细胞之外。

实验证明，高尔基体还能进行糖蛋白、糖脂、多糖等的生物合成。如小肠上皮细胞中粘蛋白的形成，质膜上的糖蛋白的形成，糖脂的嵌入质膜等都由高尔基体来完成。植物细胞的各种细胞外多糖也是高尔基体分泌产生的。植物细胞分裂时，新的细胞膜和细胞壁形成也与高尔基体的活动有关。动物细胞分裂时，横缢的产生以及新细胞膜的形成，是由高尔基体提供材料的。此外，溶酶体产生也与高尔基体有关。

3．溶酶体

溶酶体（lysosome）是杜维（D.Duve）等人1955年在大鼠肝细胞里发现的，其普遍存在于动物、真菌和一些植物细胞内。溶酶体是一层单位膜包围的球形小体，直径在 $0.25\sim0.8\mu m$ 之间，内含40多种水解酶，可催化蛋白质、多糖、脂类以及核酸等大分子的降解。所以，溶酶体的主要功能是溶解和消化从外融入的颗粒和细胞本身产生的碎渣。因此，有人把它比喻成细胞内的"消化器官"。细胞从周围环境中吞入食物颗粒，细胞膜内陷将其包围，落入细胞中而成食物泡。食物泡和高尔基体产生的溶酶体，即初级溶酶体融合而成次级溶酶体（消化泡）。在次级溶酶体中，水解酶将食物颗粒消化成小分子物质。这些小分子可穿过溶酶体膜而进入细胞质中。未消化的残渣则形成残体，移到细胞表面与细胞膜融合，以胞吐方式排出细胞外（图2-30）。溶酶体不仅能消化细胞外源性物质，而且能消化细胞本身的一些衰老损伤的结构，如衰老的线粒体等，使细胞内的一些结构不断更新，以维持正常的生活机能。

在正常情况下，溶酶体所含的水解酶只能在溶酶体内起作用。但是在某些异常情况下，例如当细胞受伤或死亡时，溶酶体膜破裂，而酶进入胞质，使细胞发生自溶，以便及时将这些细胞清除掉，为新细胞的产生创造条件。

4．线粒体（mitochondria）

在光学显微镜下，线粒体呈颗粒状或短杆状，横径 $0.2\sim1\mu m$，长 $2\sim8\mu m$，相当于一个细菌大小。线粒体的数目因细胞的种类而异，哺乳动物的成熟红细胞中无，而有的细胞多达50万个，正常情况下细胞中含有 1 000~2 000 个线粒体,细胞中线粒体的数目多少与其生理功能密切相关,一般而言,分泌旺盛的细胞中线粒体多。

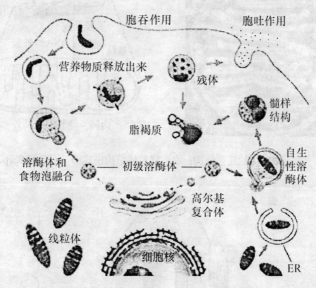

图 2-30 次级溶酶体的形成及消化过程(引自 G.Karp,1999)

在电镜下观察,线粒体是由双层单位膜套叠而成的封闭性囊状结构,囊内充以液态的基质。内外膜间为膜间隙。外膜平整无折叠,内膜向内折入形成嵴,嵴的形成大大增加了内膜的表面积,有利于生物化学反应的进行。在内膜和嵴膜的基质面上有许多带柄的小颗粒,称为基粒(elementary partide),也称 ATP 酶复合体,或称 ATP 合成酶(图 2-31,图 2-32)。线粒体是细胞呼吸及能量代谢的中心,含有细胞呼吸所需的各种酶和电子传递载体。细胞呼吸中的电子传递就发生在内膜的表面,而 ATP 合成酶则是 ATP 合成所在之处。

此外,线粒体基质中还含有 DNA 分子和核糖体。DNA 是遗传物质,能指导蛋白质的合成,核糖体则是蛋白质合成的场所。所以,线粒体有自己的一套遗传系统,能按照自己的 DNA 的信息编码合成一些蛋白质,指导自身的分裂或"出芽"繁殖,称为半自主性的细胞器。据此,有一部分学者提出了内共生起源学说,认为线

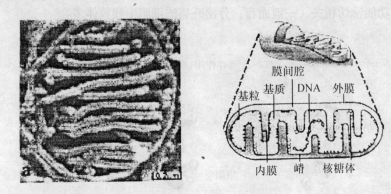

图 2-31 左:线粒体的超微结构;右:线粒体结构模式图(引自 G.Karp,1999)

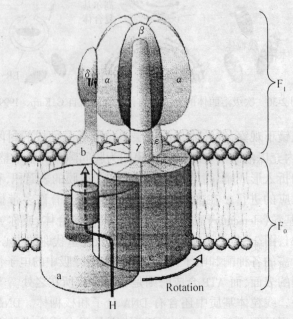

图 2-32 ATP 合成酶

粒体是亿万年前的原始地球上,由一种较大的好氧的原始真核生物吞食了较小的原核生物,被吞食的原核生物没有被分解,而与寄主细胞长期共存，终于演变为现今真核细胞中的线粒体。

5．质体（plastid）

质体是植物细胞特有的细胞器，分白色体（leucoplast）、有色体（chromoplast）和叶绿体（chloroplast）。

白色体为球形或纺锤形的无色质体，主要存在于分生组织以及不见光的细胞中，主要功能为贮存作用，可分裂成为叶绿体。根据贮存的物质不同，又可分为造粉体、造蛋白体和造油体。

有色体含有各种色素，如类胡萝卜素、番茄红素和叶黄素。有色体见于植物有色器官的细胞中，如成熟的果实、花瓣以及胡萝卜的根细胞中。

叶绿体是进行光合作用的细胞器，含有叶绿素、叶黄素和胡萝卜素三类色素。叶绿素可分为 a、b、c、d 四种。高等绿色植物中只含叶绿素 a 和 b 两种，而在低等植物（藻类）中则含有 a、b、c、d 四种。

叶绿体的形状、数目和大小随不同植物和不同细胞而异。藻类每个细胞只有一个、两个、几个或多个叶绿体，高等植物细胞中叶绿体通常呈椭圆形，数目较多，少者约 20 个，多者可达 100 个。叶绿体在细胞中的分布与光照有关。有光照时，叶绿体常分布在细胞外周，黑暗时，叶绿体常向细胞内部分布。

在电子显微镜下观察，叶绿体的表面由两层单位膜包围，每层膜厚约 7nm，膜内是一个电子密度较低的基质，内有复杂的膜结构，这一膜结构由一系列排列整齐的扁平囊组成，称为类囊体。类囊体又分基粒类囊体和基质类囊体。基粒类囊体有规律地重叠在一起，好像一摞硬币，组成基粒。每一基粒中类囊体的数目少者不足 10 个，多者可达 50 个以上。光合作用的色素和电子传递系统都位于类囊体膜上（图 2-33）。在各基粒之间还有悬浮在基质中的基质类囊体，与基粒类囊体相连，从而使基粒间彼此相通。

在叶绿体的基质中也发现含有少量的 DNA 和蛋白质合成体系。因此，它和线粒体一样，也有一定限度的自主性。根据这一点，有些学者认为，质体可能也是在亿万年前由一种自养原核生物进入另一种原始真核生物体内，长期共生生活而来的。

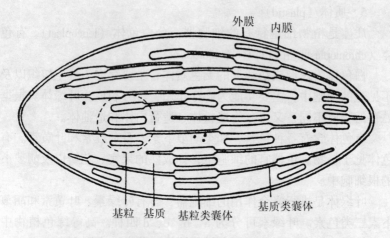

图 2-33 叶绿体结构示意图

叶绿体的主要功能是进行光合作用，制造有机物质。绿色植物通过吸收太阳光的能量，在叶绿素的参与下，把水和二氧化碳合成有机物，同时放出氧。关于光合作用，详见"细胞代谢"。地球上几乎所有生命活动所需的能量，是直接或间接来源于太阳的光能。只有绿色植物能捕获此种能量，并将其转化为化学能而贮存在合成的有机物中。因此，有人把叶绿体比喻为"养料制造厂和能量转换站"。

6. 微体

微体（micro body）是一种特殊的细胞器。其体积通常比溶酶体小，直径约为 $0.5\mu m$，由单层膜包围，其内含有极细的颗粒状物质，中央常有一高电子密度的核心结晶。目前将微体分为两种类型，即过氧化物酶体（peroxisome）和乙醛酸酶体（glyoxysome）。

过氧化物酶体存在于动、植物细胞内，含有多种氧化酶，如过氧化氢酶。它们能使 H_2O_2 分解生成 H_2O 和 O_2，从而起到解毒作用。在高等植物的绿色细胞中，其位置常在叶绿体和线粒体附近，与光呼吸有密切关系。乙醛酸酶体仅存在于植物细胞，特别是含油量高的种子的子叶或胚乳细胞中。在种子萌发长成幼苗时，细胞中的乙醛酸酶体特别丰富。乙醛酸酶体能将脂类转化为糖。动物细胞中没有乙醛酸酶体，故不能将脂类转化为糖。

7. 液泡（vacuole）

液泡是存在于植物细胞细胞质中由单层膜包围的充满水溶液的泡。原生动物的伸缩泡也是一种液泡。植物细胞中的液泡有其发生、发展的过程。年幼的细胞有分散的小液泡，数量较多，在成长的细胞中，这些小液泡就逐渐合并而发展成一个大液泡，占据细胞中央很大一部分，将细胞质和细胞核挤到细胞的边缘。

在液泡中充满细胞液，主要成分为水，其中溶有无机盐、氨基酸、糖类以及各种色素。细胞液是高渗溶液，所以植物细胞才能处于饱满的状态；细胞液中的花青素与植物的花、果实和叶的色彩有关；此外，植物体的一些代谢废物可以以晶体的状态沉积于液泡中。

所以，液泡也是一种重要的细胞器，具有渗透调节、贮藏、消化等功能。

8. 细胞骨架（cell skeleton）

细胞骨架普遍存在于真核细胞中。它们在细胞质和细胞核间构成蛋白质纤维网络，具有一定的形状和动态的结构。依其纤维的直径粗细、存在的位置及相关的功能的不同，主要分为以下几种：微管（microtubule）、微丝（microfilament）或称肌动蛋白丝（actin filament）和中间纤维（intermediate filament）。细胞骨架被认为是细胞的骨骼和肌肉，它们在细胞形态、细胞运动、物质运输、能量转换、信息传递、细胞分化和转化等方面都起着重要的作用。下面介绍细胞骨架的三种主要成分。

(1) 微管 微管是中空长管状纤维（见图 2-34），外直径为 25nm，内径为 4nm，除红细胞外，真核细胞都有微管。细胞分裂时的纺锤体、鞭毛、纤毛、中心粒等都是微管构成的。

构成微管的蛋白质称微管蛋白（tubulin），有 α、β 两种亚基，相对分子质量均为 55 000U 左右，α、β 二聚体按螺旋排列，盘绕成一层分子的微管管壁。微管或成束存在，或分散于细胞质中，起支持作用。微管在细胞中可随细胞生理状态的变化解体成亚基，亚基也可重新组装成微管。

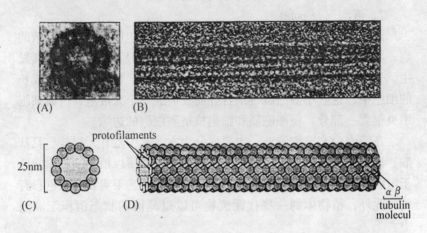

图 2-34 微管

秋水仙素（一种植物碱）能和 α、β 双体结合，阻止 α、β 双体互相连接而成微管。所以，用秋水仙素处理正在分裂的细胞，细胞不能生成纺锤体，只能停在分裂中期，不断继续发展，因此可导致染色体数目加倍，形成多倍体细胞。长春花碱和秋水仙素有类似的功能，它的抗癌功能在于它破坏纺锤体后，使癌细胞死亡。紫杉醇（taxol）是来自一种紫杉的毒素，有阻止微管解聚，并促使微管单体分子聚合的功能，它也能使细胞停留在分裂期而不继续发展，因此是一种抗癌的特效药。

不同生物中的微管蛋白没有特异性，或特异性不明显。例如：从猪脑中分离出来的微管蛋白在实验室中可供衣藻来组装鞭毛。

附：纺锤体、中心粒、纤毛和鞭毛的结构

① 纺锤体（spindle）　纺锤体是在细胞有丝分裂的前中期，由成束的微管组成的纤维。这些纤维可分为极纤维和动粒纤维两类。极纤维由纺锤体的一极延伸到另一极。动粒纤维附着在染色体的两侧。

② 中心粒（centrioles）　中心粒是另一类由微管构成的细胞

器，存在于大部分真核细胞中，但种子植物和某些原生动物细胞中没有中心粒，通常一个细胞中有两个中心粒，彼此呈垂直排列。每个中心粒由排列成圆筒状的九束三体微管组成，中央没有微管，中心粒处在一团特殊的细胞质——中心体（centrosome）之中，中心体又称微管组织中心，纺锤体的极纤维就是从中心体延伸出的。

③鞭毛和纤毛　鞭毛（flagellum）和纤毛（cilium）是细胞表面的附属物，它们的功能是运动。鞭毛较长，但数量少；纤毛短而多，但两者的基本结构相同，基本成分都是微管。鞭毛或纤毛的横切面外圈有九束二体微管，中央为两个单体的微管，这种模式称为9（2）+2排列。鞭毛和纤毛的基部与伸入在细胞质中的基粒相连（见图2-35）。

基粒和中心粒是同源的，四周为九束三体微管，中央没有微管，这种模式称为9（3）+0排列。

许多单细胞藻类、原生动物、精子、人气管上皮细胞等都有鞭毛或纤毛，通过鞭毛或纤毛的摆动实现运动、移位、清除异物等功能。

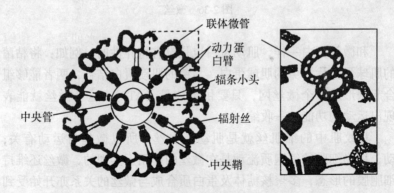

图2-35　纤毛和鞭毛的横切面图解

所以，根据微管的结构和性质，以及由微管所组成的这些细胞器，可知微管具有下列功能：①构成细胞内网状支架，起支持作用；②参与细胞运动；③参与细胞分裂；④参与细胞内物质运输、

59

细胞分泌和信息传送；⑤参与细胞分化。

(2) 微丝　微丝是实心纤维（图2-36），直径为4~7nm，它的成分是肌动蛋白（actin），肌动蛋白的单体是哑铃形的。单体相连成串，两串以右螺旋形式扭缠成束，即成微丝（也叫肌动蛋白丝）。微丝普遍分布于植物、动物细胞中。

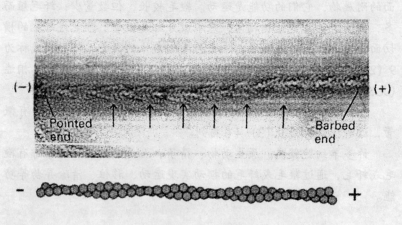

图2-36　微丝

和微管蛋白一样，肌动蛋白也是没有特异性的。例如：将粘菌的肌球蛋白代替兔的肌球蛋白，与兔的肌动蛋白结合，两者能够组合起来形成一个微丝网，只要供给能量（ATP），这个微丝就能表现出运动的功能——收缩。

横纹肌中的细肌丝就是肌动蛋白丝，所以微丝与运动有关；动、植物细胞的细胞质流动是在微丝的作用下实现的，微丝还维持细胞膜的形态，多聚核糖体及蛋白质合成与微丝的关系亦开始受到关注。

(3) 中间纤维　中间纤维是一类介于微管和微丝之间（8~10nm）的纤维。中间纤维具有严格的组织特异性，按其组织来源和免疫原性可分为6类：角蛋白（keratin）纤维，是构成上皮细胞中的中间纤维；波形蛋白（vimentin）纤维，存在于成纤维细胞中；

核纤层蛋白（lamintin），构成细胞核膜下的核纤层；结蛋白（desmin）分布于肌肉细胞中；神经元纤维（neurofilament），分布于神经元胞体中；神经胶质纤维（neuroglial），分布于神经胶质细胞中。中间纤维在细胞质中起支架作用，并与细胞核的定位有关。同时，在细胞间或者组织中也起支架作用。中间纤维在细胞质中形成精细发达的纤维网络，向外与细胞膜及细胞外基质相连，向内与核纤层有直接联系，近年来还发现中间纤维与 mRNA 的运输有关。（三种组分的比较见表 2-2）

9. 胞质溶胶

细胞质除细胞器外的胶体部分称为胞质溶胶（cytosol）。微管、微丝和中间纤维组成的细胞骨架就位于胞质溶胶中。胞质溶胶含有丰富的蛋白质，细胞中 25%~50% 的蛋白质都存在于其中。胞质溶胶含有多种酶，是细胞多种代谢活动的场所。此外，细胞的各种包含物，如肝细胞的肝糖原、脂肪细胞的脂肪滴等也都保存于胞质溶胶中。

表 2-2　　　　　　　　　胞质骨架三种组分的比较

	微丝	微管	中间纤维
单体	球蛋白	αβ 球蛋白	杆状蛋白
结合核苷酸	ATP	GTP	无
纤维直径	~7nm	~25nm	10nm
结构	双链螺旋	13 根源纤丝组成空心管状纤维	8 个 4 聚体或 4 个 8 聚体组成的空心管状纤维
极性	有	有	无
组织特异性	无	无	有
蛋白库	有	有	无
动力结合蛋白	肌球蛋白	动力蛋白，驱动蛋白	无
特异性药物	细胞松弛素，鬼笔环肽	秋水仙素，长春花碱，紫杉醇	

(五) 细胞连接

多细胞生物体细胞间有特化的连接装置，使之形成组织，同时在功能上处于高度的协调状态。

植物细胞的连接主要指胞间连丝，这在前面细胞壁的特化结构中已经讨论过。

大多数动物细胞外覆盖有一层粘性的多糖和蛋白质，它有助于将组织中的细胞牢牢地粘在一起，并可保护细胞免受酸或酶的消化。脊椎动物的细胞连接主要有三种类型（图2-37）：①锚定连接（anchoring junctions），它是通过细胞质骨架纤维-中间纤维或肌动蛋白纤维将细胞与另一个相邻细胞或胞外基质连接起来，参与连接的跨膜连接糖蛋白像钉子似地将相邻细胞"钉"在一起。锚定连接仍然可以使物质从两细胞间的空隙通过。②紧密连接（tight junctions），是通过特殊的跨膜蛋白成串排列形成网络状嵴线，使相邻细胞的质膜紧紧地连接在一起，封闭了细胞间的空隙，防止溶液中的分子沿细胞间隙渗入细胞内。③通讯连接（communicating junctions）是通过许多连接子将相邻细胞连接在一起，而每个连接子由6个跨膜蛋白围成，中心为直径约1.5nm的孔道。这种细胞间通道在功能上与植物的胞间连丝相似，使相邻细胞间的水和其他小分子物质可以相互流动。

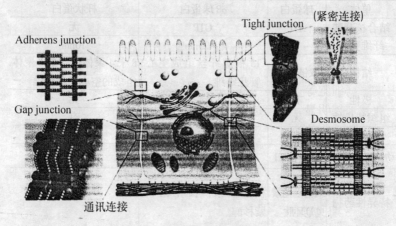

图2-37　细胞连接

2.3 细胞周期和细胞分裂

细胞分裂是生命的重要特征之一。对单细胞生物来说，则是繁衍种族的生命现象。而多细胞生物则依赖它来完成个体发育。它是细胞分化，组织、器官和系统形成的基础。

2.3.1 细胞周期

1953年霍华德（Howard）和培雷克（Pek）率先提出了细胞周期（cell cycle）的概念，它构成了细胞学说的重要组成部分。细胞周期包括分裂间期和有丝分裂（M）期两个阶段。分裂间期又可细分为 G_1、S、G_2 期。细胞周期是高度有序地沿着 $G_1 \to S \to G_2 \to M$ 运转。我们把细胞这种周而复始的生长分裂周期称做细胞周期。尽管在各种细胞中各期所占时间都不尽相同，但相对而言，M期最短，S期较长。

（一）分裂间期

间期持续时间长，其间进行着复杂的物质合成和能量准备，有实验表明，细胞周期的调控主要在分裂间期。

1. G_1 期（DNA合成前期）

G_1 期包含了细胞最重要的营养机能的发生，包括启动DNA合成，进入S期有关的复杂的生化过程，RNA的合成加快，结构蛋白和一些重要蛋白的形成。G_1 期后段，与DNA合成有关的酶活性增高（如DNA聚合酶），这个时期，细胞的最后趋向有三种可能：一些细胞进入S期，成为连续分裂的细胞如骨髓干细胞、小肠绒毛上皮腺窝细胞等；另一些向分化方向发展，其形态、结构、功能专一性越来越明显，而形成永久不分裂的细胞，如神经细胞、肌肉细胞、哺乳动物的成熟红细胞；还有一些暂时停留在 G_1 期（处于 G_0 期），成为休眠细胞，如肝细胞、肾细胞、皮肤纤维母细胞等。皮肤纤维母细胞平时处于 G_0 期，当皮肤发生创伤而需要修复时，便产生一个信号激发纤维母细胞分裂繁殖。

2. S期（DNA合成期）

S期进行的是核内DNA的复制，同时，与染色体有关的蛋白质也形成，而细胞代谢活动则降低，组装染色质。

3. G_2 期（DNA 合成后期）

G_2 期为细胞进入 M 期进行物质和能量的准备。DNA 复制终止，但进行染色体凝集因子的合成，纺锤体形成所需的微管、微丝蛋白的合成，ATP 能量的积累。

（二）M 期（细胞有丝分裂期）

这时细胞开始进入分裂阶段，染色体清晰可见并作特定的运动，然后一对染色单体分别移到细胞的两极。细胞分裂后，一个母细胞分裂成两个子细胞，然后细胞开始进入下一个循环的 G_1 期（图 2-38）。

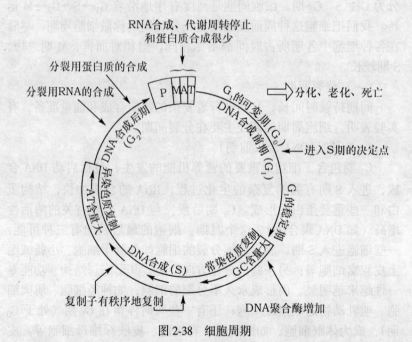

图 2-38 细胞周期

2.3.2 细胞分裂

细胞分裂的方式可以分为无丝分裂（amitosis）、有丝分裂（mitosis）和减数分裂（meiosis）三种。

（一）无丝分裂

无丝分裂又称直接分裂，非常简单，细胞在分裂过程中不形成染色体、纺锤体，而是细胞核直接分裂，核及核仁形成哑铃形，由中部断裂，胞质缢缩，最终形成两个子细胞（见图2-39）。无丝分裂是单细胞生物如变形虫、草履虫等的分裂方式。在多细胞生物，最早发现于鸡的胚胎红细胞。在动物迅速分裂的器官组织（如口腔上皮），创伤修复，病理性代偿（如肝炎）等情况下也有发现。植物各种器官的薄壁组织、表皮、生长点和胚乳等细胞中都发现有无丝分裂。无丝分裂由于在分裂过程中不形成染色体，分裂迅速，消耗能量较少，在分裂过程中可继续执行细胞的功能，因而具有适应意义。

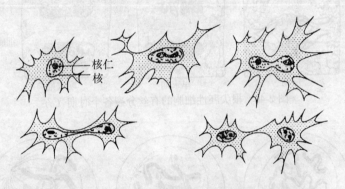

图2-39 鼠腱细胞无丝分裂图解

（二）有丝分裂

有丝分裂是真核生物繁殖的基础，一般发生在生物体的细胞中。分裂过程较复杂，因有纺锤丝及染色质的形态变化而得名。细胞通过有丝分裂，将复制后的DNA平均分配到两个子细胞，同时也实现了细胞的增殖，使细胞数目增加，细胞的生命得以延续。

有丝分裂主要表现在细胞核分裂时核相的变化，可人为地划分为前、中、后、末四个时期，在后期和末期还包括了细胞质的分裂（图2-40a、b）。

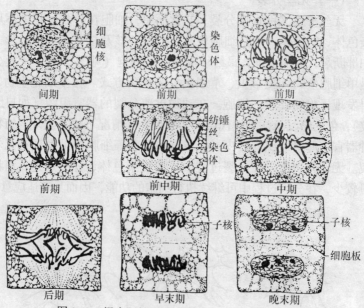

图 2-40 根尖胚性细胞的有丝分裂各个时期（a）

图 2-40 动物细胞有丝分裂图解（b）

1. 前期

前期细胞的形态变化主要有以下几个方面：

(1) 染色质凝集成染色体，在染色质凝聚因子的作用下，已复制完成的染色质进一步螺旋化，折叠成染色体，其长度为原来DNA分子链的八千分之一。每一条染色体由一对紧靠在一起的姐妹染色单体组成。它们在着丝粒（centromere）处相连，着丝粒为染色体特化的部分，两条姐妹染色单体的DNA在此处互相掺杂，联结在一起。前期较晚的时候，在着丝粒处逐渐装配另一种蛋白复合体结构，称为动粒（图 2-41）。动粒又称着丝点，是附着于着丝粒上的一种细胞器，动粒外侧主要用于纺锤体微管附着，内侧与着丝粒相互交织。

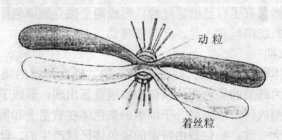

图 2-41　模式图显示位于两条染色单体相连部位的着丝粒和位于两条染色单体外侧表层部位的动粒

(2) 分裂极的确定和有丝分裂器逐渐形成，有丝分裂器是由中心体和纺锤体组成的临时性细胞器，有丝分裂完成后即消失。中心体是动物细胞内与微管装配和分裂直接有关的一种细胞器。分裂前期时，中心体周围，微管开始大量装配，微管以中心体为核心向四周辐射，如同发出的光芒，因此，中心体与其周围的微管一起被称为星体。中心体在间期进行了复制。因此，在细胞分裂前期，以中心体为核心的星体实际上有两个。细胞分裂开始启动，两个星体即逐渐向细胞的两极运动，从而确定细胞的分裂极，在两个星体之间，由微管组装形成了纺锤体。

(3) 核仁的分解和核膜的消失，当染色体浓缩时，核仁开始分解，并逐渐消失。前期末，核膜破裂，断片和小膜泡分散于细胞质中，即宣告前期结束。

2. 中期

至分裂中期，纺锤体完全形成。纺锤体由微管构成，包括极微管、动粒微管和区间微管。极微管由两极向赤道面相互重叠，彼此相交，侧面结合。动粒微管是从两极伸向染色体动粒的微管。区间微管是后期和末期连接两组子染色体的微管。染色体由于两组动粒微管的牵引而逐渐向赤道方向运动，所有染色体排列到赤道板上，标志着细胞分裂已进入中期。

3. 后期

排列在中期赤道板上的染色体，其姐妹染色单体借着丝粒联系在一起。后期开始，各个染色体着丝粒分裂，原来组成染色体的两条染色单体都有了自己的着丝粒，形成两个独立的染色体。它们分别与同侧的纺锤丝在一起，向两极移动。

4. 末期

染色体移动到两极，即进入了末期。到达两极的染色体去浓缩，又成为纤细的染色质，核仁和核膜重新出现，形成子核，一个母细胞分割成两个子细胞。子细胞的染色体在数量上和质量上都与母细胞完全一致。核仁是由特定的染色体区域产生的，此处称为核仁组织区。

5. 细胞质分裂

在细胞分裂的中后期，细胞质开始分裂。

在动物细胞中，核分裂和胞质分裂（plasmodieresis）是相继发生的，属于两个独立的过程。胞质分裂开始时，在赤道板周围表面下陷，形成环形缢缩，称为分裂沟，分裂沟逐渐深陷，直至两个子代细胞完全分开。

在植物细胞中，子核间的赤道面上由微管密集成桶状结构，称为成膜体（phragnoplast）。在成膜体形成的同时，由高尔基体及内质网分离出来的小泡汇集到赤道上与成膜体的微管融合为细胞板（cell plate）。小泡间有内质网穿过，将来形成胞间连丝，小泡内的果胶物质形成两子细胞的胞间层；小泡膜再组成质膜；胞间层两侧又不断添加细胞壁物质而形成初生壁（图2-42）。

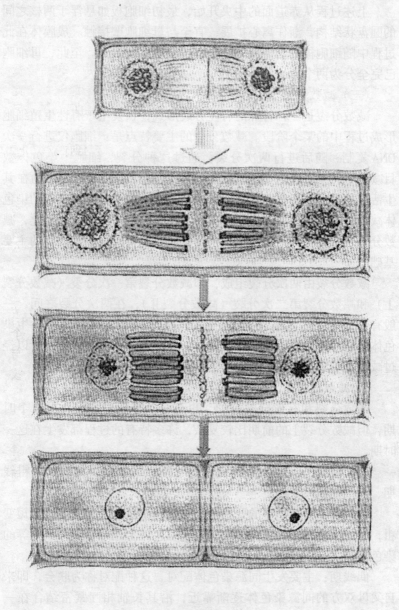

图 2-42 植物细胞成膜体的形成

上述过程从赤道面的中央开始，最初细胞板如悬浮于两核之间的圆盘状结构，渐作离心扩展，直至与母细胞壁接触。成膜体在此过程中随细胞板的延伸向四周扩散，而后逐渐消失。至此，母细胞已完全分为两个子细胞。

（三）减数分裂

减数分裂是一种特殊的有丝分裂形式，仅发生于有性生殖细胞形成过程中的某个阶段。减数分裂的主要特点是：细胞仅进行一次DNA复制，随后进行两次分裂，通过这种分裂，细胞中染色体数目减少了一半，即由2n变成了n。凡能进行有性生殖的生物在其生活史的某一时期都要发生一次减数分裂，使雌雄生殖细胞的染色体减半，这样受精后的合子才能保持2n的染色体数目。因此，减数分裂是维持物种染色体数目稳定，使物种得以保存和繁衍的主要基础。

减数分裂由两次分裂组成，即减数分裂第一次分裂（减数分裂Ⅰ）和减数分裂第二次分裂（减数分裂Ⅱ），在两次分裂之间，一般有一个短暂的间期。在此间期中不进行DNA合成，也不发生染色体复制。由于细胞和核分裂两次，而染色体只复制一次，所以经过减数分裂染色体数目减少一半，变成单倍体（图2-43）。

1. 减数分裂Ⅰ

减数分裂和有丝分裂一样，也可分为前、中、后、末四个时期，但减数分裂Ⅰ的前期比较复杂，许多特有的过程都发生在这一时期。

（1）前期Ⅰ 可分为五个不同时期：细线期、偶线期、粗线期、双线期和终变期。

细线期：为前期Ⅰ的开始阶段。此期染色体开始凝集，变短变粗，形成细纤维样的染色体结构。在染色体上还可看到大小不等的染色粒。

偶线期：主要发生同源染色体配对，这种配对称为联会，即来自父母双方的同源染色体逐渐靠近，沿其长轴相互紧密结合在一起，在联会的部位形成一种特殊复合结构，称为联会复合体（synaptonemal complex，SC）（图2-44）。

配对以后两条同源染色体紧密结合在一起所形成的结构，称为二价体。由于二价体由两条染色体构成，共含有4条染色单体，故又称为四分体。此时的四分体结构并不清晰可见。

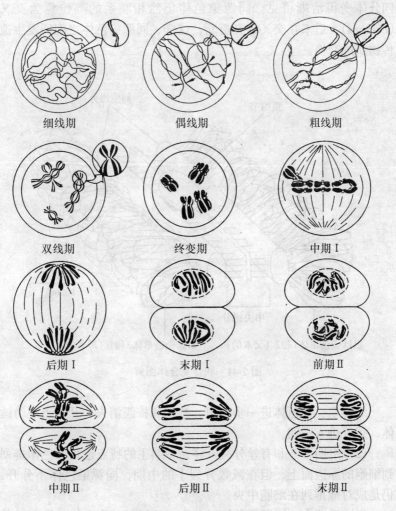

图2-43 减数分裂过程图解

粗线期：染色质螺旋化程度不断提高，染色体明显缩短变粗，同源染色体发生等位基因之间部分 DNA 片段的交换和重组，产生新的等位基因的组合。

双线期：同源染色体一些部位发生分离，仅留几处相互联系。四分体变得清晰可见。同源染色体仍然相联系的部位称为交叉 (chiasma)，后来在交叉处又折断，这样，同源染色体之间便发生遗传物质的交换。

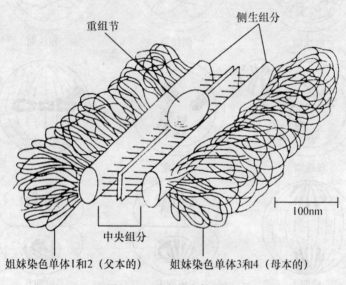

图 2-44　联合复合体图解

终变期：染色体进一步缩短，核仁和核膜消失，开始出现纺锤体，接着进入中期。

(2) 中期Ⅰ　和有丝分裂一样，中期Ⅰ的特点也是染色体排列到细胞的赤道面上，但在减数分裂Ⅰ的中期，同源染色体不分开，仍是成对地排列在细胞中央。

(3) 后期Ⅰ　同源染色体对分离，纺锤丝分别牵拉并向两极移动，到达每极的染色体是单倍体数量的一组染色体。由于每个染色体仍含有两条染色单体，因而每极 DNA 含量仍是 2n。不同的同源染色体对分向两极相互间是独立的。因而父母双方来源的染色体组合是随机的,有利于减数分裂后基因产生变异。

(4) 末期Ⅰ及间期　同源染色体到达两极。染色体解旋变细,但不完全伸展,仍然保持可见的染色体形态。核膜也不一定全部恢复,只是细胞质分裂而成两个细胞,然后就进入间期。间期很短,不发生 DNA 复制。有的细胞甚至在第一次分裂后,不经过间期就直接开始第二次分裂。

2. 减数分裂Ⅱ

减数分裂Ⅱ与有丝分裂过程基本相同,可分为前、中、后、末四个时期。前期Ⅱ很短,伸展的染色质又缩短螺旋化。中期Ⅱ时出现纺锤体,染色体再次排列到细胞赤道面。接着,后期Ⅱ各染色体的两个染色单体分开,并分别移向细胞两极。末期Ⅱ染色体去凝集,核膜、核仁重现,形成了 4 个单倍体细胞。所形成的 4 个子细胞,最终的命运有所不同,在雄性动物,通过减数分裂产生了 4 个有功能的精子,而雌性动物则只形成 1 个有功能的卵子,其余 3 个细胞变成无功能的极体,后来解体(图 2-45)。

3. 减数分裂和有丝分裂的区别

减数分裂与有丝分裂有许多共同之处,但又有些显著的差别,主要有以下几点:

(1) 有丝分裂为体细胞的分裂方式,而减数分裂发生在生殖细胞的形成过程中。

(2) 有丝分裂是 DNA 复制 1 次,细胞分裂 1 次,染色体数目由 $2n \to 2n$,DNA 量由 $4c \to 2c$。减数分裂是 DNA 复制 1 次,细胞分裂 2 次,DNA 量由 $4c \to 1c$,染色体数目由 $2n \to n$。

(3) 有丝分裂时仅发生姐妹染色单体的分离,遗传物质不变。减数分裂中染色体发生配对、联会、交叉、交换等变化,产生了遗传物质的多样性。

(4) 有丝分裂进行的时间短,一般为 $1 \to 2h$。减数分裂进行的时间长,例如人的雄性配子的减数分裂需 24h,雌配子甚至可达数年。

如上所述,减数分裂的生物学意义是维持了物种遗传的稳定性。而减数分裂过程中的联会、交换与重组，染色体随机组合等产生的遗传物质变异，又使遗传物质呈现了多种多样的变化。所谓"一母生九子，九子九个样"，道理就基于此。

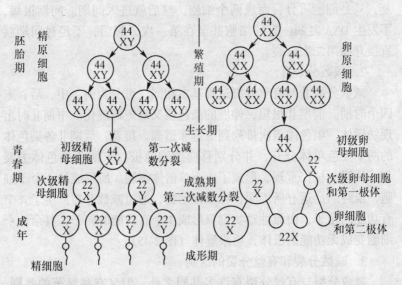

图 2-45 精子与卵子的发生

2.3.3 细胞周期的调控

生物体的各种细胞有的终生分裂不止，有的一旦生物体长成就不再分裂，这说明细胞分裂这一复杂工程必然受控于一定的调节机制。有了这种调节机制，生物体才能有序地分裂分化。癌细胞的一个特点就是不受控制地"疯长"，分裂不停，到处乱窜，致人于非命。

细胞周期的调控关键在分裂间期。有 2 个起决定作用的控制点：从 G_1 进入 S 和从 G_2 进入 M。这 2 个转变过程都是由一种称为成熟促进因子（maturation-promoting factor，MPF）的蛋白质复合体所触发的。组成 MPF 的是两种蛋白：称为 cdc2 的激酶和细胞周期蛋白（cyclins）。有两种 cyclin 即 S-cyclin 和 M-cyclin。S-cyclin 和 cdc2 结合时，形成的具活性的 MPF 能触发从 G_1 期进入 S 期。与此同时，MPF 又激活另一种降解 cyclin 的酶，使 MPF 自身失活。然后，M-cyclin 的浓度增加，并同 cdc2 结合形成活性 MPF。这种 MPF 能触发从 G_2 期进入 M 期。进入 M 期后，MPF 中 cyclin 同样再度降解，MPF 失活，cdc2 又同 S-cyclin 结合，形成能触发从 G_1 期进入 S 期的 MPF。如此循环往复，不断推动细胞周期循环地从一期进入下一期。

MPF 如何触发细胞周期从 G_1 期进入 S 期或从 G_2 期进入 M 期的呢？MPF 能够使另外的酶和磷酸结合而活化，这种磷酸化的酶通过逐个地被磷酸化而激活。由 MPF 带来的一连串激活作用的某种产物可以造成在细胞水平的可见的效应。例如，在 M 期的早期，作为核支架的网眼上的蛋白质加上磷酸使之活化，从而导致网眼裂解，染色质脱离核膜，并使核膜破碎。

2.3.4 癌细胞、癌基因和抑癌基因

（一）癌细胞

癌细胞和正常细胞有很多不同之处。在体外培养时，癌细胞不受密度抑制因素的限制而无限增殖。正常细胞在分裂时，只要和相邻细胞接触，就停止活动，不再分裂，这一现象称为接触抑制（contact inhibition），形成单层培养的细胞。癌细胞不受相邻细胞的影响，继续分裂形成隆起的多层培养，这是由于癌细胞的表面发生了变化，以致它们彼此不相识，和别的细胞也不相识，在体内可以到处游走，导致癌细胞的转移。癌细胞的分裂也不受细胞周期中两个控制点的限制，因此只要不缺少营养物质，就能无限分裂，并且也可在任何时期停止分裂，因此它们的染色体数目可有很大变化。正常细胞体外培养时，一般分裂 20~50 次就衰老死去，癌细胞则可长期分裂下去。实验室常用的 HeLa 细胞，就是来自 1951 年一位肿瘤患者 Henrietta Lacks 的癌细胞，繁殖至今而不死。细胞癌变是当前重要的研究课题。

（二）癌基因和抑癌基因

癌基因和抑癌基因均是细胞生命活动所必需的基因，其表达产物对细胞增殖和分化起着重要的调控作用。癌基因的过量表达可导致细胞转化，增殖过程异常甚至癌变。目前已分离得到 100 多种癌基因，其表达产物大致可分为生长因子和生长因子受体、蛋白质激酶、核蛋白以及转录因子、信号传导器等。这些表达产物通过不同的模拟作用（如分别模拟生长因子、生长因子受体、信号转录物质和转录因子等），调控细胞的增殖和分化。例如 *C-sis* 基因是一种癌基因，在细胞周期的 G_0/G_1 期表达，其表达产物 P_{28} 与 PDGF（血小板生长因子）的 β 链相同。P_{28} 可以模拟 PDGF 的作用，与膜上的 PDGF 受体结合，通过酪氨酸蛋白激酶受体信号途径对细胞产生增殖效应。抑癌基因表达产物对细胞增殖起负性调节作用，如 P_{53}、Rb 等。P_{53} 是近年来研究得较多的人类抑癌蛋白之一，它是一种生长抑制性蛋白，当它过度表达时可以抑制正常和转化细胞的生长。P_{53} 基因突变，使细胞癌变的机会大大增加。在大多数人类肿瘤细胞中存在 P_{53} 基因失活或 P_{53} 基因突变，从而不表达 P_{53} 或表达 P_{53} 突变体。癌基因与抑癌基因相互配合，能调节细胞周期的正常运转。在此配合中，CDC-2 细胞周期蛋白起着引擎的作用，癌基因和抑癌基因等是通过它们之间的相互协同作用，来调节细胞周期的正常运转的。这种调节一旦失控，便导致细胞周期紊乱，甚至细胞发生癌变或死亡。

2.3.5 细胞的衰老和死亡

（一）衰老

衰老又称老化，通常指生物发育成熟后，在正常情况下随着年龄的增加，机能减退，内环境稳定性下降，结构中心组分退行性变化，趋向死亡的不可逆的现象。衰老和死亡是生命的基本现象，衰老过程发生在生物界的整体水平、种群水平、个体水平、细胞水平以及分子水平等不同的层次。生命要不断地更新，种族要不断地繁衍。而这种过程就是在生与死的矛盾中进行的。至少从细胞水平来看，死亡是不可避免的，因此渴望长寿或永生是人类一个古老的愿望。

1. 细胞衰老的特征

研究表明,衰老细胞的核、细胞质和细胞膜等均有明显的变化:

(1) 形态变化　总体来说老化细胞的各种结构呈退行性变化(表 2-3)。

(2) 分子水平的变化　从总体上 DNA 复制与转录在细胞衰老时均受抑制,但也有个别基因会异常激活,端粒 DNA 丢失,线粒体 DNA 特异性缺失,DNA 氧化、断裂、缺失和交联,甲基化程度降低。mRNA 和 tRNA 含量降低。

表 2-3　　　　　衰老细胞的形态变化

核	增大、染色深、核内有包含物
染色质	凝聚、固缩、碎裂、溶解
质膜	粘度增加、流动性降低
细胞质	色素积聚、空泡形成
线粒体	数目减少、体积增大
高尔基体	碎裂
尼氏体	消失
包含物	糖原减少、脂肪集聚
核膜	内陷

蛋白质合成下降,细胞内蛋白质发生糖基化、氨甲酰化、脱氨基等修饰反应,导致蛋白质稳定性、抗原性、可消化性下降,自由基使蛋白质肽断裂,交联而变性。氨基酸由左旋变为右旋。

酶分子活性中心被氧化,金属离子 Ca^{2+}、Zn^{2+}、Mg^{2+}、Fe^{2+} 等丢失,酶分子的二级结构、溶解度、等电点发生改变,总的效应是酶失活。

不饱和脂肪酸被氧化,引起膜脂之间或与脂蛋白之间交联,膜的流动性降低。

(二) 细胞死亡

死亡是生命的普遍现象,但细胞死亡并非与机体死亡同步。正常的组织中,经常发生"正常"的细胞死亡,它是维持组织机能和形态所必需的。

1. 细胞死亡的方式

细胞死亡的方式通常有 3 种:细胞坏死、细胞凋亡、细胞程序性死亡。

(1) 细胞坏死

细胞坏死是细胞受到急性强力伤害时立即出现的早期反应,包括胞膜直接破坏,大量水进入细胞,线粒体外膜肿胀而密度增加。核染色质呈絮状,蛋白质合成减慢。如及时去除伤害因素,以上早期反应尚可逆转。若伤害外因持续存在,则发生不可逆的变化。Ca^{2+} 升高引起一系列变化,如细胞骨架破坏,溶酶体释放,pH 值下降,最后细胞膜和细胞器破裂,DNA 降解,细胞内溶物流出,引起周围组织炎症反应。

(2) 细胞凋亡

细胞凋亡(cell apoptosis)是借用古希腊语,表示细胞像秋天的树叶一样凋落的死亡方式。1972 年 Kerr 最先提出这一概念,他发现结扎大鼠肝的左、中叶门静脉后,其周围细胞发生缺血性坏死,但由肝动脉供应区的实质细胞仍存活,只是范围逐渐缩小,其间一些细胞不断转变成细胞质小块,不伴有炎症,后在正常鼠肝中也偶然见到这一现象。与细胞坏死的区别是:①染色质聚集、分块,位于核膜上,胞质凝缩,最后核断裂,细胞通过出芽的方式形成许多凋亡小体;②凋亡小体内有结构完整的细胞器,还有凝缩的染色体,可被邻近细胞吞噬消化,因始终有膜封闭,没有内溶物释放,故不会引起炎症;③线粒体无变化,溶酶体活性不增加;④内切酶活化,DNA 有控降解,凝胶电泳图谱呈梯状;⑤凋亡通常是生理性变化,而细胞坏死是病理性变化。

(3) 细胞程序性死亡

在细胞凋亡一词出现之前,胚胎学家已观察到动物发育过程中存在着细胞程序性死亡(programmed cell death, PCD)现象,近年来 PCD 和细胞凋亡常被作为同义词使用，但两者实质上是有差异的。首先，PCD 是一个功能性概念，描述在一个多细胞生物体中，某些细胞的死亡是个体发育中一个预定的，并受到严格控制的正常组成部分，而凋亡是一个形态学概念，指与细胞坏死不同的受到基因控制的细胞死亡形式；其次，PCD 的最终结果是细胞凋亡，但细胞凋亡并非都是程序化的。

线虫（*Caenorhabditis elegans*）是研究个体发育和细胞程序性死亡的理想材料。其生命周期短，细胞数量少，成熟的成虫若是雌雄同体则有 959 个体细胞，约 2000 个生殖细胞。若是雄虫则有 1031 个体细胞和约 1000 个生殖细胞。神经系统由 302 个细胞组成，这些细胞来自于 407 个前体细胞。这些前体细胞中有 105 个发生了程序性死亡。控制线虫细胞凋亡的基因主要有 3 个 *Ced*-3、*Ced*-4 和 *Ced*-9，*Ced*-3 和 *Ced*-4 的作用是诱发凋亡。在缺乏 *Ced*-3、*Ced*-4 的突变体中不发生凋亡，有多余细胞存在。*Ced*-9 抑制 *Ced*-3、*Ced*-4 的作用，使凋亡不能发生，*Ced*-9 功能不足则导致胚胎因细胞过度凋亡而死亡。

2002 年 10 月 7 日英国人悉尼·布雷诺尔、美国人罗伯特·霍维茨和英国人约翰·苏尔斯顿，因在器官发育的遗传调控和细胞程序性死亡方面的研究获诺贝尔生理与医学奖。

思 考 题

1. 何谓蛋白质的一级结构和空间结构？
2. 何谓 DNA 和 RNA？其分子组成有何差异？
3. 试述原核细胞与真核细胞的区别。
4. 细胞膜的液态镶嵌模型特点是什么？
5. 简述细胞膜物质运输的主要方式。
6. 简述重要细胞器：内质网、核糖体、高尔基复合体、溶酶体、线粒体、质体的主要功能。
7. 细胞骨架是怎么回事？
8. 何谓细胞连接？细胞连接有何意义？

9. 何谓细胞周期？细胞周期分哪几期？各期有何特点？
10. 概述有丝分裂过程各期变化。
11. 有丝分裂和无丝分裂的主要区别是什么？
12. 减数分裂的生物学意义是什么？它与有丝分裂有何异同点？

第3章 组织、器官和系统

多细胞生物是由无数细胞组成的有机体,细胞间既有联系又有分化,个体发育中细胞生长分化的结果是形成多种组织。组织(tissue)是指形态、结构和功能相似的细胞群。几种不同类型的组织在机体内按一定排列方式有机地结合在一起,形成具有一定的形态、特征和执行特定生理机能的结构,组成了器官(organ)。功能上有密切联系的不同器官互相配合,以完成某种基本生理功能的综合体系,建成了系统(system)(图3-1)。

3.1 高等植物的组织和器官

3.1.1 植物组织

依据细胞的形态结构及其担负的主要功能,植物组织可以分为两大类:分生组织和成熟组织。

(一)分生组织

分生组织(meristem tissue)是植物体内具有显著细胞分裂能力的组织,由未分化的细胞组成。一般位于植物体的生长部位,如根尖和茎尖的生长锥,与根的伸长和茎的长高有关,根和茎中的形成层及木栓形成层与根和茎的加粗生长有关。组成分生组织的细胞,除具有持续性分裂能力外,还具有细胞幼嫩、细胞壁薄、细胞核大、细胞质浓厚,没有或只有很小的液泡以及没有细胞间隙等特点。依分生组织在植物体中分布的位置,可以分为三种顶端分生组织、侧生分生组织和居间分生组织。依分生组织的性质和来源不同,可以分为:原分生组织、初生分生组织、次生分生组织。

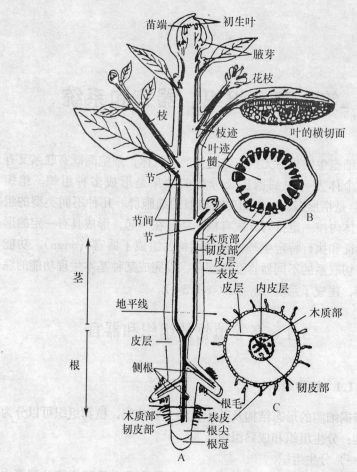

图 3-1 种子植物体图解

A. 种子植物体的纵切面； B. 茎的横切面； C. 根的横切面

（二）成熟组织

成熟组织（mature tissue）是由分生组织细胞经过分裂、分化、生长而形成具有特定形态结构和稳定生理功能的组织。成熟组织包括薄壁组织、保护组织、机械组织、输导组织和分泌组织。

1. 薄壁组织（parenchyma）

薄壁组织也称基本组织（ground tissue），在植物体内分布广泛，是植物体的主要组织。它们具有同化、贮藏、通气和吸收等重要功能。薄壁组织的细胞壁薄，一般只有初生壁而没有次生壁，细胞质少，液泡大，常占据细胞的中央。细胞排列松散，有较大的细胞间隙和较多的细胞间液。叶中的薄壁细胞含有叶绿体，它们构成叶中的栅栏组织和海绵组织，光合作用在这些组织中进行，故称同化组织（assimilating tissue）。根茎中的薄壁组织可贮藏淀粉、蛋白质和脂肪等营养物质，故称贮藏组织（storage tissue）。水生植物根、茎、叶中的薄壁细胞的间隙构成了通气组织（aerenchyma）。耐旱多浆植物如仙人掌类，植物体内含有大量的薄壁细胞，液泡很大，里面充满水分，形成贮水组织（aqueous tissue）。

2. 保护组织

暴露在空气中的器官（茎、叶、花、果实）表面的表皮由保护组织（protective tissue）构成。一般只有一层细胞。细胞排列紧密，犬牙交错，没有细胞间隙，紧密镶嵌，形成具有保护功能的细胞薄层。保护组织的细胞特点是细胞质少、液泡大。叶、茎等表皮层外面有角质层，其上常有蜡质，可防止水分过度蒸发，也可保护植物免受真菌等寄生物的侵袭。

叶表皮上有气孔，是气体出入植物体的门户。进行光合作用时所需要的 CO_2 和同时释放的 O_2 都是通过气孔进出。气孔是由两个保卫细胞组成的，通过体积和形状的变化而调节气孔大小及开闭（图3-2）。

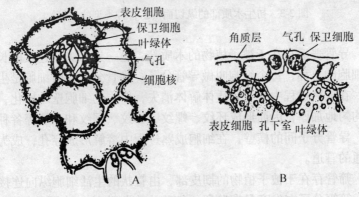

图 3-2　气孔器的结构
A. 表面观；B. 切面观

根的表皮不是由保护组织构成的,而是由具有吸收水分能力的特殊组织——吸收组织（absorptive tissue）构成。

3. 输导组织（conducting tissue）

输导组织又称维管组织,是植物体运输水分和营养物质的组织。细胞呈长管形,在植物体内纵向分布,成为贯穿各器官的网络。根据细胞的结构和运输物质的不同,可分为两大类:一类是输导水分以及溶解于水中矿物质的导管(图3-3);另一类是输导有机养料的筛管(图3-4)。

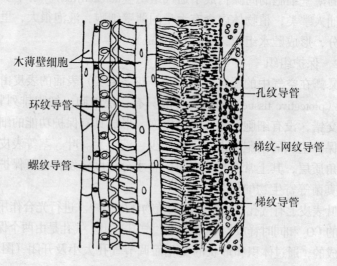

图3-3 初生木质部的纵切面（示各种类型的导管）

导管普遍存在于被子植物的木质部,是一连串纵向连接的长柱形细胞的总称,每个细胞叫做导管分子。导管分子幼时细胞是生活的,在成熟过程中,原生质体解体消失,四周的细胞壁木质化,并不均匀地加厚,因而形成环纹、螺纹、梯纹、网纹和孔纹等各种类型。导管分子间的横壁,在细胞成熟过程中溶解形成穿孔,成为一连通的管道。

筛管存在于被子植物的韧皮部,由管状的生活细胞纵向连接而成。筛管分子在发育早期阶段,细胞中有细胞核,浓厚的细胞质。成熟后,细胞核消失,但细胞壁不增厚,也不木质化,纵向连接的横壁不解体,其上有许多小孔,叫做筛孔,整个横壁则称为筛板。筛孔间有原生质丝相通,养分也随之运输。

筛管旁边伴有一个两端尖削的薄壁细胞,称为伴胞。伴胞与筛管分子起源于同一细胞,彼此有发达的胞间连丝沟通,依靠伴胞细胞核调控筛管分子。

4. 机械组织（mechanical tissue）

这是支持植物体的组织。构成该组织的细胞大多为细长形,其主要特点是细胞壁局部或整体加厚。

（1）厚壁组织（sclerenchyma）的细胞壁整体加厚和木质化,成熟的厚壁细胞一般失去原生质体。所以厚壁组织非常坚硬。厚壁组织根据形状不同分为

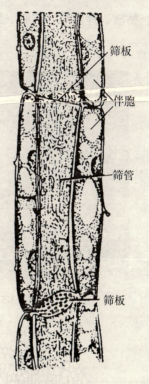

图 3-4 筛管与伴胞

纤维（fiber）和石细胞（stone cell）。纤维一般是两头尖的细长形细胞,细胞壁轻度木质化,故有韧性,如黄麻纤维、亚麻纤维。石细胞的形状不规则,多为等直径的死细胞,细胞壁加厚。各种坚果和种子的硬壳中主要都是石细胞（图 3-5）。

（2）厚角组织（collenchyma）的细胞是生活的细胞,细胞壁在角隅处加厚,故名厚角细胞。该细胞壁主要由纤维组织构成,因此壁的坚韧度不强但有弹性。厚角组织一般分布于幼茎和叶柄内,是草本植物根和茎的主要支持组织,叶柄内的厚角组织有支撑叶子的功能。

5. 分泌组织（secretary）

这是由分泌细胞组成的组织。这些细胞产生一些特殊物质如蜜

汁、粘液、挥发油、树脂、乳汁等，故称为分泌细胞（图3-6）。

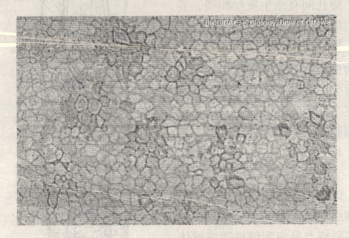

图 3-5　梨子里的石细胞

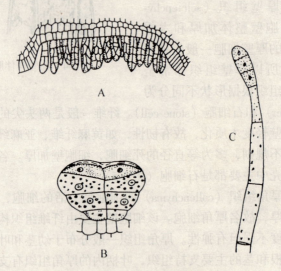

图 3-6　外分泌结构（临 Esau）(a)
A. 棉叶中脉的蜜腺；　B. 薄荷属的腺鳞；　C. 烟草的腺毛

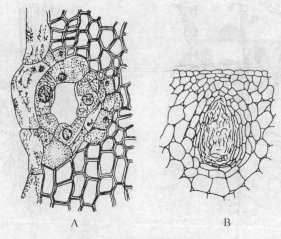

图 3-6 内分泌结构（b）
A. 松树的树脂道； B. 甜橙果皮溶生分泌腔

3.1.2 植物的营养器官

高等植物的营养器官指的是根、茎和叶。根一般分布在土壤中，是陆生植物从土壤中吸收水和无机盐的器官，也是固定地上植物体的器官；茎和叶生长在地面上，茎上着生叶，叶是进行光合作用的重要器官。

（一）根

1．根的形态及其在土壤中的分布

种子萌芽时，胚根发育成幼根突破种皮，向地面下生长成为主根，当主根生长到一定长度时，陆续产生各级侧根。主根、侧根为定根。主根始终保持旺盛的垂直生长，与侧根的区别明显，这种根系为直根系，如棉花、大豆等绝大多数双子叶植物。在茎、叶和胚轴上产生的根称为不定根，不定根也可以组成根系。主根和侧根无明显的区别，主根长出后不久就停止生长或死亡，而由胚轴和茎基部的节上生出许多不定根，不定根上再生出侧根，整个根系在外形上呈须状，这种根系称为须根系，如小麦、水稻、葱等植物的根系(图 3-7)。

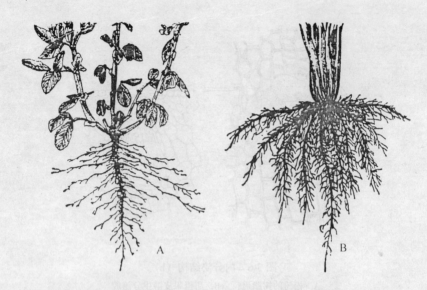

图 3-7 根系
A. 蚕豆的直根系； B. 水稻的须根系

2．根的结构

根分为根尖结构、初生结构和次生结构三部分。

(1) 根尖结构 (图 3-8)

根尖 (root tip) 是主根或侧根尖端最幼嫩、生命活动最旺盛的部分，也是根的生长、延长及吸收水分的主要部分。无论一年生或多年生植物，根尖都包含根冠、分生区、延长区和成熟区。

根冠 (root cap) 根冠是保护根尖的结构，形似帽子，覆盖在根下面幼嫩的分生区上，保护分生组织。根不断伸长，根冠细胞不断被损坏，由分生区细胞分裂加以补充。

分生区 (meristem zone) 分生区位于根冠上部，长约 1 mm。分生细胞是幼嫩的，属未分化的细胞，它终生保持着分裂能力，逐渐增加根纵向细胞数目，使根生长、延长并补充根冠死亡的细胞。

延长区 (elongation zone) 延长区在分生区上方。延长区的细胞是分生区细胞分裂的产物，它们不再分裂，但能迅速延长，是根部延长的动力。在细胞延长的同时，出现了细胞分化，逐渐形成导管、筛管等。

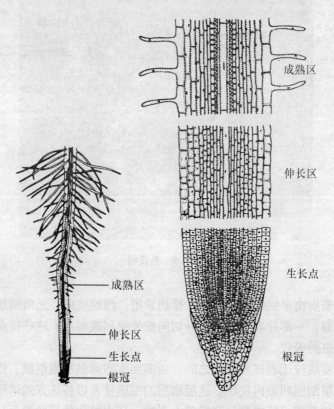

图 3-8　根尖各部分及根尖纵切图解

成熟区（maturation zone）　成熟区也称根毛区（root hair zone），位于延长区的上方，这一区的特点是细胞已完成分化，表皮细胞向外长出指状突起，即根毛（root hair），有吸收水分和矿物质的能力。

（2）初生结构（双子叶植物）

在根的成熟区做横切面进行观察，由外向内依次为表皮、皮层和中柱（图 3-9），因为它们是根的初生分生组织经过分裂分化所形成,所以叫做根的初生结构。

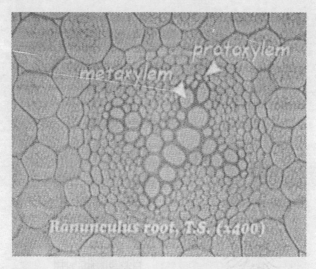

图 3-9 毛茛根

表皮由单层的细胞组成,排列紧密,细胞壁薄,无角质层,无气孔器,一部分表皮细胞的外切向壁外突形成根毛。这些特点,有利于根的吸收。

皮层位于表皮和中柱之间,由多层大型薄壁细胞组成。皮层最内一层细胞叫做内皮层。这层细胞的细胞壁常以特殊方式增厚,在细胞的侧壁(径向壁)和横壁上形成一环木栓化的带状增厚,这一结构叫做凯氏带(图 3-10a、b)。内皮层细胞壁的特殊增厚,对于控制根内液流的方向具有重要意义。

中柱为内皮层以内所有的组织,亦称维管柱。它由中柱鞘、初生木质部、初生韧皮部和薄壁细胞组成。

中柱鞘位于中柱最外围,紧贴内皮层,通常由一层薄壁细胞组成。这些细胞具有潜在的分裂能力,可以形成侧根、不定根、不定芽以及一部分维管形成层。

初生木质部一般呈辐射状,位于根的中央,并具有几个放射角,放射角的数目因植物种类而异,萝卜、番茄有两个,豌豆、紫云英为三个。

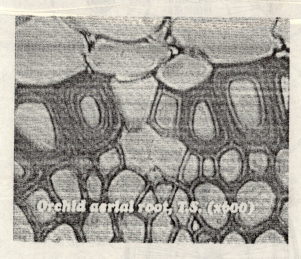

图 3-10　兰花气生根（a）

初生韧皮部位于初生木质部的放射角之间,并与之相间排列,两者之间则为薄壁组织所隔开。

初生木质部与初生韧皮部合称为初生维管组织。在被子植物中,根的初生木质部由导管、管胞、木纤维和木薄壁细胞组成；初生韧皮部由筛管、伴胞、韧皮纤维和韧皮薄壁细胞组成。

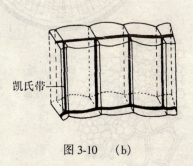

图 3-10　（b）

（3）次生结构

大多数双子叶植物,特别是多年生木本植物的根,在完成初生生长后,形成初生结构,由于维管形成层的产生和活动,根能逐年加粗。这一次生分生组织分裂分化的过程,称次生生长,由次生生长所产生的结构,称为次生结构（图 3-11）。

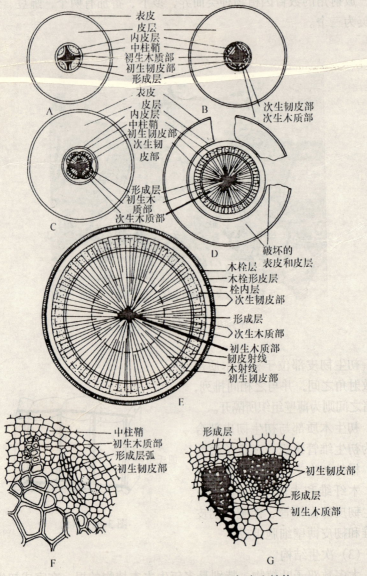

图 3-11 棉根次生生长过程与次生结构

A~E. 次生生长过程示意图；F、G. 棉根横剖面部分细胞图，示初生结构和次生结构；A. 形成层片段出现；B. 形成层波浪状环形；C 和 D. 形成层呈圆环状；D. 皮层的破坏；E. 棉根的次生结构；F. 棉根的初生结构；G. 棉根的次生结构

维管形成层位于初生木质部和初生韧皮部之间,由形成层细胞进行分裂,产生的新细胞,一部分向内形成次生木质部(secondary xylem),另一部分向外形成次生韧皮部(secondary phloem),使根加粗。次生木质部和次生韧皮部的细胞组成基本上和初生结构相同,只是薄壁组织较多。

在维管形成层进行次生生长的过程中,中柱鞘细胞也恢复分裂能力,形成木栓形成层。木栓形成层进行平周分裂,向外产生木栓层,向内产生栓内层。木栓层、木栓形成层和栓内层共同组成了周皮。由于木栓层细胞不透水、不透气,而且排列紧密,因而木栓层外的组织由于给养断绝而死亡,形成树皮。

在单子叶植物(如禾本科植物)的根中,基本结构也可分为表皮、皮层和中柱三个部分,但不产生维管形成层和木栓形成层,无次生结构。表皮以内的皮层,往往转变为厚壁组织,起保护和支持作用,内皮层凯氏带呈"马蹄铁形"加厚,有少数通道细胞保留薄壁状态,与木质部的放射角相对。维管柱中有髓,如高粱(图3-12)。

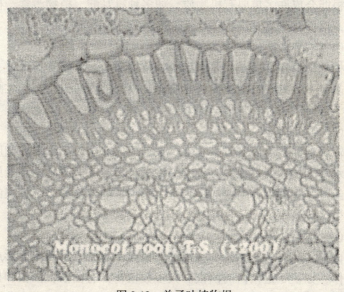

图3-12 单子叶植物根

3．根的生理功能

根是在长期进化过程中适应陆地生活发展起来的器官，它具有吸收水分，支持、合成、贮藏等功能。

(1) 吸收水分和无机盐

根通过根毛能从土壤中吸收水分和溶解在水中的 CO_2、无机盐等。根毛伸到土壤中，和土壤中的水膜相接触。根毛细胞的液泡中含有渗透势低的水，土壤中水的渗透势高于液泡，故水分进入根毛。溶解在水中的 CO_2 和矿质元素伴随进入根毛细胞，继而进入中柱鞘，最后到达导管中。随着根、茎的水柱向上提升，其中一部分水为植物的生命活动所利用，绝大部分水被蒸腾作用扩散到大气中，使植物体免受阳光的灼伤，并维持植物的体温。CO_2 是光合作用的原料，无机盐则是生命不可缺少的物质。

(2) 固着和支持作用

庞大的根系将植物体固着在土壤中，使茎叶系统能立于地表之上，经受着风雨与其他机械力。

(3) 合成能力

根能合成许多重要有机物质，如多种氨基酸、植物激素、植物碱等，这些物质都是植物体地上部分生长发育所必需的。

(4) 贮藏功能

根的薄壁组织发达，是贮藏物质的场所，如甘薯、甜菜、萝卜、胡萝卜等的根特别肥大，肉质化，成为贮藏有机物质的贮藏器官。

(5) 输导功能

输导功能是由根尖以上的部位来完成的，由根毛和表皮细胞吸收的水和无机盐通过根的维管组织输送给茎和叶，而叶所制造的有机物经过茎送到根，由根的维管组织送到根的各部分，维持根的生长和生活。

(6) 菌根和根瘤

菌根（mycorrhiza）是一些植物的根与土壤中的真菌结合形成的共生体，如茯苓是松树的菌根。大多数植物都有菌根，菌根和根毛一样有较强的吸收功能，甚至可以代替根毛吸收土壤中的水分和无机盐。根瘤（root nodul）是生活在土壤中的根瘤菌侵入到豆科植物根中，形成的瘤状物，它们之间为互利共生，根瘤菌可以从根的皮层细胞中吸取它生长所需要的物质，同时根瘤菌能固定空气中游离的氮分子，使其转为氨（NH_3），供豆科植物利用，这就是种豆肥田的道理。

（二）茎

1．茎的形态

茎是植物地上部分的主干，茎上着生叶和芽，并有节和节间的分化。在茎的顶端有顶芽，叶腋处生有腋芽，叶着生的位置叫节，相邻节之间的部分称节间（图3-13）。

2．茎的结构

茎的顶端称为茎尖，茎的伸长就是茎尖进行的。其结构和根尖基本相同，也可分为分生区、伸长区和成熟区等部分，但没有类似于根冠的结构。在幼嫩的分生组织旁有着叶原基和腋芽原基的突起，同时伸长区较长。

由茎顶端分生组织通过细胞分裂所产生的细胞，经分化形成的各种结构，叫做初生结构。双子叶植物茎的初生结构分为表皮、皮层和维管柱（图3-14A）。

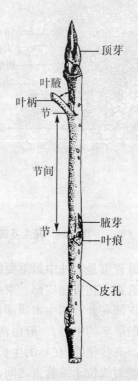

图3-13　毛白杨的枝条

表皮包在幼茎的最外层，由一层细胞组成，除少数沉水植物外，大多数外壁角质化，能增强保护，防止水分散失。茎表皮上还有气孔器分布。此外，有的还有表皮毛、腺毛或蜡被。

皮层位于表皮与中柱之间，绝大部分是由薄壁细胞组成的。一般不及根的皮层发达。紧靠表皮常有厚角组织分布，起着支持幼茎的作用。厚角组织和薄壁细胞常含叶绿体，因而幼茎常呈绿色。

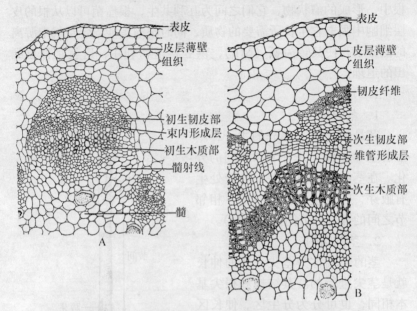

图 3-14 花生茎初生结构（A）和次生结构（B）

维管束是中柱中最重要的部分，常成束存在，排列成环状。每个维管束由初生韧皮部、束中形成层和初生木质部组成。一般是初生韧皮部在外，初生木质部在内，束中形成层在中间。

髓居茎的中心，一般由薄壁组织所组成。髓的主要功能是贮藏养料。有些植物，在茎的生长过程中，髓部中央毁坏成髓腔，如芹菜。

髓射线位于维管束之间，由薄壁细胞组成，在横切面上呈放射状排列。其机能主要是横向运输，也有部分细胞会恢复分生能力，形成束间形成层。

双子叶植物茎的次生结构是形成层活动的结果。同根次生结构的形成一样，也是由于维管形成层和木栓形成层活动产生的。

当束中形成层与束间形成层相连成圆环状时，组成了维管形成层后开始活动（图 3-14B），形成层细胞进行切向分裂，向内（髓方向）形成次生木质部添加在初生木质部的外方，向外形成次生韧皮部添加在初生韧皮部的内方。形成层在不断进行切向分裂形成次生结构的同时,也进行横向分裂,使植物茎不断加粗。

有次生生长的植物,在第一个生长季形成层就开始活动。故双子叶多年生植物第一年的茎,就有次生维管组织。生长在温带和亚热带地区的木本双子叶植物,因受四季变化的影响,形成层活动表现出有节奏的变化。春季温暖,形成层活动旺盛,细胞分裂快,细胞体积大。经夏入秋活动减缓,细胞分裂慢,细胞体积小。进入冬季,因干寒停止活动,进入休眠期。树木因每年形成层的活动,产生次生木质部和次生韧皮部,即年轮(年轮是形成层周期活动的结果,茎的横切面上,头年的晚材与第二年的早材之间界线非常清晰)(图 3-15)。

图 3-15　年轮

与植物内部直径增大相适应,外周出现了木栓形成层。木栓形成层是由茎外围的表皮或皮层细胞恢复分裂机能而形成的。木栓形成层向外产生木栓,其细胞排列整齐,壁栓质化,成熟后死亡,胞内充满气体,故木栓层不透水,不透气且有弹性,对植物有很好的保护作用。木栓形成层向内产生薄壁细胞，形成栓内层，栓内层细胞有叶绿体。木栓层、木栓形成层和栓内层共同组成周皮。

周皮形成过程中，枝条的外表会产生皮孔。皮孔大多产生在气孔器所在的部位。木栓形成层在这些部位所产生的细胞，不形成正常的木栓，而形成许多圆球形排列疏松的薄壁细胞，叫补充细胞。补充细胞的数目多，向外突起，结果将表皮或木栓层胀破。皮孔的形成保证了植物茎内部与外界环境之间的气体交换。

单子叶植物的茎一般只有初生结构而没有次生结构。维管束由韧皮部（在外）和木质部构成。不同植物维管束在茎中有不同的排列。玉米、高粱、甘蔗的茎中维管束分散排列（图3-16），皮层和髓之间没有明显的界线。而小麦、水稻、毛竹等茎节间中空成髓腔，维管束分两轮（向外）排列。这两类茎维管束排列虽不同，但维管束结构相似。维管束中的木质部导管呈V形，由3~4个导管形成。

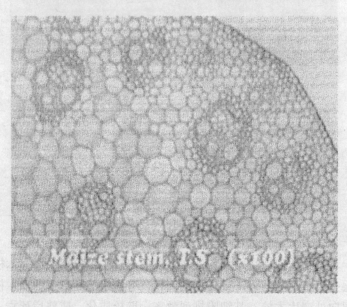

图3-16 玉米茎

3．茎的功能

(1) 运输功能

茎的主要功能之一是运输水分、无机盐和有机营养物质。水分和无机盐由根毛区从土壤中吸收入植物体内，经根皮层、中柱鞘进入根维管组织的导管和管胞，输送到茎、叶、花和果实等器官；营养物质（光合作用的产物）从叶片经维管组织的筛管或筛胞运送到植物体各个器官。

(2) 支持功能

茎中的纤维和石细胞分散在基本组织和维管组织中，起着支持作用，支持枝、叶、花和果实，并合理安排它们的空间位置，利于光合作用、开花、传粉和果实、种子的传播。

(3) 贮藏功能

茎的基本组织有贮藏功能。在木本植物、多年生草本植物（主要是地下茎中）或某些一年生草本植物，如甘蔗的薄壁组织中贮藏有大量营养物质。在某些变态茎中如马铃薯、慈菇、荸荠等的茎中也贮藏有丰富的有机物质。

(三) 叶

叶始于茎尖生长锥的叶原基，是植物进行光合作用、蒸腾作用的一种营养器官。

1．叶的形态

叶从外形上分为叶片、叶柄和托叶三部分。叶片是叶的主要部分，通常呈绿色，多为扁平的片状体，较薄，以增加与外界接触的表面积，有利于光能的吸收和气体交换。叶柄是叶片之下的柄状部分，与茎相连，是茎和叶物质交流的通道，能支持叶片伸展于空中。托叶是从叶柄基部的两侧长出的一对叶状物。具有叶片、叶柄和托叶的叶，叫完全叶（complete leaf），如棉花、桃和梨的叶。缺少其中任何一部分的叶，称为不完全叶（incomplete leaf）。如烟草的叶，缺托叶和叶柄；油菜、甘薯和丁香的叶，缺托叶（图3-17）。

2．叶的结构

(1) 双子叶植物叶片的结构

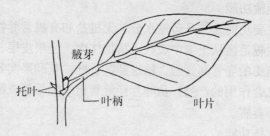

图 3-17 完全叶

双子叶植物叶片由表皮、叶肉和叶脉三部分组成（图 3-18）。表皮覆盖于叶片的上下表面，由排列紧密的单层扁平细胞所组成。从叶的表面观察，表皮细胞形状不规则，彼此镶嵌，紧密相连。从横切面上看，表皮细胞为长方形，外壁常角质化，具有减少蒸腾，加强保护的作用。

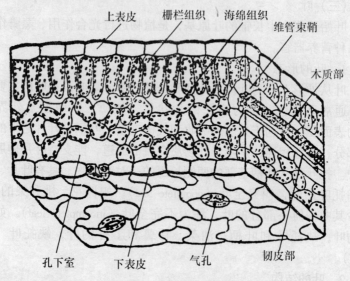

图 3-18 向日葵叶的结构

表皮中有许多分散在表皮细胞间的气孔器，它是由两个肾形的保卫细胞和它们之间裂生的细胞间隙气孔所组成。保卫细胞是生活细胞，并含有叶绿体。细胞壁增厚情况很特殊，与表皮细胞接触的细胞壁较薄，靠近气孔处较厚。当保卫细胞进行光合作用时，其细胞液的浓度增加，从而从周围的表皮细胞吸水，使膨压增大，将气孔撑开。当保卫细胞失水而膨压降低时，气孔缩小甚至关闭。气孔的启闭在调控植物体与外界之间的气体交换，以及水分蒸腾中起重要作用。

叶肉（mesophyll）是位于上下表皮之间的薄壁细胞，细胞内含有大量叶绿体，是进行光合作用的主要场所。叶肉明显地分化出栅栏组织和海绵组织。栅栏组织由一层至数层长柱形细胞组成，紧接上表皮，细胞间隙稍小。海绵组织位于栅栏组织下方，与下表皮毗接，细胞形状不规则，排列疏松，有发达的细胞间隙。在气孔器内方的叶肉组织有较大的气室。这一气室与栅栏组织和海绵组织的细胞间隙相连通，构成了叶片内的通气系统，从而扩大了叶肉细胞与空气的接触，有利于光合作用的进行。

叶脉（vein）贯穿于叶肉中，具有输导和支持作用。双子叶植物的叶脉多为网状脉。叶脉由粗到细可分为中脉、侧脉和细脉。中脉中有一个或几个维管束，其中木质部位于上方，韧皮部位于下方。较小叶脉的维管束也较简单，但始终贯穿于叶肉之中。

(2) 禾本科植物叶片的结构

禾本科植物叶片也由表皮、叶肉和叶脉三部分组成（图 3-19），表皮由表皮细胞、泡状细胞、气孔器、表皮毛等组成。表皮细胞形状规则，略呈长方形，排列整齐，细胞的外壁不仅角质化，而且充满硅质，有的甚至堆积成粗糙不平的突起。叶片的上表皮还有一些特殊的大型薄壁细胞，有大的液泡，叫做泡状细胞，与叶片的卷曲和开张有关，因此也叫运动细胞。气孔器分布在上、下表皮上，成纵行排列，保卫细胞为哑铃形，其外侧各有一个近似菱形的副卫细胞。

禾本科植物的叶片，几乎直立着生于茎秆上，两面受光条件相似，为等面叶。因此其叶肉组织没有明显的栅栏组织和海绵组织的区分。

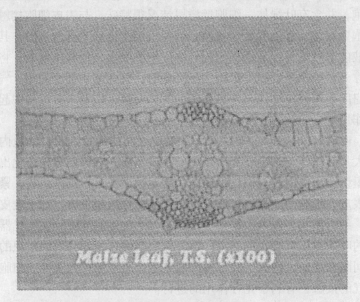

图 3-19 玉米叶结构

叶脉为平行脉,在维管束与上下表皮之间有发达的机械组织,每个维管束的外围具有由一层或两层大型薄壁细胞或厚壁细胞所组成的维管束鞘。维管束的结构可以作为禾本科植物分类的依据,在不同光合途径的植物中,维管束鞘细胞的结构有显著的区别。

3. 叶的生理功能

(1) 光合作用

叶片是进行光合作用的主要器官,叶绿体是光合作用的重要细胞器,叶绿体也是光合作用的形态单位。叶绿体内含有在光合作用中起着决定性作用的光合色素——叶绿素 a、叶绿素 b、类胡萝卜素和藻胆素,以及固定 CO_2 的酶系。

(2) 蒸腾作用

叶片表皮上的气孔与植物的蒸腾作用有直接关系。气孔在白天开放,晚间关闭。因保卫细胞内外壁厚度不同,当保卫细胞吸水膨胀时，较薄的外壁易于伸长，细胞向外弯曲，气孔张开，蒸腾作用加强，失水时，细胞壁拉直，气孔关闭，失水就少，蒸腾作用减慢。

气孔是气体出入植物的门户。气孔在叶表面上的数目和分布，不同植物各有不同。有些植物上下表面均有气孔，但下表皮较多，有些植物只有下表皮有气孔。

3.1.3 植物的生殖器官

植物的生殖器官由花、果实和种子构成。

（一）花

花（flower）是被子植物特有的生殖器官。

花由花柄、花托、花萼、花冠、雄蕊群、雌蕊群组成（图3-20）。

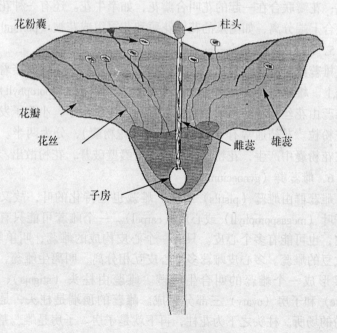

图 3-20 花的基本结构

1. 花柄（pedicel）

花柄也称花梗，是每一朵花所着生的小枝，它支持着花，使花位于一定空间，是茎和花相连的通道。

2. 花托（receptacle）

花托是花柄顶端膨大部分，花萼、花冠、雄蕊群和雌蕊群着生的部分。

3. 花萼（calyx）

花萼着生在花托的最外轮。它由3~5片绿色片状的萼片（sepal）组成，在花蕾时期，起保护作用。

4. 花冠（corolla）

花冠位于花萼的里面，由若干花瓣所组成。花瓣细胞内含有花青素或有色体，因而花具有鲜艳的颜色。有些植物的花瓣还可分泌挥发油。花瓣有分离或联合之分。具有分离花瓣的花叫离瓣花，如桃花；花瓣联合在一起的花叫合瓣花，如牵牛花。还有一种花瓣下部联合上端分离，如南瓜的花。花萼和花冠组成花被（perianth）。

5. 雄蕊群（androecium's）

雄蕊群是雄蕊的总称。雄蕊位于花冠的里面，一般直接着生在花托上。雄蕊是特化的叶，故又称小孢子叶（microsporophyll），每一雄蕊由花丝和花药两部分组成。花药产生小孢子，小孢子发育成为花粉粒。花药通常有4个小孢子囊（花粉囊），分为两半。花粉粒在花粉囊中产生，花粉成熟后，花粉囊壁破开，花粉散出。

6. 雌蕊群（gynoecium's）

雌蕊群由雌蕊（pistils）组成。雌蕊也是特化的叶，故又称大孢子叶（megasporophyll）或心皮（carpel）。一个雌蕊可能只有一个心皮，也可能有多个心皮。只有一个心皮构成的雌蕊，叫单雌蕊，如大豆的雌蕊。多心皮雌蕊多个心皮互相分离，叫离生雌蕊，互相连接形成一个雌蕊的叫合生雌蕊。雌蕊由柱头（stigma）、花柱（style）和子房（ovary）三部分组成。雌蕊的顶端是柱头，是接受花粉的场所。柱头之下为花柱，再下就是子房。子房是雌蕊基部膨大成囊状的部分，由子房壁、胎座和胚珠构成。由一个心皮形成的子房叫单子房，如豌豆；由多心皮形成的子房叫复子房，如烟草有

2个子房，凤仙花有5个子房。子房内包藏着一个或多个胚珠，胚珠由一个珠心和包在珠心外面的一层或两层珠被构成。在胚珠顶部有珠孔，是珠被遗留下的小孔，其下就是珠心。子房内壁生长胚珠的地方称胎座。胎座或直立、或倒生或横生。当外部条件和体内生理条件均已具备时，花就开放。开花意味着花粉粒和胚囊的成熟。

（二）果实和种子

植物开花，经过传粉受精后，花的各部分都发生了显著的变化，花萼脱落或随果实增大而宿存；花冠大多凋谢；雄蕊及雌蕊的柱头枯萎；子房壁发育为果皮；子房内的胚珠发育为种子；果皮连同其中的种子共同组成果实。

1. 果实的结构

果实纯由子房发育而成的，称真果（true fruit），如桃、番茄。除子房外，花的其他部分，如苹果、梨的花筒（托杯）参与了果实的组成，称假果。

真果的结构比较简单，外为果皮，内含种子。成熟果实的果皮分为外果皮、中果皮和内果皮三层。三层果皮常有很大的形态变化（图3-21）。

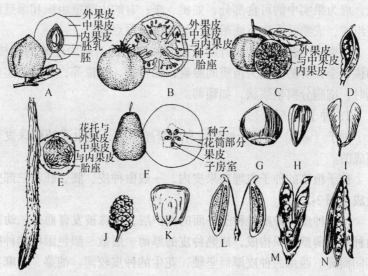

图3-21 果实的类型（a）

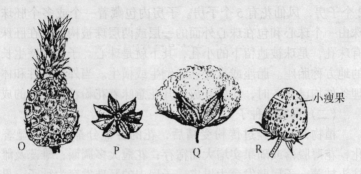

图 3-21 果实的类型（b）
A.核果(桃)； B.浆果(番茄)； C.柑果(柑橘)； D.蓇葖(飞燕草)；
E.瓠果(黄瓜)； F.梨果(梨)； G.坚果(板栗)； H.瘦果(向日葵)； I.翅果(槭树)；
J.聚花果(桑椹)； K.颖果(玉米)； L.双悬果(伞形科)；M.荚果(豌豆)；
N.长角果(芸薹属)； O.聚花果(凤梨)； P.聚合蓇葖果(八角茴香)；
Q.蒴果(棉花)； R.聚合果(草莓)

外果皮一般很薄，主要由子房壁的表皮构成，其上常有气孔器、角质、蜡被、表皮毛等附属物。

中果皮的结构变化很大，有的完全由富含营养的薄壁细胞组成，成为果实中的可食部分，如桃、李；有的由薄壁组织和厚壁组织组成，成熟时为膜质或革质，如豌豆、蚕豆等。

内果皮的变化很大，有的全由石细胞组成，成为坚硬的果核，如桃、李；有的分化为肉质的腺囊，如柑橘、柠檬等；有的果实成熟时，细胞分离呈浆状，如葡萄。

2. 种子的结构

种子 (seed) 是种子植物特有的繁殖器官，是由受精胚珠发育而成的。

被子植物的种子包埋在果皮内，一般由种皮、胚、胚乳三部分组成（图 3-22）。

(1) 种皮　种皮是种子外面的保护层，由珠被发育而来。幼嫩的种皮由薄壁组织构成，成熟种皮的厚薄、层数、颜色因植物种类不同而异。西瓜的种皮厚而坚硬，花生的种皮较薄。油菜、蓖麻具有内、外两层种皮。有些植物如大豆、蚕豆、水稻、小麦，在种子形成过程中，其内珠被或外珠被被吸收消失，因此，种皮仅由其中的一层发育而来。棉花种子的种皮上有单细胞的表皮毛，它是由外珠被的表皮细胞向外突起，经过增长和增厚而形成。

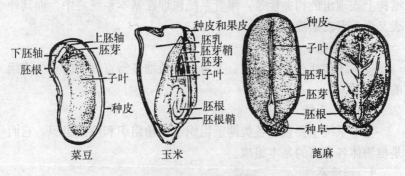

图 3-22　种子的结构

(2) 胚　胚（embryo）由受精卵发育而成，是存在于种子内的新植物体，包括子叶、胚芽、胚轴、胚根几个部分。胚芽由生长锥和幼叶组成以后萌发成地上的主茎和叶。胚根为圆锥形，以后发育成主根。胚芽和胚根之间的部分称胚轴，子叶着生在胚轴上，其着生的位置称子叶节，子叶节与第一真叶之间的轴，称上胚轴；子叶节与胚根产生第一侧根之间的部分，称下胚轴。被子植物种子的子叶一般 1～2 片。有两片子叶的，称双子叶植物（dicoty ledons）；只有一片子叶的，称单子叶植物（monocoty ledons）。发育肥大的子叶贮藏大量的营养物质，供胚生长需要；不肥厚的子叶，在种子萌发时吸收、消化和转运胚乳内的营养物供胚利用；有的子叶在种子萌发时露出地面、变绿，可进行一段时间的光合作用。

(3) 胚乳　胚乳位于种皮的内方，和胚紧密结合，是种子内贮藏淀粉、蛋白质和脂肪等养料的组织。有的植物的种子不含胚乳或只残留一些痕迹，这是在种子发育中，胚乳被胚吸收而解体，并转入子叶中贮存的缘故。根据成熟种子内有无胚乳，将种子分为胚乳种子和无胚乳种子两大类。有胚乳种子如番茄、辣椒、柿、小麦、玉米、水稻等。无胚乳种子如蚕豆、棉花、桃、瓜、慈菇、泽泻等。

3.1.4 高等植物的系统

通常将功能上密切联系的被子植物的主要组织归并为三大系统，即皮系统、基本系统和维管系统。这三大系统在植物体的整体结构上表现出的相关性是：维管系统包埋在基本系统之中，而其外表又覆盖着皮系统。

1. 皮系统

皮系统包括表皮和周皮，为覆盖于植物各器官表面的一个连续的保护层。

2. 基本系统

基本系统主要包括各类薄壁组织、厚角组织和厚壁组织，它们是植物体各器官的基本组成。

3. 维管系统

一株植物的整体上或某一器官的全部维管组织总称为维管系统。主要包括输导水分和无机盐的木质部和输导有机养料的韧皮部。这些维管组织贯穿于整个植物体内，并相互连接组成一个结构和功能上的完整体系。根部从土壤中所吸收的水分进入根毛细胞后，以细胞间的渗透方式依次通过根的皮层和中柱鞘进入木质部的导管。然后，随蒸腾液流并沿着与相连的茎的导管迅速运行，通过叶柄和叶脉中的木质部而进入叶内。由于植物体内维管系统纵横贯穿，于是水分在上升过程中会从木质部的导管或管胞渗透到各部的活细胞，供生长需要。根部从土壤中吸收的无机盐，又同样通过维管系统向上运行至茎、叶和其他器官。叶片光合作用所合成的有机物质，除少量供本身利用外，大量的则通过维管系统的韧皮部运输到根、茎、花、果实和种子等器官中，以供各器官需要。

3.2 哺乳动物的组织器官和系统

3.2.1 动物组织

动物体是由器官系统组成的，如循环系统、排泄系统等。每一个系统又由器官组成，如心脏、血管等。而每一个器官是由两种或更多种的组织构成。动物体的组织包括上皮组织、结缔组织、肌肉组织和神经组织。

（一）上皮组织

上皮组织（epithelial tissue）是由许多密集的上皮细胞和少量间质构成的膜状结构，被覆在体表或衬在体内的腔、管、囊、窦的内表面以及内脏器官的表面。其功能主要是保护、分泌、排泄、吸收和感觉。

上皮细胞具有极性，面向体表或腔隙的一面称游离面，其上常有适应局部功能的特化结构，如小肠黏膜上皮的微绒毛、呼吸道上皮的纤毛、味蕾上的微绒毛等。与之相对的一面称为基底面，依靠薄层的基膜与深层的结缔组织相连。营养物质的获得和代谢产物的排除都通过基膜的渗透作用来实现。

根据分布、形态与功能，上皮组织可分为被覆上皮、腺上皮和感觉上皮三大类（如图 3-23）。

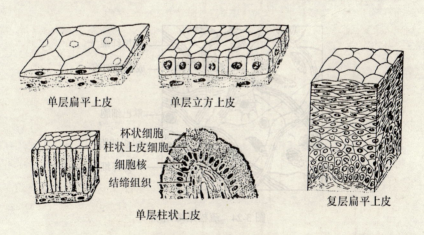

图 3-23　各种被覆上皮

被覆上皮根据其细胞排列的层次、形态和游离面的分化物，可分为单层扁平上皮、单层立方上皮、单层柱状上皮、复层扁平上皮、复层柱状上皮和变移上皮。腺上皮指具有分泌机能的上皮，又分单细胞腺和腺器官两大类。感觉上皮是指具有特殊感觉机能的特化上皮，如嗅上皮、味蕾、视网膜。

（二）结缔组织

结缔组织（connective tissue）分布在各器官或组织之间，由少量细胞和大量间质构成。细胞无极性，分散在间质中。间质包括基质和纤维。结缔组织在机体内大量存在，主要起支持、连接、保护、修复、营养、防御以及物质运输的作用。根据形态和功能，结缔组织可分为疏松结缔组织、致密结缔组织、网状结缔组织、脂肪组织、软骨、骨和血液等。

疏松结缔组织由纤维（胶原纤维、弹性纤维和网状纤维）、细胞（成纤维细胞、巨噬细胞、浆细胞、肥大细胞等）和基质构成，纤维和细胞包埋在无色透明胶状的基质中。疏松结缔组织在体内分布很广，大量存在于器官之间、组织之间及细胞之间。具有填充、连接、支持、缓冲、营养、防御和运输产物等作用（图3-24）。

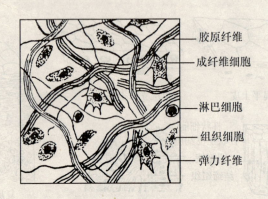

图3-24　疏松结缔组织

致密结缔组织中细胞成分少，以胶原纤维为主。纤维粗大且排列紧密，排列方向与承受张力的方向一致，有很强的支持、连接和保护作用。如皮肤表皮下的真皮、眼球巩膜、腱和韧带（图3-25）。

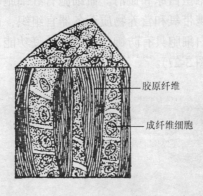

图 3-25 致密结缔组织（腱）

网状结缔组织主要分布于淋巴结、脾脏、红骨髓及胸腺等处。由网状细胞、网状纤维和基质组成（图 3-26）。

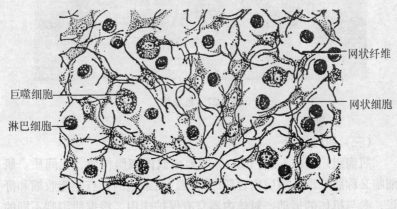

图 3-26 网状组织

脂肪组织具有储存脂肪、保护、维持体温等功能，并参与能量代谢。

骨和软骨以及腱和韧带构成支持脊椎动物身体的支架，并保护内部器官。

血液是液态的结缔组织，由血细胞和血浆组成。血浆为淡黄色液体，其内包括纤维蛋白原和血清。血细胞有红细胞、多种白细胞及血小板等。血液携带氧和营养物质至各器官组织，而将二氧化碳和代谢废物带走。白细胞具有防御、保护和免疫功能，血小板参与止血和凝血过程（图3-27）。

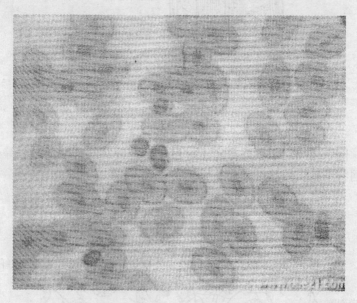

图 3-27　血涂片

（三）肌肉组织

肌肉组织（muscular tissue）主要由肌肉细胞构成，无间质。肌细胞又称肌纤维，胞质内含肌原纤维。肌细胞的特点是能收缩和舒张，参与机体的运动，对体内器官有保护作用。根据肌细胞不同的形态、功能特点，肌肉组织可分为骨骼肌、心肌和平滑肌。

1. 骨骼肌（skeletal muscle）

骨骼肌细胞呈柱形，有多个细胞核，是随意肌。大多附着在骨骼上。细胞内含大量纵向排列的肌原纤维，其上具有折光性不同的相间排列的明带（Ⅰ带）和暗带（A带）。明带和暗带整齐排列在同一平面上，构成了明暗相间的横纹，故又称横纹肌。暗带中间有一着色浅的部分称 H 带，在 H 带正中有一条细的暗线称中膜（M 线）；在明带的中间也有一条暗线称间膜（Z 线）。两间膜之间的一段称为肌节，包括一个完整的暗带和两个明带的半段，肌节是肌肉收缩的形态结构单位（图 3-28）。

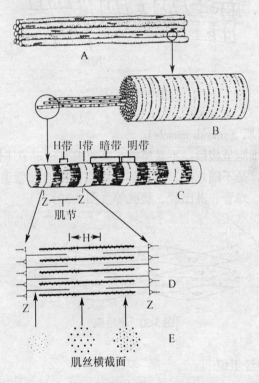

图 3-28　骨骼肌纤维结构模式图
A. 肌肉；　B. 肌纤维；　C. 一条肌纤维；
D. 局部肌纤维放大；　E. 一段肌节放大

2. 心肌（cardiac muscle）

心肌构成心脏，是不随意肌，也有横纹，属横纹肌。心肌细胞相接的地方，细胞膜特殊分化形成闰盘（intercalated disk），心肌能够自动节律性收缩，受植物性神经支配（图 3-29）。

113

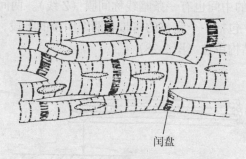

图 3-29 心肌

3．平滑肌（smooth muscle）

平滑肌细胞呈梭形，不显横纹，其收缩有一定节律性，受植物性神经支配，是不随意肌，构成体内中空的器官和管道的肌肉壁，如胃、肠道、血管、淋巴管、膀胱等（图 3-30）。

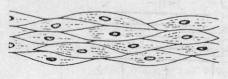

图 3-30 平滑肌

（四）神经组织

神经组织（nervous tissue）是由神经细胞和神经胶质细胞（图 3-31）构成的组织。

神经细胞即神经元，是神经系统的形态和功能单位，具有感受机体内、外刺激和传导冲动的能力。细胞由胞体和突起组成。胞体位于中枢神经系统的灰质或神经节内，形状各异，细胞内通常有一大而圆的细胞核，核仁大而染色明显。胞体接受刺激，产生和传导冲动，也是神经元代谢和营养的中心。突起由胞体伸出，数量，长短和粗细不等，根据其形态和机能可分为树突和轴突。树突（dendrite)一个至多个,接受从其他神经元或外界环境的刺激向胞体传导;轴突(axon)只有一个,把电信号或冲动传离胞体到靶细胞。

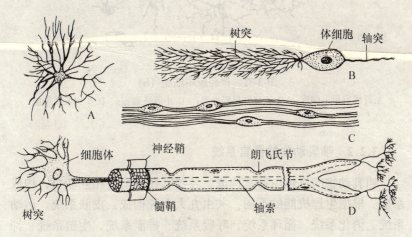

图 3-31 神经细胞
A.多极神经细胞; B.小脑中浦金野氏细胞; C.无髓神经纤维; D.有髓神经纤维

神经胶质细胞是一些多突起的细胞,突起不分轴突和树突。胶质细胞位于神经元之间,无传导冲动的功能,主要是对神经元起支持、保护、营养和修补等作用(图3-32)。

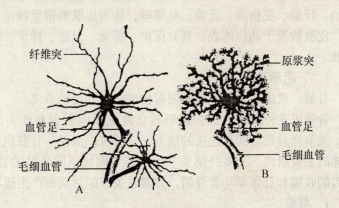

图 3-32 神经胶质细胞 (a)

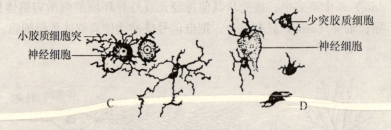

图 3-32 神经胶质细胞（b）
A.纤维突星形细胞； B.原浆突星形细胞； C.小胶质细胞； D.少突胶质细胞

3.2.2 哺乳动物的器官系统

哺乳动物的机体由器官构成，各器官在功能上相互联系，构成系统。根据生理机能的不同，共由九大系统构成：皮肤系统、运动系统、消化系统、循环系统、呼吸系统、排泄系统、生殖系统、神经系统以及内分泌系统。在机体内，各系统具有各自的基本生理活动，并在神经系统和内分泌系统的调节下互相联系，互相制约，共同完成整个机体的新陈代谢活动，使生命得以生存和延续。

（一）皮肤系统

皮肤由表皮、真皮和皮下组织三部分构成（图3-33）。在身体的某些部位，皮肤演变成特殊的器官，如毛、爪、蹄、角、指（趾）、汗腺、皮脂腺、乳腺、臭腺等，称为皮肤的衍生物。

皮肤被覆于动物体表，具有保护、感觉、分泌、排泄、呼吸等功能。

（二）运动系统

骨骼、肌肉、关节、腱和韧带构成动物的运动系统。

骨骼可支持身体，保护内脏器官并供肌肉附着和作为运动杠杆。关节指骨骼之间相连接的地方，一般可以活动。骨骼肌是构成机体的主要肌肉，大多跨越关节而附着于两块不同骨骼的骨面上。肌肉的收缩和舒张牵动着骨骼，并通过关节的活动而产生运动。

1. 骨骼

哺乳动物的骨骼分为中轴骨和附肢骨（人体共206块骨）。中轴骨形成身体的中轴,包括头骨、脊柱、胸骨和肋骨;附肢骨包括动物的四肢骨和带骨。

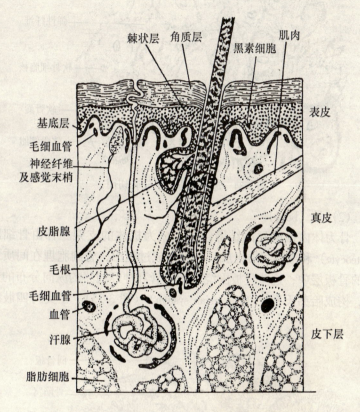

图 3-33 皮肤构造模式图

(1) 软骨 (cartilage)

软骨由软骨细胞 (chondrocyte) 和大量的细胞间质组成,坚韧而有弹性,有较强的支持和保护作用 (图 3-34)。

无血管进入软骨,软骨细胞依赖物质穿过间质的渗透以交换营养和废物,代谢率较低。在机体中需要坚固和一定灵活性的地方有软骨的存在,如:关节、肋软骨、气管环、耳廓等处。

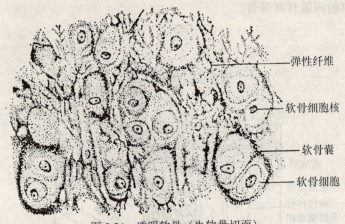

图 3-34 透明软骨（牛软骨切面）

(2) 骨（bone）

骨为体内最坚硬的结缔组织，成为机体的支架。骨由骨细胞（osteocyte）和细胞间质组成，在骨形成过程中，骨细胞埋在间质形成的骨板层中，这些骨板围绕用于血管和神经通路的纵向分布的管道，构成哈弗氏系统（Haversian system）（图 3-35）。在支持四肢的

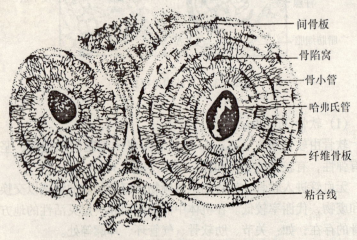

图 3-35 人肱骨横磨片（示哈弗氏系统）

长骨中,长骨两端表面为较薄的骨密质,其内为骨松质,长骨干为较厚骨密质。骨密质致密而坚固,由排列整齐的骨板和骨细胞构成,表面光滑,为肌肉提供附着,骨干中央为骨髓腔。骨松质较轻,呈海绵状,由许多骨小梁构成。小梁间隙中分布着血管和有造血功能的红骨髓。骨表面有较厚的致密结缔组织膜,即骨膜包被,骨膜内有神经和血管通过,并有分生出成骨细胞和破骨细胞的能力。成骨细胞有造骨功能,破骨细胞参与骨组织的吸收(图3-36)。

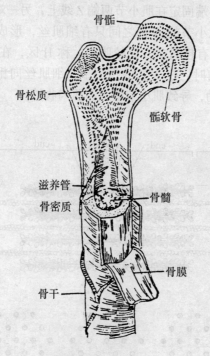

图 3-36 长骨的构造

2．肌肉和肌肉的收缩原理

运动系统的肌肉指的是骨骼肌,人全身约有600余块骨骼肌,每一块骨骼肌便是一个器官。

骨骼肌按其形态可以分为长肌、短肌、阔肌和轮匝肌四种,分别分布在机体不同的部位。每块肌肉的中间部分柔软，呈红褐色，由肌纤维构成，称为肌腹；两端坚韧而呈白色，由致密结缔组织构成，称为肌腱。肌借肌腱附着于两块不同的骨面上，中间跨越一个或一个以上的关节，肌肉收缩时便牵动骨骼而产生运动。

　　肌肉的收缩原理可以通过下面的图来说明（图 3-37）：肌纤维由肌原纤维组成，肌原纤维由粗肌丝和细肌丝组成的肌小节构成，肌小节是肌肉收缩的机能单位。粗肌丝由肌球蛋白组成，位于肌小节的中部，整齐地平行排列，形成暗带，又叫 A 带。细肌丝由肌动蛋白构成，一端固定在肌小节两端 Z 线上，另一端伸向肌小节中部。两个相邻肌小节的 A 带之间只有细肌丝，形成明带，又称 I 带。A 带中部只有粗肌丝，比较明亮，称 H 区，在 H 区中部有 M 线。当肌肉收缩时，在 ATP 的作用下，细肌丝向粗肌丝滑动，即向 A 带中部滑动，导致肌小节缩短，肌肉收缩。

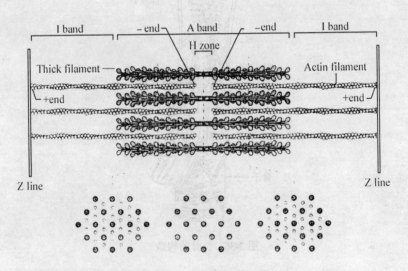

图 3-37　肌肉收缩的机制

3. 关节（joint）

　　骨和骨之间借结缔组织、软骨或骨组织连接在一起，称为关节。关节分为三种：纤维关节、软骨关节和滑液关节。纤维关节又称骨缝连接,指骨和骨之间借致密的纤维结缔组织紧紧相连,不能运动,如头骨骨片之间的关节。软骨关节是指骨之间的连接物为软骨,不能运动或只能轻微运动,如哺乳类的趾骨联合。滑液关节是可动关节,两骨相接触的关节面光滑,表面附有软骨,关节外有结缔组织形成的关节囊,囊内是关节腔,腔内有少量的滑液(图3-38)。

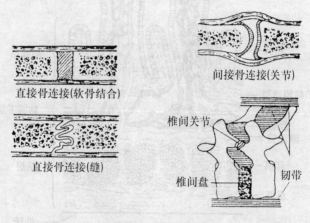

图 3-38　骨骼的连接

（三）消化系统

哺乳动物的消化系统由消化管和消化腺两部分组成。消化管包括口、咽、食管、胃、肠和肛门；消化腺则有唾液腺、肝、胰以及胃腺和肠腺等。

1. 消化管壁的一般结构

除口腔外,消化管的各部分都可分为黏膜、黏膜下层、肌层和外膜四层（图3-39）。

黏膜位于消化管最内层,由黏膜上皮、结缔组织和一薄层平滑肌组成。小肠黏膜形成许多向肠腔突出的皱壁和绒毛,以扩大吸收面积。

黏膜下层位于黏膜的外周,由疏松结缔组织构成,内含丰富的血管、淋巴管和神经。

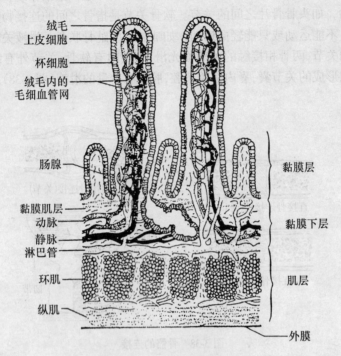

图 3-39 小肠局部纵切面

肌层位于黏膜下层外周,除口腔、咽、食道上段和肛门为横纹肌外,其余各段均由平滑肌组成,肌层一般分为内环肌和外纵肌两层。在消化管的某些部位,环行肌增厚形成括约肌(如胃的贲门和幽门处)。

外膜位于消化管的最外层,一般均由一层扁平上皮构成,称为浆膜。

2. 消化腺

消化腺是分泌消化液的腺体,分壁内腺和壁外腺两种,壁内腺多为小型腺体,位于消化管壁内,直接开口于消化管腔内,如胃腺和肠腺等。壁外腺是大型腺体,位于消化管壁外,以导管开口于消化管内,如唾液腺、胰腺和肝脏。唾液腺(glandular salivalis)主要有三对：腮腺、颌下腺和舌下腺，分别有导管通口腔，其分泌物为唾液，有润滑口腔、湿润食物以及初步分解淀粉等作用；胰腺（pancreas）由外分泌腺和内分泌腺构成，外分泌腺为消化腺，分泌胰液，含有胰蛋白酶原、胰淀粉酶和胰脂肪酶等，对食物的消化起重要作用。内分泌腺称胰岛，分泌胰岛素、胰高血糖素等多种激素，调节糖的代谢。肝脏（hepar）是体内最大的消化腺，分泌胆汁，协助对脂肪和脂溶性物质的消化和吸收，同时，还参与物质代谢，储存糖元，解毒和吞噬、防御等。

(四) 循环系统

循环系统是动物体内供血液和淋巴液流通的封闭式管道系统，包括心血管系统和淋巴管系统。心血管系统由心脏和血管组成，淋巴管系统是静脉的辅助管道，心脏的节律性收缩和舒张推动血液和淋巴在体内循环。

1. 心血管系统

心血管系统具有三个主要部分：血液，即运输的介质或载体；血管，即管道系统，运送血液到身体各部分的结构；心脏，像一个泵，维持血液流动，是血液循环的动力器官。

(1) 血液：血液是结缔组织的一种，在前面"组织"中已经介绍了其组成和功能。

(2) 血管：由动脉管、静脉管、门静脉和毛细血管组成(图3-40)。

动脉（arteries）从心室输送血液到身体各部分的血管，即离心血管，管壁厚而富有弹性，内压较高，血流较快。动脉不断分支成小动脉，直至形成毛细血管。脊椎动物保留了3对动脉弓，即颈动脉、体动脉和肺动脉。

静脉（vein）是引导全身血液回心房的血管。静脉起始于毛细血管，汇集成小静脉，然后是静脉。管壁较薄，管腔大，弹性较小，内压较低，血流慢，在较大的静脉管壁内生有瓣膜，为静脉瓣，使血液朝心脏方向流动而不能倒流。人类具有一支下腔静脉，一支上腔静脉和一对肺静脉。

门静脉（portal vein）不同于一般静脉，血管两端都是毛细血管，其管壁内无瓣膜。脊椎动物体内具有三种门静脉：肝门静脉、肾门静脉和脑下垂体门静脉，其中肾门静脉在高等动物中退化。

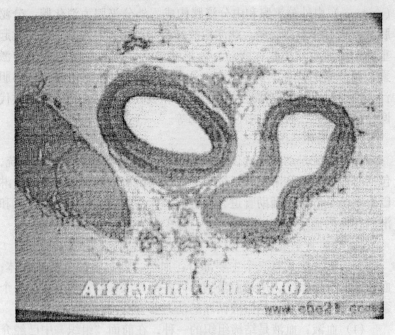

图 3-40 动脉和静脉

毛细血管（capillaries）是管腔最细（人体毛细血管平均管径为 8 微米，仅能通过单列的血细胞），分布最广的血管，连接在动脉和静脉之间。管壁仅一层内皮细胞，通透性较好，与周围组织细胞相距很近，便于物质交换。

（3）心脏（heart）

心脏为圆锥形、有腔的肌质器官，位于胸腔内，两肺之间，略偏左侧。心脏由四腔组成：左、右心房和左、右心室，分别被房间膈和室间膈隔开，互不相通。心房和心室之间的开口称房室口，在右房室口周缘上附有三尖瓣，左房室口周缘上附有二尖瓣，瓣膜向下垂入心室，并借腱索连在心室壁上，防止血液逆流。右心房内的上、下方分别有前腔静脉和右腔静脉的开口。右心室的出口处为动脉圆锥，肺动脉由此发出。左心房的背面有几条肺静脉通入。左心房口的前方为左心室的出口，主动脉弓由此发出。在肺动脉和主动脉起始内面的周缘上各有三个袋状的瓣膜，称为动脉瓣，袋口向着动脉，能防止血液从动脉逆流回心室（图3-41）。

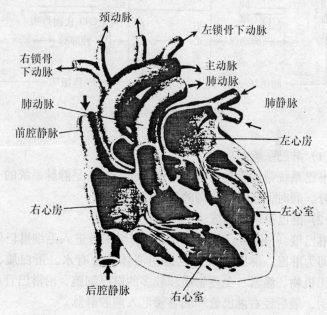

图 3-41　心脏的结构

（4）血液循环

哺乳动物的血液循环为完全双循环：多氧血由左心室的收缩泵出，经体动脉流到身体各部分，从身体各部分回来的缺氧血经体静脉汇入右心房，这是大循环或体循环；缺氧血进入右心室，右心室的收缩经肺动脉进入肺脏进行气体交换，从肺脏回来的多氧血进入左心房，这是小循环或肺循环。体循环和肺循环完全分开，为完全的双循环（图3-42）。

2. 淋巴系统

淋巴系统是循环系统的一部分，由淋巴管、淋巴结及淋巴组织构成。淋巴管和淋巴结中流动着淋巴液。

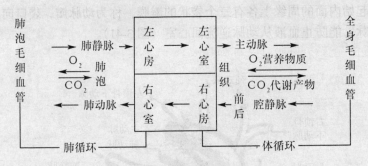

图 3-42　血液循环示意图

(1) 淋巴系统的功能

淋巴系统帮助收集和输送组织液回心脏，是静脉系统的一个辅助部分，同时，还具有防御的重要机能。

(2) 淋巴系统的构成

淋巴液（lymph）：来自组织液，当组织液进入毛细淋巴管的盲端后即为淋巴。淋巴是淡黄色透明液体，含有水、蛋白质、葡萄糖、无机物、激素、免疫物质和较多的淋巴细胞，沿淋巴管单向向心流动，最后经右淋巴管和胸导管汇入前腔静脉。

淋巴管（lymphatic vessels）：淋巴管包括毛细淋巴管、淋巴管、淋巴干和淋巴导管。淋巴液在淋巴管内流速慢，而淋巴管数量较多，且有瓣膜，以使大量淋巴液回流。

淋巴结（lymph nodes）：淋巴结沿淋巴管通路上分布，通常成群聚集，重要淋巴结群位于颈部、腹下腹股沟及肠系膜处。淋巴结制造淋巴细胞，并能吞噬进入体内的病原微生物，具有滤过淋巴液，免疫保护机体的作用。

淋巴组织：包括淋巴小结、扁桃体、脾脏和胸腺，其功能与淋巴结相似，均能产生淋巴细胞。脾脏是体内最大的淋巴器官，又是储血器官，并具有破坏衰老红细胞、吞噬病原微生物和异物，产生白细胞和抗体，抑制骨髓造血功能等作用。胸腺主要功能是分化产生具有免疫能力的 T 淋巴细胞。

（五）呼吸系统

动物体在新陈代谢过程中要不断消耗氧气，产生二氧化碳。机体与外界环境进行气体交换的过程称为呼吸（respiration）。呼吸的全过程包括外呼吸（又称肺呼吸）、气体运输和内呼吸（又称组织呼吸）三个相互紧密联系的环节。

1．呼吸系统的基本结构

呼吸系统是一个复杂的管道系统，由导管部和呼吸部组成。导管部是气体进出的通道，包括鼻腔、咽喉、气管、支气管；呼吸部主要为薄壁的肺泡，血液和空气就是在这里进行气体交换（图 3-43）。

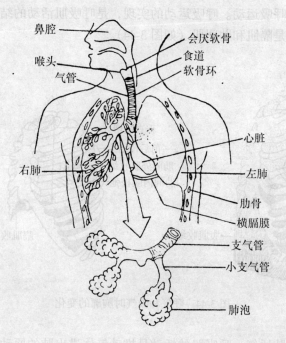

图 3-43　人的呼吸系统

（1）导管部的结构特点：①具有骨或软骨作为支架，当气体进入时，管壁不致塌陷，保证气流通畅；②管腔黏膜含有较多腺体，黏膜上皮具纤毛，可帮助尘埃或异物排出。

(2) 肺的结构：肺（lung）位于胸腔内，海绵状，有分叶。肺实质由一再分支的支气管树（终末细支气管、呼吸性细支气管、肺泡管、肺泡囊）和具呼吸性的分支管泡状结构组成，肺泡管的周围有很多肺泡，肺泡囊是许多肺泡包围的一个空腔。肺泡表面主要是单层扁平上皮，外面密布毛细血管网和弹性纤维。肺泡是肺实现气体交换的结构和功能单位。

2．呼吸运动与肺通气

(1) 呼吸运动：肺本身不能主动收缩，呼吸时气体进出肺，主要靠胸廓的周期性运动。胸廓扩大，肺随之扩张，外界气体吸入肺泡；相反，胸廓缩小，肺泡气被排出。所以胸廓的节律性扩大与缩小，称为呼吸运动。呼吸运动的实现，是呼吸肌活动的结果。主要的呼吸肌是膈肌和肋间肌（如图3-44）。

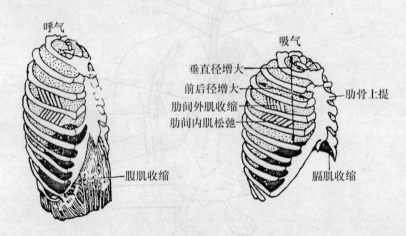

图 3-44　呼气和吸气时胸廓的变化

(2) 肺通气：呼吸肌的活动是推动气体进出肺的原动力，这种原动力引起肺内、外压力的周期性变化，从而建立起肺泡与大气之间存在一定的压力差，才能推动气体进出肺。在呼吸过程中，肺内的压力称肺内压，肺外的压力指胸膜腔的压力，因其始终低于大气压,因而称为胸内负压。在吸气之前(呼气末),呼吸肌松弛,肺内压与大气压相等,因而无呼吸气流,此时胸内负压约为-5mmHg。吸气时,吸气肌收缩,胸腔扩大,胸内负压增大,肺也随之扩大,肺内压下降到低于大气压水平,气体依靠压力差的推动,通过呼吸道进入肺泡。吸气末时,胸廓不再继续扩张,肺内压与大气压相等,通气停止。呼气时,吸气肌舒张,胸廓缩小,胸内压减小,肺趋向回缩,肺容积缩小,气体被压缩,使肺内压升高超过大气压,肺泡内气体经呼吸道流向外界。

(六)泌尿系统

泌尿系统由肾脏、输导管、膀胱和尿道组成(图3-45)。主要功能是生成和排出尿液。

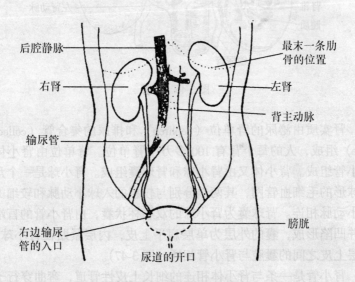

图3-45 排泄系统全图

1. 肾脏(kidney)

哺乳动物的一对肾位于腹腔的背壁,腰椎两侧。一般为蚕豆形,内侧缘的中央部位,凹陷为肾门,是肾血管、输尿管、淋巴管及神经出入之处。输尿管在肾门的膨大部分叫肾盂。肾实质可分为外周部的皮质和深部的髓质。皮质在切面上辐射状排列，其间分布有小点状的肾小体；髓质常分为若干肾锥体。肾锥体的尖部成肾乳头，开口于肾盂（图3-46）。

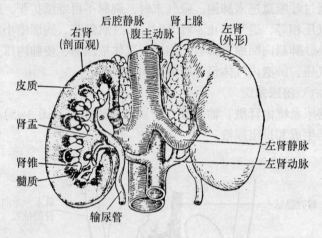

图 3-46　肾脏

肾实质由泌尿的肾单位（nephron）和排尿的集合管（collecting tube）组成，人的每个肾有100多万个肾单位。肾单位由肾小体和肾小管组成。肾小体又由肾小球和肾球囊组成。肾小球是一个盘绕成球形的毛细血管网，其两端分别与较粗的入球小动脉和较细的出球小动脉相连。肾球囊为肾小球的双层杯状囊，由肾小管的盲端膨大并凹陷形成，囊的外层为单层扁平上皮，内层紧贴在肾小球上。两层上皮之间的囊腔与肾小管相通（图3-47）。

肾小管是一条与肾小体相连的细长上皮性管道，弯曲穿行于皮质和髓质之间，根据其形态结构可分成三段：近曲小管、髓袢和远曲小管。

2．输尿管、膀胱和尿道

输尿管为输送尿液入膀胱的管道，为一对细长的肌性管，上接肾盂，下通膀胱。

膀胱为贮存尿液的器官，是一个伸缩性很大的肌性囊。成年人

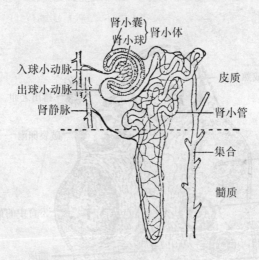

图 3-47 肾单位及肾小体

容尿量为 350~500ml。

尿道为尿排出体外的管道。

（七）生殖系统

生殖系统是产生生殖细胞和繁衍后代的系统。可分为雌性生殖系统和雄性生殖系统两类。

1．雌性生殖系统的结构

雌性生殖系统主要包括卵巢、输卵管、子宫和阴道。

（1）卵巢（ovarium）：哺乳动物的卵巢是在性成熟时，产生卵子并分泌雌激素的器官。成对，位于体腔中线两侧，为一对扁椭圆形的实质性器官。表面覆盖单层生殖上皮，上皮内侧为一层致密结缔组织，称卵巢白膜。白膜内为卵巢实质，为浅层的皮质和深层的髓质。皮质内含有数以万计的不同发育阶段的球形卵泡和黄体。髓质较窄，由结缔组织和较大的血管构成（图 3-48）。

（2）输卵管（tuba oviductus）：输卵管为一对细长的肌性管道，分为三段：①峡部，输卵管中最细的一段，直接与子宫角相连；②壶腹部，管腔较膨大，为精卵受精部位；③漏斗部，输卵管的末段，游离缘有许多不规则突起，称输卵管伞。

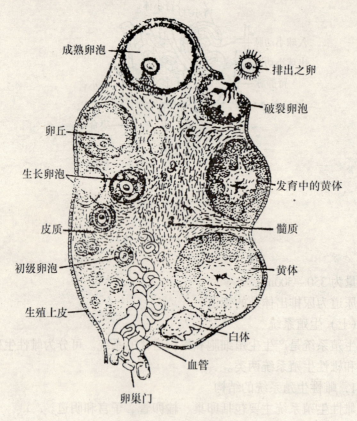

图 3-48 卵巢构造模式图

(3) 子宫 (uterus)：子宫为中空的肌性厚壁器官，是孕育胎儿的场所。子宫由子宫底、子宫体和子宫颈三部分组成。子宫壁从外到内，分为内膜、肌层和外膜三层。其中内膜可周期性增厚和剥落，形成月经。

(4) 阴道 (vagina)：阴道为一略扁的肌性管道，前邻膀胱和尿道，后靠直肠，上端环绕子宫颈的下部，下端以阴道口开口于阴道前庭。

2. 雄性生殖系统的结构

雄性生殖系统包括睾丸（又称精巢）、输精管、副性腺和阴茎（图3-49）。

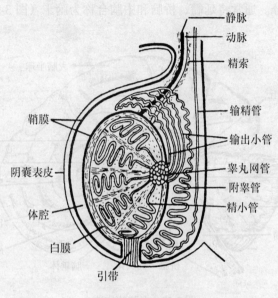

图3-49 兔的睾丸构造

(1) 睾丸（testis）：睾丸是产生精子和雄性激素的重要器官。成对，位于阴囊内。表面包有一层致密结缔组织膜，叫做睾丸白膜，内部为睾丸实质。白膜在睾丸后缘增厚形成许多小膈，伸入睾丸实质内，将睾丸实质分割成许多小叶。每个睾丸小叶内含有1~4条曲细精管，曲细精管是精子发生的部位。在曲细精管之间，充填有结缔组织，其中存在间质细胞，能分泌雄性激素。

(2) 输精管：输精管为输送精液的管道，与尿道相连，周围分布着副性腺，副性腺的分泌物排入尿道，与精子共同组成精液。

(八) 神经系统

神经系统是哺乳动物主要的功能调控系统，依所在的位置和功能的不同可分为中枢神经系统和周围神经系统。

1. 中枢神经系统（central nervous system）

包括脑和脊髓两部分。

(1) 脑（encephalon）：脑是中枢神经系统前端膨大的部分，位于颅腔内，由后向前顺次分为延髓、桥脑、小脑、中脑、间脑和大脑六大部分。通常将延髓、桥脑和中脑合称为脑干（图 3-50）。

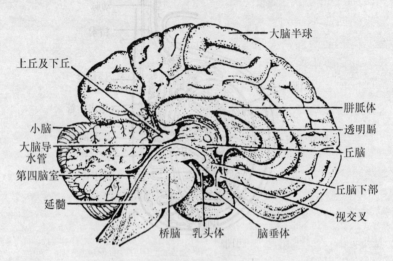

图 3-50　人脑的构造

延髓直接与脊髓相连，是调节呼吸、吞咽和心搏等活动的中枢。中央管在延髓扩大为第四脑室。桥脑位于延髓上方，有神经纤维束通向背面，与小脑相联结。

小脑位于延髓背侧，小脑腔多消失。灰质位于表层，白质在内层。在高等动物种类中，小脑分化成两个半球，腹面与桥脑相连。小脑是身体平衡和运动的中枢。

中脑位于桥脑和间脑之间，背面有两对圆形隆起，称四叠体，是视觉的反射中枢。

间脑位于中脑前方，大部分被大脑遮盖，主要由丘脑和丘脑下部组成。丘脑又名视丘，位于间脑背侧，为成对的卵圆形灰质块，它是机体传入冲动的转换站。丘脑下部位于丘脑的前下方，是大脑皮质以下调节植物性神经活动的较高级中枢，同时也是水、盐代谢、体温、食欲和情绪反应的调节中枢，调节垂体的分泌活动。间脑腔形成第三脑室。

大脑由两个大脑半球和前端的一对嗅球构成。半球内为第一、第二脑室。大脑半球的外壁具有发达的灰质，也叫大脑皮质，人的大脑皮质平均厚度为 2~3mm。是中枢神经系统最高级的部分。大脑表面凹凸不平，有很多深浅不等的沟裂，沟裂之间的隆起称脑回。沟和回增加了大脑皮质的总面积和神经元的数量。大脑皮质中重要的神经中枢有：躯体运动中枢、躯体感觉中枢、视觉中枢、听觉中枢等。白质位于大脑皮质的深处，由许多纤维束构成。有些纤维联系半球本身，有的纤维把左、右两半球联系起来，有些纤维联系大脑皮质与皮质下各中枢。在白质内还埋有一些灰质块，称基底神经节，其机能主要是调节肌肉的张力，协调肌群之间的活动，老年人患有帕金森氏症就是由该部位发生病变所引起的。

(2) 脊髓（medulla spinalis）：脊髓位于椎管内，上端在枕骨大孔处与延髓相连，包括灰质和白质两部分。灰质在内部，横切面呈"H"字形，为神经细胞胞体集中的部位。灰质中央有一极细的管腔，称中央管，上通脑室，内含脑脊液。灰质两侧向前、后延伸形成前角和后角，后角内含中间神经元，前角内含运动神经元。白质在灰质的周围。白质内的神经纤维在脊髓的各部分之间以及脊髓和脑之间起着联系作用。脊髓具有进行低级反射活动如躯体运动、排粪、排尿等活动的中枢（图 3-51）。

2．周围神经系统（peripheral nervous system）

周围神经系统包括脑神经、脊神经和植物性神经，将中枢神经系统与身体各部分相联系。

(1) 脑神经：脑神经共 12 对，发自脑部腹面的不同部位，沿两侧经颅骨的一些孔道穿出，绝大部分分布到头部的感觉器官以及皮肤和肌肉等处。其在哺乳动物中的分布，发出部位及功能见表 3-1。

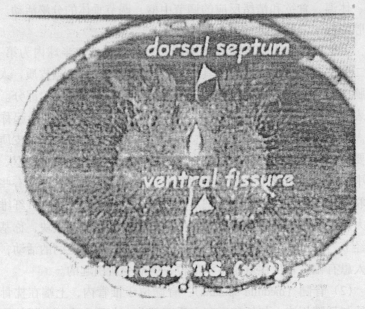

图 3-51 脊髓神经索

表 3-1　　　　　　　脑神经的起源、分布及功能

名称	起源	分布	主要功能
端神经	大脑嗅球	鼻腔上部黏膜	传导嗅觉
嗅神经	大脑嗅球	鼻腔上部黏膜	传导嗅觉
视神经	间脑	视网膜	传导视觉
动眼神经	中脑腹侧	眼肌、睫状肌等	眼部活动
滑车神经	中脑背侧	眼肌	眼部活动
三叉神经	桥脑中部	颌肌、面部、口、舌等	面部感觉和咀嚼肌运动
外展神经	延髓	眼肌	眼球转动
面神经	延髓	面肌、舌、唾液腺等	表情肌的活动、味觉
位听神经	延髓	内耳	传导听觉和味觉
舌咽神经	延髓	舌、咽黏膜及肌肉	味觉、触觉与咽部运动
迷走神经	延髓	咽、食管及内脏器官	咽喉感觉、咽肌及内脏运动
副神经	延髓	肩部肌肉	肩部肌肉运动
舌下神经	延髓	舌肌	舌肌运动

(2) 脊神经：脊神经是由脊髓发出的周围神经，成对，数目随动物种类而异，人有 31 对，猪为 33 对，兔为 37 对。每条脊神经均以背根和腹根连于脊髓。背根包含感觉神经纤维，这些纤维来自皮肤和内脏，能传达刺激至神经中枢；腹根包括运动神经纤维，将神经中枢发出的冲动传递到各效应器。

(3) 植物性神经：植物性神经支配平滑肌、心肌和腺体，调节内脏器官的活动。植物性神经不受意志的支配，所以又称为自主神经。与脊神经不同的是，植物性神经从中枢到外周效应器要经过两个神经元。根据解剖和生理的不同，可分交感神经和副交感神经。交感神经起自胸腰部脊髓灰质，神经节位于脊髓两旁；副交感神经起于躯干和骶部脊髓灰质，神经节位于所支配器官的近旁或脏壁上。大多内脏器官受其双重支配，如交感神经兴奋可使心跳加快、加强，副交感神经兴奋使心跳减慢、减弱。

(九) 内分泌系统

内分泌系统是机体内另一重要的机能调节系统，它是由分布在全身不同部位的各种内分泌腺所组成。内分泌腺没有导管，其所分泌的活性物质称为激素 (hormone)，直接由腺体渗入血液或淋巴，然后通过血液循环运送到全身各处而发挥作用。

1. 内分泌腺

哺乳动物体内主要的内分泌腺包括垂体、甲状腺、甲状旁腺、肾上腺、胰岛和性腺等 (图 3-52)。

2. 激素的类型

各种内分泌腺所分泌的激素，按其化学结构可分为两类：类固醇激素 (甾体化合物) 和含氮激素 (含氮化合物)。

(1) 类固醇激素：是由起源于中胚层的内分泌腺所产生。包括肾上腺皮质和性腺所分泌的各种激素。这类激素不易被消化道内的酶分解，因此这类激素可以口服。

(2) 含氮激素：是由起源于外胚层和内胚层的各种内分泌腺所分泌。这类激素的种类很多，包括结构简单的氨基酸衍生物 (如肾

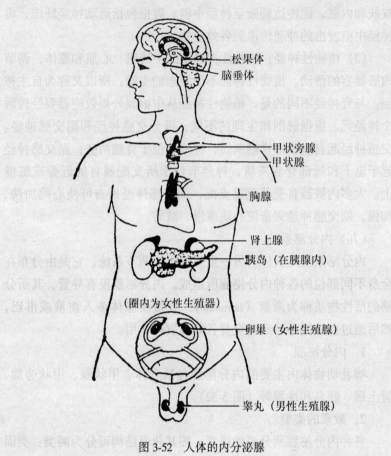

图 3-52 人体的内分泌腺

上腺素、甲状腺素等）和结构比较复杂的肽类激素和蛋白质激素（如抗利尿素、降钙素、胰岛素等）。这类激素大多数易被消化道分泌的消化酶所分解，因此，不宜口服，一般采用注射方法。各主要内分泌腺所分泌的激素种类、化学本质及生理作用见表 3-2。

表 3-2　各主要内分泌腺所分泌的激素、化学本质及生理作用

内分泌腺		激素	化学本质	主要生理作用
垂体	腺垂体	促甲状腺激素	糖蛋白	促进甲状腺增生和分泌
		促肾上腺皮质激素	39肽	促进肾上腺皮质增生和糖皮质类固醇的分泌
		促性腺激素	糖蛋白	促进性腺生长、生殖细胞生成和分泌性激素
		生长素	蛋白质	促进蛋白质合成和骨的生长
		催乳素	蛋白质	促进成熟的乳腺分泌乳汁
	神经垂体	抗利尿素	9肽	促进肾小管重吸收水,使小动脉收缩而升高血压
		催产素	9肽	促进妊娠末期子宫收缩
甲状腺		甲状腺素	氨基酸衍生物	促进糖和脂肪分解氧化及生长发育
		三碘甲腺原氨酸	氨基酸衍生物	提高中枢神经系统的兴奋性
甲状旁腺		甲状旁腺素	蛋白质	促进骨钙溶解入血并抑制肾小管吸收磷而升高血钙
胰岛	α细胞	胰高血糖素	29肽	升高血糖
	β细胞	胰岛素	蛋白质	降低血糖
肾上腺	肾上腺皮质	糖皮质激素	类固醇	升高血糖、抗过敏、抗炎症、抗毒物
		盐皮质激素	类固醇	促进肾小管吸收钠和排钾
		性激素	类固醇	主要是雄激素和少量雌激素,作用见性腺部分
	肾上腺髓质	肾上腺素	儿茶酚胺	增加心输出量,使血糖升高,舒张呼吸道和消化管平滑肌
		去甲肾上腺素	儿茶酚胺	使小动脉收缩,血压升高
性腺	睾丸	雄激素	类固醇	促进精子和副性器官生长发育,激发并维持男性副性征
	卵巢	雌激素	类固醇	促进子宫、阴道、乳腺导管发育,激发并维持女性副性征
		孕激素	类固醇	促进子宫内膜增生和乳腺腺泡发育

思 考 题

1. 高等植物体内有哪几种主要组织？说明它们在植物生命过程中的作用。
2. 麦类倒伏后，其茎秆常能部分恢复直立状态，这是依靠什么组织的活动？
3. 根据老树的年轮往往可以推测很久以前某年的气候优劣，这是什么道理？
4. 比较植物导管与筛管在形态、构造、功能、分布等方面的异同。
5. 试述根具有哪些生理功能？
6. 单子叶植物茎的构造与双子叶植物的茎有何不同？
7. 试述叶片结构对生理功能的适应。
8. 动物四类基本组织的主要特征及其功能是什么？
9. 试述肌肉收缩的机理。
10. 试述心脏的内部结构及其对保证血液循环正常进行的重要性。
11. 试述肾单位的结构特点。
12. 脊髓与脑各部分的内部结构有何异同点？
13. 植物性神经与躯体神经、交感神经与副交感神经的主要区别是什么？

第二篇 生命过程一般原理

第4章 物质和能量的代谢

生命活动是以细胞代谢为基础的。代谢，也叫新陈代谢（metabolism），是生物体内进行的全部物质和能量的变化的总称。它包含着机体同外界的物质交换和能量转移以及机体内部的物质转变和能量转移两个过程。机体从外界环境中吸取营养物质，将其转变为自身的物质，并贮存能量，建立生长发育的物质基础，这一过程成为同化作用或合成代谢。与此同时，机体通过呼吸作用，不断将自身的组成物质分解以释放能量，并把分解产生的废物排出体外，这一过程称为异化作用或分解代谢。同化作用和异化作用互相依存，构成了新陈代谢。同化作用是异化作用的基础，异化作用是同化作用的动力，它们相互对立而又统一，决定着生命的存在和发展。

4.1 生物的代谢类型

新陈代谢是生物的共同特征。不同生物由于营养条件各异，在长期发展过程中，不断地受到外界环境条件的影响，逐渐形成了不同的代谢类型，以适应不同的外界环境。

（一）同化作用的类型

依同化作用的方式不同，可把生物分成自养型和异养型两种。人们把摄取现成有机物而生活的生物称为异养型生物；把能从环境中吸收简单无机物并同化为复杂有机物的生物叫自养型生物。根据所需能源和碳源的不同，又可把生物分为四大类型：

1. 光能自养型（photoautotroph）

以光为能源，以 CO_2 或碳酸盐为主要碳源的生物称为光能自养型生物，这种生物通常具有光合色素，它们以光为能源进行光合作用，以水或其他无机物作为供氢体，还原 CO_2，合成细胞物质。例如高等植物、藻类及某些具光合色素的细菌均属于这一类型。这类生物同化 CO_2 的方式，可用以下通式概括：

$$CO_2 + H_2A \xrightarrow[\text{光合色素}]{\text{光}} (CH_2O) + 2A + H_2O$$

通式中 A 在高等植物和藻类中是氧，在细菌中则是硫或其他无机硫化物。

2. 光能异养型（photoheterotroph）

以光为能源，以有机物为主要碳源的生物称为光能异养型生物。有些细菌具光合色素，能进行光合作用，它们以有机物作为供氢体，同化有机物形成自身物质，是一种不产氧的光合作用。例如：紫色硫细菌以乙酸为碳源，使乙酸还原形成多聚 β-羟基丁酸：

$$9n CH_3COOH \xrightarrow{h\nu} 4(C_4H_6O_2)_n + 2n CO_2 + 6n H_2O$$

3. 化能自养型（chemoautotroph）

化能自养型生物的能源是化学能，其主要碳源是 CO_2。这类生物能氧化某些无机物（如 NH_3、H_2S 等）取得化学能，还原 CO_2，合成有机物质。例如，亚硝酸细菌能将氨氧化为亚硝酸而获得能量。氨的氧化和 CO_2 的还原在细菌的细胞内是耦联进行的。

$$2NH_3 + 2O_2 \longrightarrow 2HNO_2 + 4H^+ + 能$$

$$CO_2 + 4H^+ \xrightarrow{能} CH_2O + H_2O$$

4. 化能异养型（chemoheterotroph）

化能异养型生物的能源来自有机物质的氧化所产生的化学能，而碳源也主要来自有机物质（如糖类、有机酸等），所以，有机碳化物既是碳源又是能源。动物、真菌和绝大多数细菌属于这一类型。

(二) 异化作用的类型

按生物异化方式（即呼吸类型）不同可分为需氧生物和厌氧生物两类。

1. 需氧生物

大多数生物都要生活在氧充分的环境中，它们可以从大气中获得游离氧来分解机体中的有机物质以获得能量。

2. 厌氧生物

这类生物不能将大气中吸收的游离氧在体内进行氧化而获得能量。

需氧生物行有氧呼吸，使有机物经过一系列反应，最后生成 CO_2 和 H_2O。厌氧生物行无氧呼吸，由于有机物未彻底分解，其中的能量未完全释放，因此，比需氧生物行有氧呼吸所释放能量要少得多，而且效率也低。

但是，需氧生物与厌氧生物的区分也不是绝对的，需氧生物在某些条件下也可以进行厌氧呼吸。例如，人体肌肉在剧烈运动时，若氧供应不足，则可用厌氧呼吸供给能量。又如，酵母菌和一些肠道细菌，在有氧或缺氧的条件下均能生长，当然是以不同的氧化方式获得能量的。在缺氧时，酵母菌进行乙醇发酵，积累乙醇和 CO_2，有氧时则行有氧呼吸，将有机物彻底氧化成 CO_2 和 H_2O。

此外，生物对氮的利用形式也不同。固氮菌（包括一些细菌和蓝藻）可利用分子态氮。植物根系一般可吸收化合态的氮，而人与动物只能利用蛋白氮。

4.2 生物催化剂——酶

(一) 酶的概念

酶是一类由活细胞产生的，具有催化活性和高度专一性的特殊蛋白质，所以酶被称为生物催化剂（biological catalyst）。酶是促进代谢反应的物质。没有酶，代谢即会停止，酶缺陷或活性被抑制都会引起疾病。例如，缺陷酪氨酸酶会引起白化病，缺陷6-磷酸葡萄糖脱氢酶就会患蚕豆病。几乎许多中毒性疾病（如有机磷中毒、氰化物中毒、重金属中毒等）都是由于某些酶的活性被抑制所引起的。生物体内的酶构成各种酶体系。在一个酶体系内，先行的酶为后续的酶生产底物，后续酶反过来为先行酶清除产物，它们之间通过产物而相互调控，直至反应过程终结。

（二）酶促反应的特点

酶是生物催化剂，其最突出的特点是它的高效率和特异性。

1. 酶的高效率

与一般的无机催化剂比较，酶的催化效率高 $10^6 \sim 10^{10}$ 倍。例如：一分子过氧化氢酶每分钟可催化 500×10^4 个 H_2O_2 分子，使之分解为 H_2O 和 O_2，比 Fe^{3+} 催化 H_2O_2 分解的效率大 10^9 倍。

2. 酶的特异性

酶对所催化的物质具有严格的选择性，此性质称为酶的专一性或特异性，即一种酶只能对一定的底物发生催化作用。例如：H^+ 可催化淀粉、脂肪和蛋白质等的水解，对其所催化的物质无严格的要求；酶则不然，淀粉酶只能催化淀粉水解，不能催化蛋白质或脂肪水解，同样，蛋白酶只能催化蛋白质水解，脂肪酶只能催化脂肪水解。

酶按其专一的程度可分为绝对专一性、相对专一性和立体构型专一性三类。例如，脲酶只能催化尿素水解为 NH_3 和 CO_2：

$$\begin{matrix} NH_2 \\ | \\ C = O \\ | \\ NH_2 \end{matrix} + H_2O \xrightarrow{\text{脲酶}} CO_2 + 2NH_3$$

若尿素分子上的基团略有改变，则脲酶对它无作用；如脲酶对

甲基尿素 $\begin{matrix} NH_2 \\ | \\ C = O \\ | \\ NHCH_3 \end{matrix}$ 无作用，属于绝对专一性。

脂肪酶除能水解中性脂肪外，也能水解其他简单的羧酸酯类，这类酶属相对专一性。

立体结构专一性的酶只对某一定构型的化合物起作用，对其对应体无作用。如 L-氨基酸氧化酶只能催化 L-氨基酸氧化，而对 D-氨基酸无作用。

(三)酶的化学本质——大多数酶都是蛋白质

从迄今已纯化的酶中,分析其化学组成及其理化性质的结果看来,酶都是蛋白质。因此,凡是蛋白质所共有的一些理化性质,酶都具有。如:酶和蛋白质都是两性电解质,凡能引起蛋白质变性的因素(如高温、酸、碱等)都能使酶失活,酶由氨基酸组成等。由此可见,酶的化学本质是蛋白质。所以在提取和分离酶时,可采用防止蛋白质变性的一些措施来防止酶失去活性。

酶的化学本质是蛋白质,但这个结论得到新的挑战。20世纪80年代以来陆续发现一些RNA也具有催化剂的特性,这类具有催化性质的RNA称为"ribozyme"。

(四)酶的组成及分类

1. 酶的组成

酶和其他蛋白质一样,根据其组成可分为简单蛋白质和结合蛋白质两类。

有些酶的活性仅仅决定于它的蛋白质结构,如水解酶类(淀粉酶、蛋白酶、脂肪酶、纤维素酶、脲酶等)。这些酶的结构由简单蛋白质构成,故称单纯酶(simple enzyme)。另一些酶,其结构中除含有蛋白质外,还含有非蛋白质部分,如大多数氧化还原酶类,这一些酶由结合蛋白质构成,因而称为结合酶(conjugated enzyme)。在结合酶中,其蛋白质部分称为酶蛋白,非蛋白质部分统称为辅因子,辅因子又可分为辅酶和辅基两类。与酶蛋白结合紧密不易分开者称辅基,与酶蛋白结合疏松,易与酶蛋白分开的称辅酶。主要的辅酶有烟酰胺腺嘌呤二核苷酸(辅酶Ⅰ、NAD)、烟酰胺腺嘌呤二核苷酸磷酸(辅酶Ⅱ,NADP)、黄素单核苷酸(FMN)与黄素腺嘌呤二核苷酸(FAD)等。游离金属离子(如Mg^{2+}、Mn^{2+}等)称辅助因子。由酶蛋白与辅因子组成的有催化活性的复合体称全酶。

全酶 = 酶蛋白 + 辅因子(辅酶或辅基)

全酶中的酶蛋白和辅酶单独存在都没有催化作用,只有全酶才能显示催化活性。一种辅酶往往可以与不同的酶蛋白结合,生成催化功能不同的结合蛋白酶。而一种酶蛋白只有与特定的辅酶结合时,才显示催化活性。辅酶在酶促反应中通常作为电子、原子或某些化学基团的传递体,因此有载体底物之称。

2. 酶的分类

(1) 根据酶蛋白分子的特点和分子大小可把酶分成三类:单体酶(monomeric enzymes)、寡聚酶(oligomeric enzymes)、多酶体系(multienzyme system)。

(2) 根据酶所催化的反应,可将酶分为六大类:

a. 氧化还原酶类; b. 转移酶类; c. 水解酶类;
d. 裂合酶类; e. 异构酶类; f. 合成酶类。

(五) 酶的活性中心

酶的相对分子质量很大,由100~1 000个氨基酸组成,但它的催化活性只与分子中的几个部位(或某一部位)有密切关系。酶分子中与催化活力有密切关系的特殊部位称酶的活性中心。一般将与酶活性有关的部位(基团)称为必需基团或活性基团。酶所特有的催化作用,不但需要这些必需基团,而且还要求这些基团必须构成一定的空间构型。

酶活性中心的必需基团可分为两种:一是与作用物结合的必需基团称为结合基团,它决定酶的专一性;一是促进作用物发生化学变化的基团称为催化基团,它决定酶的催化能力。但有些酶的结合基团和催化基团是同一部位。

(六) 影响酶作用的因素

酶促反应的速率(单位时间内底物被分解的量或产物生成的量),受酶浓度、底物浓度、pH值、温度、反应产物、激活剂和抑制剂等因素的影响。

1. 底物浓度的影响

当酶浓度、温度和pH值一定时,在底物浓度很低的范围内,反应速度与底物浓度成正比;当底物浓度达一定限度,所有的酶全部与底物结合后,反应速率达最大值,此时再增加底物也不能使反应速率增加。

2. 酶浓度的影响

在有足够底物的情况下,其他因素又正常,则酶的反应速率与酶浓度成正比。

3. pH值的影响

酶对 pH 值非常敏感，每一种酶只能在一定限度的 pH 值范围内活动，而且有一个最适的 pH 值。在最适 pH 值时，酶的反应速度最大，pH 值稍有改变，酶的反应速度就受到抑制。不同的酶，其最适 pH 值差异很大。

4. 温度的影响

温度对酶促反应速度也有显著影响，酶在一定的温度范围内活性最高。温度太高，酶蛋白易变性，温度太低，则酶活性下降。恒温动物体内大多数酶的最适温度在 37~40℃ 之间，植物组织中酶的最适温度稍高一些，热带植物多数以 40℃ 为适。变温动物在冬季低温条件下，酶活性下降，代谢缓慢，其生理活性降低到最低水平，即所谓冬眠。

5. 激活剂和抑制剂的影响

凡能增高酶活性和使非活性酶原变为活性酶的物质，称为酶的激活剂。激活剂主要有金属离子（如 Mg^{2+}、Co^{2+}、Cu^{2+}、Mn^{2+}、Zn^{2+} 等，少数阴离子如 Cl^-、PO_4^{3-} 等；低分子有机物如谷胱甘肽、维生素 C 等）。有些酶需要加入某些离子或金属后，活力才能增高，称为酶的活化。例如唾液淀粉酶需 Cl^-，糖激酶需要 Mg^{2+}，醛缩酶需要 Mn^{2+}。

凡能引起酶催化活力下降或丧失的物质，统称为酶的抑制剂。其作用称为酶的抑制作用。根据抑制剂与酶的作用方式及抑制作用是否可逆。可将抑制剂分为两大类：不可逆抑制剂，如有机磷农药、重金属、碘代乙酸等；可逆抑制剂，如丙二酸是琥珀酸脱氢酶的抑制剂。

6. 反应产物的影响

在代谢过程中局部反应产物对催化该反应的酶具有抑制作用，称为反馈抑制。例如在糖代谢中，6-磷酸葡萄糖对葡萄糖激酶的抑制，即为反馈抑制。在代谢中的反馈作用有正有负。正反馈增进酶的作用，负反馈抑制酶的作用。

4.3 细胞呼吸

生物的一切活动都需要能量。能量来源于糖、脂类和蛋白质在体内的氧化，这些有机物质在活细胞内氧化分解，产生 CO_2 和 H_2O 并释放能量的过程称为生物氧化，亦称细胞呼吸（cell respiration）。细胞呼吸包括有氧呼吸和无氧呼吸两种类型。

有氧呼吸是在有 O_2 的条件下，细胞内的有机物被彻底氧化分解，最后生成 CO_2 和 H_2O，并释放出大量能量的过程。例如：以葡萄糖为例的有氧呼吸总反应式是：

$$C_6H_{12}O_6（葡萄糖） + 6O_2 \xrightarrow{酶} 6CO_2 + 6H_2O + 2870kJ$$

无氧呼吸是指在无氧条件下，细胞内的有机物不能被彻底氧化

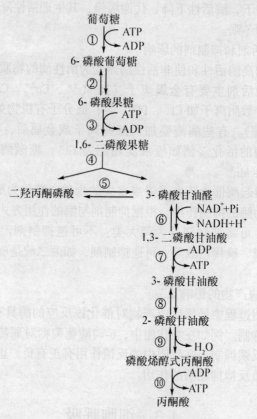

图 4-1 糖酵解全过程图解

分解，能量释放相对较少的过程，这个过程在微生物中亦称为发酵，如酒精发酵、乳酸发酵。

下面以葡萄糖的分解代谢为例，介绍细胞呼吸的过程。

(一) 糖酵解

糖在生物体内无氧条件下降解为丙酮酸的一系列反应，称为糖酵解 (glycolysis)，又称为 EMP 途径 (embden-meyerhof-parnas pathway)。除蓝藻外，糖酵解是一切生物体共同的代谢途径。

糖酵解的起始物质可以是淀粉或糖原，也可以是葡萄糖或果糖。如果是淀粉或糖原则必须先降解为葡萄糖-6-磷酸。糖酵解发生在细胞质中，在一系列有关酶的作用下，一分子葡萄糖大约要经过十个步骤逐步氧化形成两分子丙酮酸 (图 4-1)。

从图 4-1 可以看出，糖酵解的前四个步骤是葡萄糖的活化过程，从一分子葡萄糖形成两分子磷酸丙糖，消耗两分子 ATP，3-磷酸甘油醛和磷酸二羟丙酮可以相互转化。从 3-磷酸甘油醛到最后生成两分子丙酮酸的五步反应中，共生成四分子 ATP (底物水平磷酸化) 和两分子 NADH。因此，由葡萄糖到丙酮酸净得两分子 ATP 和两分子 NADH。糖酵解的总反应式是：

$$C_6H_{12}O_6 + 2NAD^+ + 2ADP + 2Pi$$
$$\longrightarrow 2CH_3COCOOH + 2NADH + 2H^+ + 2ATP$$

在缺氧情况下，$NADH + H^+$ 还原乙醛生成乙醇或还原丙酮酸生成乳酸，这就是无氧呼吸或发酵。

如果氧气充足，则丙酮酸经过有氧呼吸彻底氧化生成 CO_2 和 H_2O 并释放出更多的能量。所以，不管是有氧呼吸还是无氧呼吸，葡萄糖的降解都必须先经过糖酵解阶段，形成丙酮酸后才"分道扬镳"。

$$糖 \longrightarrow 丙酮酸 \begin{array}{l} \xrightarrow{有氧} 6CO_2 + 6H_2O \\ \xrightarrow{无氧} 2CO_2 + 2C_2H_5OH \text{ 或 } 2CH_3CHOHCOOH \end{array}$$

(二) 有氧呼吸

1. 丙酮酸氧化脱羧

在有氧条件下，丙酮酸进入线粒体内进行最终氧化放能。最终氧化的途径是通过三羧酸循环和呼吸链的氧化磷酸化两个过程。丙酮酸在进入三羧酸循环之前，在丙酮酸脱氢酶系的作用下生成乙酰CoA，这一过程除释放出一分子 CO_2 外，同时还生成（NADH + H^+）

$$CH_3-\overset{O}{\underset{}{C}}-\overset{O}{\underset{}{C}}-OH \xrightarrow[CoASH]{NAD^+ \quad NADH+H^+} CH_3-\overset{O}{\underset{}{C}}-S-CoA+CO_2$$

丙酮酸的氧化脱羧是在线粒体基质中进行的，所产生的乙酰CoA 即进入三羧酸循环。

2．三羧酸循环

三羧酸循环亦称柠檬酸循环。为了纪念这一代谢途径的发现者 Hans Krebs，柠檬酸循环也称为 Krebs 循环。

三羧酸循环途径中的酶，除琥珀酸脱氢酶定位于线粒体内膜上外，其余均存在于线粒体基质中。实际上正是通过琥珀酸脱氢酶，才使三羧酸循环和定位于线粒体内膜上的电子传递链连接起来。

三羧酸循环的第一步是每一个二碳的乙酰 CoA 分子和一个经常存在于细胞和线粒体中的四碳的草酰乙酸分子结合，生成六碳的柠檬酸。

$$乙酰\ CoA + 草酰乙酸 \xrightarrow{H_2O} 柠檬酸 + CoASH$$

然后，六碳的柠檬酸继续氧化，逐步脱去 2 个羧基碳，生成四碳化合物，最后，又形成四碳的草酰乙酸，再与乙酰 CoA 结合，开始另一次循环。在这一过程中，丙酮酸的 3 个碳在转变为乙酰 CoA 时脱去一个，在三羧酸循环中脱去 2 个。这 3 个碳原子氧化的结果生成了 3 个 CO_2。到此为止，葡萄糖中的碳就被完全氧化了（图 4-2）。

从图 4-2 可以看到，一次三羧酸循环，投入的原料是二碳的乙酰 CoA，共释放出 2 分子 CO_2，8 个氢（8 个质子和 8 个电子），其中 4 个来自乙酰 CoA，另 4 个来自加入的水分子，这些氢被传递到电子受体上，生成 3 分子 NADH 和 1 分子 $FADH_2$。此外，三羧酸循环中还生成了 1 分子 GTP（相当于 1 分子 ATP），这一过程也称底物水平磷酸化。由于一个葡萄糖分子产生 2 个乙酰 CoA，所以一个

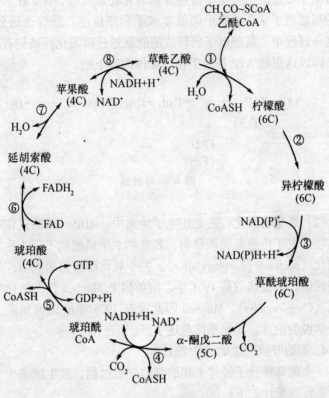

图 4-2 柠檬酸循环

葡萄糖分子在三羧酸循环中共产生 4 个 CO_2 分子, 6 个 NADH 分子, 2 个 $FADH_2$ 分子和 2 个 GTP 分子。

3. 呼吸链和氧化磷酸化

葡萄糖经过糖酵解和三羧酸循环而全部被氧化,氧化所产生的能一部分储存到 ATP 中,另一部分还保留在 NAD^+ 和 FAD 所接受的高能电子中,即保留在 NADH 和 $FADH_2$ 中,这些高能的电子是怎样把能释放出来而转移给 ATP 的? 这是靠包括分子氧在内的呼吸链来完成的。

(1) 呼吸链:呼吸链又称电子传递链,是存在于线粒体内膜上的一系列电子传递体，如 FMN、CoQ 和各种细胞色素等（图4-3）。沿着电子传递链上各电子传递体的氧化还原反应，NADH 和 FADH$_2$ 中的高能电子从高能水平向低能水平顺序传递，最后达到分子氧，在这一过程中，高能电子所释放的能就通过磷酸化而被储存到 ATP 中，所以这里的 ATP 是发生在线粒体内膜上的。

$$NAD \rightarrow FMN \rightarrow Q \rightarrow Cytb \rightarrow Cytc_1 \rightarrow Cytc \rightarrow Cytaa_3 \rightarrow O_2$$
$$(FeS) \uparrow$$
$$FAD$$
$$(FeS)$$

图 4-3　呼吸链

（2）氧化磷酸化：在上述电子传递中，ADP 的磷酸化作用和氧化过程的电子传递是相耦联的，和底物水平磷酸化不同，称为氧化磷酸化（oxidative phosphorylation）。关于氧化磷酸化的机制，过去有很多假说，但公认的是 1961 年，由英国 P.Mitchell 提出的化学渗透学说（Chemiosmosis）。Mitchell 因此荣获 1978 年的诺贝尔奖。关于这一学说的论点，在此不作叙述了。

4. 细胞呼吸产生的 ATP 统计

一个葡萄糖分子经过上述的细胞呼吸过程，共生成多少个 ATP 分子呢？现统计如下：

糖酵解：
底物水平磷酸化	4ATP（细胞质）
己糖分子活化消耗	−2ATP（细胞质）
产生 2NADH，经过电子传递链生成	4 或 6ATP（线粒体）
丙酮酸氧化脱羧，产生 2NADH	6ATP（线粒体）
三羧酸循环，底物水平磷酸化	2ATP（线粒体）
产生 6NADH	18ATP（线粒体）
产生 2FADH$_2$	4ATP（线粒体）
总计生成：	36 或 38ATP

（三）无氧呼吸

有些细菌利用硝酸盐（NO_3^-）、亚硝酸盐（NO_2^-）、硫酸盐（SO_4^{2-}）或其他无机化合物来代替氧作为最终的电子受体，进行呼吸。这种呼吸称为无氧呼吸（anaerobic respiration）。例如，以 NO_3^- 为最终电子受体的细菌，无氧呼吸时，所用底物的氧化以及电子传递链和有氧呼吸基本是一样的，只是最终电子受体不是 O_2，而是 NO_3^- 而已

$$NO_3^- + 2H^+ + 2e^- \longrightarrow NO_2^- + H_2O$$

更常见的无氧呼吸是发酵（fermentation）。一些厌氧细菌和酵母菌等都可在无氧条件下获取能量，这一过程即是发酵。例如酒精发酵和乳酸发酵。

1. 酒精发酵（alcoholic fermentation）

酒精发酵可在酵母菌和植物细胞中发生，工业上利用酵母发酵而制酒，这一过程简单说起来就是葡萄糖经糖酵解而成丙酮酸，丙酮酸脱羧，放出 CO_2 成乙醛，乙醛接受 H^+ 而还原成酒精。

2. 乳酸发酵（lactic acid fermentation）

这是某些微生物，如乳酸菌的无氧呼吸过程。

葡萄糖 $\longrightarrow$ 两个丙酮酸 $\longrightarrow$ 两个乳酸 + 2ATP + $2H_2O$

高等动物也有乳酸发酵过程。人在激烈运动时，氧一时供应不足，葡萄糖酵解产生的丙酮酸不能氧化脱羧，因而不能进入三羧酸循环，这时丙酮酸就进行乳酸发酵。所产生的乳酸使血液变酸，促进呼吸加快以供应更多的 O_2，乳酸进入肝细胞，还可以继续氧化成丙酮酸从而进入三羧酸循环，彻底氧化成 CO_2 和 H_2O。

总之，无氧呼吸的效率虽然远比有氧呼吸低，但作为一种应急措施是必要的。从生物的进化历史来看，无氧呼吸也起着积极的作用。在绿色植物出现之前没有光合作用，因而大气中没有氧气，这时的原始生物必然是靠无氧呼吸获得它们所需的能量的。

（四）其他营养物质的氧化

人类和其他动物的细胞还可从脂肪酸和氨基酸氧化来获取能量。但无论是氨基酸还是脂肪酸，它们的氧化都先转变为某种中间代谢的产物，然后再进入糖酵解或三羧酸循环。其中柠檬酸循环是

三大物质代谢的连接点。三大物质代谢的相互联系见图4-4：

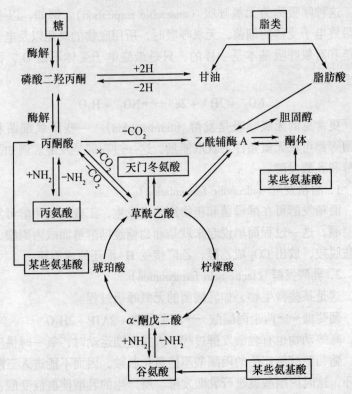

图4-4 生物体内糖、脂类和蛋白质代谢之间的联系

1. 氨基酸的氧化

氨基酸在氧化之前，先要经过脱氨转变成某种有机酸，才能进入呼吸代谢途径。例如，丙氨酸脱氨生成丙酮酸，谷氨酸脱氨生成α-酮戊二酸，天冬氨酸脱氨生成草酰乙酸，这些有机酸就可进入柠檬酸循环了。其他一些氨基酸，除脱氨以外，还要经过几步反应，才能转变为有机酸，进入柠檬酸循环。

2. 脂肪酸的氧化

脂肪是细胞中重要的能源物质，它们的还原程度比糖类高。已知一个己糖分子经过细胞呼吸完全氧化,产生 38 个 ATP,而一个六碳的脂肪酸则能产生 44 个 ATP。除脂肪酸外,脂肪分子中的甘油也可以产生能量。脂肪酸在细胞质中"活化"后,即利用 ATP 提供的能与辅酶 A(CoA)结合,而进入线粒体基质,继续氧化,产生乙酰 CoA 而进入三羧酸循环。甘油则转变为磷酸甘油醛而进入糖酵解过程。

(五)能量的利用

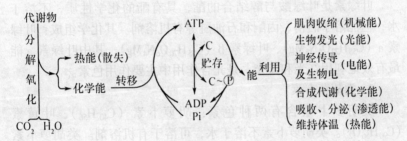

图 4-5 能量转换与利用

4.4 光合作用

地球上,绿色植物在光照下将 CO_2 和 H_2O 合成为有机物质并放出 O_2 的过程叫做光合作用(photosynthesis)。总反应式如下:

$$6CO_2 + 6H_2O \xrightarrow[\text{叶绿体}]{\text{光}} C_6H_{12}O_6 + 6O_2$$

在此过程中,CO_2 被还原成糖;H_2O 被氧化成 O_2;光能被固定并转换成化学能。

太阳是地球上所有生物代谢能量的最终来源,所有生物生命的维持都依赖于绿色植物的光合作用。光合作用是一系列十分复杂的氧化-还原反应。H_2O 氧化过程需要光,称为光反应;CO_2 的还原不需要光,称为暗反应。

(一)光合器官

植物的叶绿体是进行光合作用的细胞器。叶绿体主要存在于绿色植物叶片的栅栏组织和海绵组织中。它的结构我们在细胞器这一部分已作介绍。光合作用的光反应是在叶绿体的类囊体膜上进行的，而暗反应是在叶绿体基质中进行的。

（二）光合色素

高等植物叶绿体中与光合作用有关的色素有叶绿素类和类胡萝卜素类，在藻类中还含有藻胆素（包括藻红素和藻蓝素两种色素）。

1. 叶绿素

叶绿素是叶绿酸与醇结合的酯，具有酯的化学性质，不溶于水，但能溶于酒精、丙酮和石油醚等有机溶剂。其化学组成：叶绿素 a（$C_{55}H_{72}O_5N_5Mg$）、叶绿素 b（$C_{55}H_{70}O_6N_4Mg$）。其中叶绿素 a 能最有效地利用红光和蓝光，是光合作用中主要作用色素。

2. 类胡萝卜素

类胡萝卜素含有两种色素：胡萝卜素（$C_{40}H_{56}$）、叶黄素（$C_{90}H_{56}O_2$）。类胡萝卜素不溶于水，可溶于有机溶剂。类胡萝卜素利用红光和蓝光之间波长的光，正好吸收叶绿素不吸收的光，提高了光合作用效率，因此被称为辅助色素。除此之外，它还有防护强光伤害叶绿素的功能，使叶绿素在强光下不致被光氧化破坏。

（三）光合作用的机理

1. 光反应

光反应（light reaction）包括光合原初反应和光合磷酸化这两步。这两步都是在叶绿体的基粒片层上进行的，直接把光能转化为化学能。

（1）光合原初反应

从光合作用的时间进程来说，发生于起始阶段的反应过程就是原初反应，它是光合作用中直接与光能利用相联系的反应。

原初反应包括：光能的吸收、光能的传递与光化学反应，前两步是光物理过程，后一步是光化学过程。

聚光色素包括大部分叶绿素 a、全部叶绿素 b、胡萝卜素和叶黄素等，它们的功能只是吸收光能，并把吸收的光能传递给作用中心色素（类似于天线的作用）（图 4-6）。作用中心色素受光激发引起电荷分离,叶绿素分子中的电子从原来的基态,跃迁到能级较高的激发态,从激发态叶绿素分子将一个电子传递给原初电子受体后,自身呈氧化态,又可从原初电子供体获得电子而回复到原来的状态,又进行下一轮的光合原初反应。所以,光合作用中心至少包括一个光能转换色素分子(即作用中心色素P),主要由1~2个特殊的叶绿素a分子构成,还包括一个原初电子受体(A)和一个原初电子供体(D)(图4-6)。高等植物最终电子供体是水,最终电子受体是$NADP^+$。

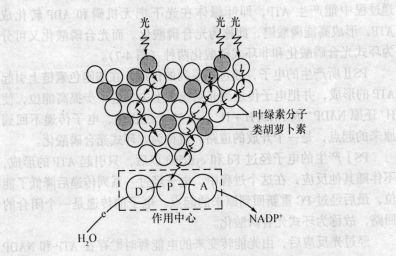

图4-6 光合原初反应示意图
P是中心色素分子;D是原初电子供体;A是原初电子受体;e是电子

(2)电子传递和光合磷酸化

光反应是由两个分别以P_{700}和P_{680}为作用中心色素的光系统(即PSⅠ和PSⅡ)启动的。每个光系统具有特殊的色素复合体和一些物质。这两个光系统的作用不同。

PSⅠ的光反应是长波光反应,它的光能吸收峰是700nm,当PSⅠ的作用中心色素分子P_{700}吸收光能后,把电子供给含铁氧化还原蛋白(Fd)。在NADP还原酶的参与下,Fd把$NADP^+$还原成

NADPH + H$^+$。

PSⅡ的光反应是短波光反应。它的光能吸收峰为680mm，PSⅡ的作用中心色素是P$_{680}$，其吸收光能，把水分解，夺取水中的电子供给PSⅠ，并放出氧。

连接两个光反应之间的电子传递，是由一系列相互衔接着的电子传递物质（光合链）完成。光合链中的电子传递体包括质体醌（PQ）、细胞色素b559（cytb559）、细胞色素f（cytf）和质体蓝素（PC）等。

光合作用中，磷酸化和电子传递是耦联的，在光反应的电子传递过程中能产生ATP，即叶绿体在光下把无机磷和ADP转化成ATP，形成高能磷酸键，此称为光合磷酸化。而光合磷酸化又可分为环式光合磷酸化和非环式磷酸化两种（图4-7）。

PSⅡ所产生的电子，经过一系列的传递，在细胞色素链上引起ATP的形成，并把电子传递到光系统Ⅰ上去，进一步提高能位，使H$^+$还原NADP$^+$成NADPH + H$^+$，在这个过程中，电子传递不回到原来的起点，是一个开放的道路，故称为非环式光合磷酸化。

PSⅠ产生的电子经过Fd和cytb563以后，只引起ATP的形成，不伴随其他反应，在这个过程中，电子经过一系列传递后降低了能位，最后经过PC重新回到原来的起点。电子的传递是一个闭合的回路，故称为环式光合磷酸化。

经过光反应后，由光能转变来的电能暂时贮存在ATP和NADP中，叶绿素有了ATP和NADP，就为下一步暗反应中同化CO$_2$，形成糖类创造了必要条件。

2. 暗反应（CO$_2$的固定和还原）

光合作用的第二阶段是CO$_2$的固定和把它还原为糖，这个过程是在叶绿体基质中进行的，且不需要光，所以叫做暗反应（dark reaction）。

暗反应的过程大致可分为羧化、还原和更新三个阶段：

第一阶段：羧化

1,5-二磷酸核酮糖 + CO$_2$→3-磷酸甘油酸

第二阶段：还原

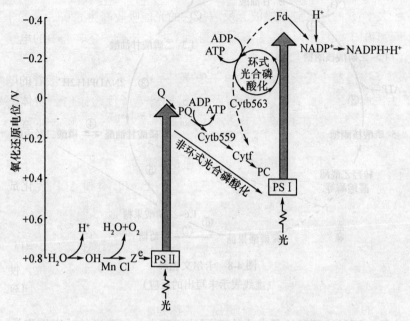

图 4-7 光合作用的两个光反应和电子传递
Z——原初电子供体；Q——未知因素；Fd——含铁氧化还原蛋白

3-磷酸甘油酸→3-磷酸甘油醛
第三阶段：更新
3-磷酸甘油醛→6-磷酸果糖→5-磷酸核酮糖→1,5-二磷酸核酮糖

这个反应过程被称为卡尔文（M.Calvin）循环或光合碳循环（图4-8）。在这个循环中，由于大多数植物还原 CO_2 的第一个产物是三碳化合物（如磷酸甘油酸），所以又称为 C_3 途径，这类植物称 C_3 植物。

但有些热带的禾本科植物，如玉米、高粱、甘蔗等，它们不是通过 C_3 途径，而是通过 C_4 途径来固定 CO_2 的，这些植物固定 CO_2 后，将其转变成两个四碳化合物——草酰乙酸和苹果酸，所以，这类植物称 C_4 植物。C_4 植物并不是只有 C_4 途径，而是同时有 C_3

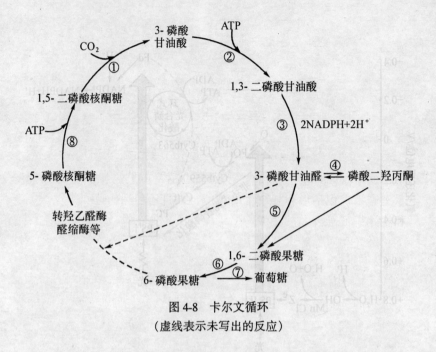

图 4-8 卡尔文循环
（虚线表示未写出的反应）

途径。不过这两种途径分布在不同的细胞中，如玉米的叶肉细胞是通过 C_4 途径来固定 CO_2 的，而它的维管束鞘细胞是通过 C_3 途径来固定 CO_2 的。

除了绿色植物可以进行光合作用外，原核生物的蓝藻和某些细菌也能进行光合作用。蓝藻的光合作用机理与高等植物的大体相同，但细菌的光合作用不产氧，它的供氢体是甲烷或 H_2S 等化合物。

思 考 题

1. 名词解释：酶、酶的活性中心、氧化磷酸化、光合磷酸化。
2. 生物的代谢类型有哪些？各有什么特点？
3. 简述糖的有氧分解代谢途径。
4. 简述光合作用的机理。

第5章 遗传与变异

遗传（heredity）是指生物繁殖过程中，子代与亲代的相似现象，它不仅包括形态外貌上的相似，而且还包括构造、生理、免疫和生化特征等方面的相似。遗传保证了生命在世代间的延续，保证了物种的相对稳定性。俗语说："龙生龙，凤生凤，老鼠生儿会打洞"、"种瓜得瓜，种豆得豆"就是对遗传现象的生动描述。变异（variation）则是指生物在世代延续的过程中，子代与亲代，子代各个体之间的差异。俗语说："一母生九子，九子各别"。变异导致生物的物种和类型的多样性，是生物进化的动力。

从病毒、细菌到人类，都具有遗传和变异这个生命的基本特征。在这一章讲述有关遗传和变异现象的本质和规律的基本知识。

5.1 遗传基本规律

孟德尔（Mendel G.，1822~1884年），奥地利布隆修道院牧师，自1857年起以豌豆为杂交实验材料，经过7年的精确观察和实验，发表了《植物杂交实验》论文，描述了生物性状在杂交过程中传递的特点，提出了遗传因子（generic factor）分离律和自由组合律的概念。这一重要理论当时未能受到重视。直到1900年，三个不同国籍的科学家在研究中同时发现了孟德尔贡献。1906年贝特生（W.Bateson）提出了遗传学的术语，遗传学作为一门科学得到了确立和发展，孟德尔作为现代遗传学奠基者，被誉为遗传学之父（图5-1）。

图5-1 孟德尔（Mendel J.G，1822~1884年）

5.1.1 分离定律

孟德尔以豌豆的 7 对相对性状为指标,进行杂交实验,发现了具有奠定现代遗传学基础的遗传规律。性状(character,trait)是指生物所具有的形态的、功能的或生化的特点。相对性状是指一些相互排斥的性状,同一个体非此即彼,不能同时具备两种相对性状。例如豌豆种皮的圆滑与皱缩就是相对性状。

在自然条件下,豌豆具有自花授粉和闭花授精的特点,它只产生同型子代,即每种性状都是纯种的。孟德尔根据豌豆的这一特性,在去掉豌豆的雄蕊或雌蕊后进行人工授粉,从而避免了花粉的混交,并用统计学方法处理杂交实验结果。以上几点是孟德尔获得成功的重要条件。

在实验中,孟德尔以纯系豌豆的 7 对相对性状为指标,进行植株杂交,并根据实验结果分析遗传性状(表 5-1)。

表 5-1　　　　　　　　豌豆杂交实验

性状的类别	亲代的相对性状	F_1 性状	F_2 性状及其植株数	比率
子叶的颜色	黄色×绿色	黄色	6 022 株黄色;2 001 株绿色	3.01∶1
种子的形状	圆形×皱形	圆形	5 474 株圆形;1 850 株皱形	2.96∶1
豆荚的形状	饱满×皱缩	饱满	882 株饱满;299 株皱缩	2.95∶1
未成熟的豆荚颜色	绿色×黄色	绿色	428 株绿色;152 株黄色	2.85∶1
花的位置	腋生×顶生	腋生	651 株腋生;207 株顶生	3.14∶1
花的颜色	红花×白花	红花	705 株红花;224 株白花	3.15∶1
茎的高度	高×矮	高	787 株高;277 株矮	2.84∶1

孟德尔在杂交实验和结果分析中首先以一对性状为观察对象,获得理想的结论。在研究中,他以种子表面的圆滑和皱缩为一对相对性状,将纯种圆滑种子的豌豆与纯种皱缩种子的豌豆为亲代(P)进行杂交实验,杂交后所结的种子就是子一代(F_1)。结果发

现所有的 F_1 代都结圆滑种子。说明了在子一代中显示圆滑的性状,而将这种在杂合状态下表现的性状称为显性性状 (dominant charactor)。相反, 在杂合状态下未显示出来的皱缩性状称为隐性性状 (recessive charactor)。用 F_1 代圆滑种子长出的植株进行自花授粉, 所结的种子为子二代 (F_2), 结果在 F_2 代中种子产生圆滑和皱缩两种不同的性状, 此现象为分离 (segregation)。分离比例 3:1 是从多数观察中统计分析的结果。

对 253 株杂种植株的 F_1 代所结果实 (F_2) 的统计发现, F_2 代种子共 7 324 粒, 其中圆滑的有 5 474 粒, 皱缩者有 1 850 粒。统计学分析显示二者之比为 2.96:1, 接近 3:1 的比例。值得注意的是 F_2 代中每株上所结种子数量较少, 不能分别分析, 分析时, 如果将若干个植株上所结的种子总计成大数量来分析, 则接近 3:1 的比例 (表 5-2)。

表 5-2　　　　　　10 株子代所结种子的性状

植株号	圆滑种子	皱缩种子
1	45	12
2	27	8
3	24	7
4	19	16
5	32	11
6	26	6
7	88	24
8	22	10
9	28	6
10	25	7
总计	336 (3.14)	107 (1)

上述实验中, 亲代为圆滑的纯合体 (homozygote) RR 和皱缩的纯合体 rr。圆滑或皱缩是可观察到的性状, 称为表型 (phenotype)。决定表型的遗传基础即为基因, RR 或 rr 称为基因型 (genotype)。

基因型为RR或rr的个体，表示一对等位基因彼此相同，称为纯合体。由亲代RR与rr杂交产生的F_1代基因型为Rr，为一对彼此不同的基因，称为杂合体（heterozygote）。同一基因座位上的不同形式的基因称等位基因（allele），如R与r。

杂合体中，基因R与r存在于同一细胞中，在形成生殖细胞时，等位基因彼此分离，分别进入不同的生殖细胞，形成两类数目相同的，分别含有R或r基因的生殖细胞，这一基因行动的规律即为分离律（law of segregation），即孟德尔第一定律。减数分裂中，同源染色体的分离就是分离律的细胞学基础。

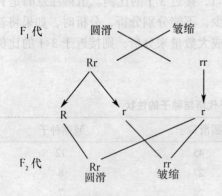

图5-2　F_1代圆滑豌豆与皱缩豌豆回交图解

为了验证分离律，孟德尔设计了测交（test cross）实验，即用杂合子F_1代（Rr）与纯合隐性的亲代（rr）回交。按孟德尔分离律来预测，杂合体F_1代在形成生殖细胞时，将形成两种数量相等，分别含有R或r的生殖细胞，而纯合的rr亲代则只形成含基因r的生殖细胞。当杂合子（F_1）的生殖细胞（R或r）与亲代（rr）的生殖细胞随机受精后，将形成基因型Rr和rr的两种数量相等的F_2代种子，Rr和rr的比例为1∶1（图5-2），这一实验与预期结果相一致，从而证实了分离律。

基因分离规律是存在于细胞核内一对同源染色体相同位置上的等位基因随配子传递给后代的规律。配子的形成是原始生殖细胞进行减数分裂的过程。因此，减数分裂中，同源染色体的分离是分离律的细胞学基础。

5.1.2　自由组合定律

自由组合律（law of independent assortment）是孟德尔利用豌豆

的两对相对性状进行杂交实验所获得的实验结论。以豌豆的黄色圆滑种子（YYRR）和绿色皱缩种子（yyrr）杂交后，F_1代都是黄色圆滑种子（YyRr）。让F_1代自花授粉后，产生4种子二代种子：黄圆（315）、黄皱（101）、绿圆（108）、绿皱（32）（图5-3）。

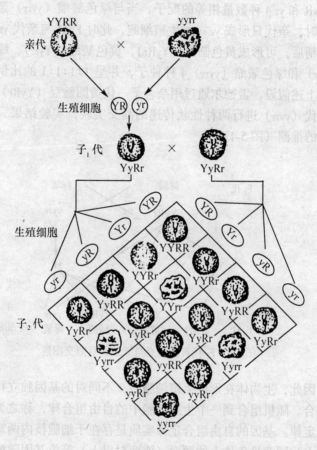

图5-3 黄圆豌豆与绿皱豌豆杂交图解

以相对性状分析，圆和皱是一对相对性状，黄和绿是一对相对性状，圆对皱为显性，黄对绿为显性。在F_2代中黄（315＋101）和绿（108＋32）之比为3∶1；圆（315＋108）和皱（101＋32）之比也为 3:1，符合分离律。而将两种性状结合起来，则黄圆 (315)：黄皱 (101)：绿圆 (108)：绿皱 (32) 呈 9:3:3:1 的比例。这一结果，孟德尔通过测交实验将子一代黄圆豌豆（YyRr）与绿皱豌豆（yyrr）亲代进行杂交得以证实。

孟德尔推测，如果 F_1 代的基因型为 YyRr，则 F_1 代将形成 YR、Yr、yR 和 yr 4 种数量相等的配子，当与绿色皱缩（yyrr）亲代进行杂交时，亲代只形成 yr 一种生殖细胞，此时 F_1 代与亲代 yr 配子随机受精后，可形成黄色圆滑（YyRr）、黄色皱缩（Yyrr）、绿色圆滑（yyRr）和绿色皱缩（yyrr）4 种种子，并呈 1:1:1:1 的比例。为了验证上述假设，孟德尔通过用杂合子一代黄圆豌豆（YyRr）与绿皱型亲代（yyrr）进行两种性状传递的测交实验，实验结果完全证实了他的推测（图 5-4）。

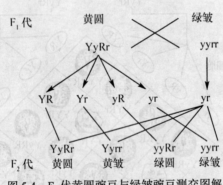

图 5-4　F_1 代黄圆豌豆与绿皱豌豆测交图解

因此，生物体在形成生殖细胞时，不同对的基因独立行动，可分可合，随机组合到一个生殖细胞中的自由组合律，称之为孟德尔第二定律。基因的自由组合定律实质是存在于细胞核内两对（或两对以上）同源染色体上的两对（或两对以上）等位基因随配子传递给子代的规律。

5.1.3　连锁与互换定律

摩尔根（Morgan T.H.，1866～1945 年），美国加州理工学院生物学部教授，早期从事胚胎学研究，以后对遗传学产生了浓厚的兴趣，他和他的学生以果蝇为材料的实验，发现了连锁与互换定律。1928年出版了《基因论》专著，由于在染色体遗传理论上的贡献，摩尔根于1933年获诺贝尔奖（图5-5）。

摩尔根用果蝇进行杂交实验，发现了连锁与互换。

野生果蝇中存在一种身体呈灰色，两翅很长的类型，在经过实验室培养后出现了黑身和残翅。杂交实验证明，灰色对黑色为显性，长翅对残翅为显性。用灰身长翅（BBVV）的果蝇和黑身残翅（bbvv）的果蝇杂交，F_1代全是灰身长翅（BbVv）。用F_1代的雄果蝇与黑身残翅（bbvv）的雌果蝇进行测交，按自由组合律预测，F_2代中应有灰身长翅（BbVv）、灰身残翅（Bbvv）、

图5-5 摩尔根（Morgan T. H, 1866~1945）

黑身长翅（bbVv）和黑身残翅（bbvv）4种类型，并呈1:1:1:1的比例。然而，测交后的结果并非如此。实际上F_2代中只出现和亲本表型相同的两种类型，灰身长翅和黑身残翅，而且呈1:1的比例。分析两种类型的基因型应分别为BbVv和bbvv，此结果表明灰身和长翅，黑身和残翅是联合传递的性状，也就是说，F_1代在配子发生过程中，只形成BV和bv两种精子，与卵子（bv）受精后，形成灰身长翅（BbVv）和黑身残翅（bbvv）两种类型的F_2代。这种遗传现象称为完全连锁（complete linkage）（图5-6）。

如果让F_1代雌果蝇与黑身残翅的雄果蝇进行测交，F_2代中就出现四种类型，灰身长翅（BbVv）占41.5%，黑身残翅（bbvv）占41.5%，黑身长翅（bbVv）占8.5%，灰身残翅（Bbvv）占8.5%。表明83%为亲代组合，并有17%的重新组合，重组率为17%，这种遗传现象称为不完全连锁（incomplete linkage）（图5-7）。

对于上述遗传现象的解释，摩尔根指出，果蝇的灰身基因（B）和黑身基因（b）是一对等位基因；长翅基因（V）和残翅基

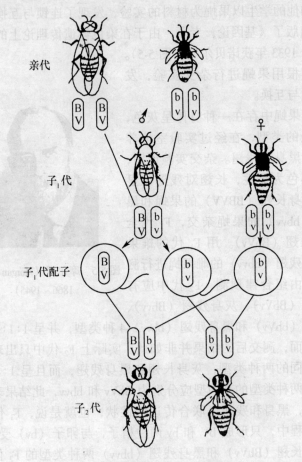

图 5-6 果蝇的完全连锁

因（v）是另一对等位基因。此两对等位基因上，基因 B 和基因 V 位于同一条同源染色体上，基因 b 和基因 v 位于另一条同源染色体上。因此，在遗传过程中就不能自由组合而是连锁遗传。在 F_1 代雌果蝇的卵子发生过程中，同源染色体的非姐妹染色单体发生联会和交叉，这两对等位基因 BV 和 bv 之间发生了交换，即形成了 Bv 和 bV 的新的连锁关系，所以形成了 4 种卵子，与精子（bv）受精后，就会形成四种类型的后代，在本实验中，因交换而形成的重组类型占17%，即重组率（或交换率）为17%。

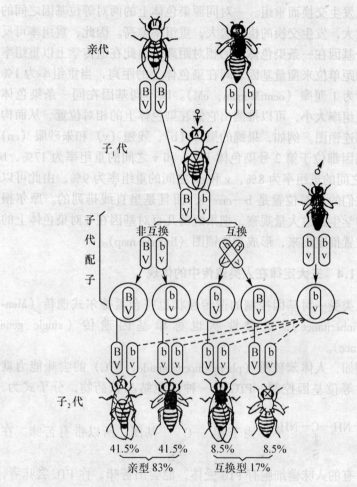

图 5-7 果蝇的不完全连锁

连锁和交换是生物界普遍存在的遗传规律。位于同一条染色体上的基因彼此间以连锁方式传递，构成了连锁群（linkage group）。从理论上讲一种生物所具有的连锁群数目必然与其体细胞中染色体的对数（n对）或生殖细胞中染色体的数目相当。在果蝇中，有4对染色体，果蝇的基因分别构成4个连锁群；豌豆有7对染色体，豌豆的基因分别构成7个连锁群，同一连锁群中的各对等位基因之间可以发生交换而重组。一对同源染色体上的两对等位基因之间的距离愈大，发生交换的机会愈大，重组率愈高。因此，重组率可反映两个基因在一条染色体上的相对距离。由此在遗传学上以重组率作为图距单位来衡量基因之间在染色体上的距离，当重组率为1%时，计为1厘摩（centiMorgan，cM）。以不同基因在同一条染色体上的重组率大小，可以推测出它们在染色体上的相对位置，从而构建基因连锁图。例如，果蝇的黑身（b）、残翅（v）和朱砂眼（cn）三个基因都位于第2号染色体上，b和v之间的重组率为17%，b和cn之间的重组率为8%，v和cn之间的重组率为9%，由此可以推测它们的相对位置是b—cn—v，而且是呈直线排列的。摩尔根和他的学生经过大量观察，把果蝇的几百对基因在4对染色体上的相对位置推定出来，形成了连锁图（linkage map）。

5.1.4 三大定律在人类遗传中的体现

人类受一对基因控制的遗传性状也符合孟德尔式遗传（Mendalian inheritance），这类性状也称单基因遗传（single gene inheritance）。

例如，人体苯硫脲（phenylthiocarbamide，PTC）的尝味能力就受一对等位基因控制。PTC 是一种白色结晶状药物，分子式为，—NH—C(=S)—NH_2，由于有 —C(=S)—N 基团，所以带有苦味。在人类，有的人味蕾细胞有 PTC 受体，能尝出苦味，称 PTC 尝味者，这是受基因 T 决定的，具有 TT 或 Tt 基因型的人均有尝味能力，因此，PTC 尝味能力是显性性状；如果一个个体是 tt 基因型，则因味蕾细胞中缺少 PTC 受体而尝不出苦味，称为 PTC 味盲，是隐性性状。

一个纯合尝味者（TT）与味盲者（tt）结婚，婚后所生子女均为杂合尝味者（Tt）。杂合尝味者（Tt）与味盲者（tt）婚后所生子女中，1/2 为尝味者（杂合子 Tt），1/2 为味盲者（隐性纯合子 tt）。而两个杂合尝味者（Tt）婚后所生子女中，3/4 是尝味者，1/4 是味盲，由此我们清楚地看到了孟德尔分离律在人类单基因性状遗传中的体现。表 5-3 所列的是一些常见的人类单基因性状的遗传。

表 5-3　　　　一些常见的人类单基因遗传性状

	遗传方式	
	常染色体显性	常染色体隐性
性状名称	眼有蒙古褶	眼无蒙古褶
	褐色虹膜	蓝色虹膜
	长睫毛	短睫毛
	有耳垂	无耳垂
	湿耳垢	干耳垢
	有腋臭	无腋臭
	有中指毛	无中指毛
	钩鼻尖	直鼻尖
	能卷舌	不能卷舌
	顶发旋顺时针方向	顶发旋逆时针方向

当决定两种遗传性状的基因位于人类不同对染色体上时，这两种单基因性状的传递就符合自由组合律。

ABO 血型由一组复等位基因 $I^A I^B i$ 所决定，位于 9 号染色体（9q34）；MN 血型由 MN 基因所决定，位于 4 号染色体上（4q28）。母亲有 O 型血型和 MN 血型，父亲有 B 型血型和 M 型血型，他们婚后所生子女中会有怎样的血型呢？

有两种可能性：一种情况是父亲有纯合的 B 型血型（$I^B I^B$），婚后所生后代中，1/2 将有 B 型血型（$I^B i$）和 M 型血型（MM），1/2 将有 B 型血型（$I^B i$）和 MN 型血型。另一种情况是父亲有杂合的 B 型血型（I^Bi），婚后所生后代中，B 型血型（I^Bi）和 M 型血型、B 型血型（I^Bi）和 MN 型血型、O 型血型和 M 型血型、O 型血型和 MN 型血型者各占 1/4。

如果决定两种性状的基因位于同一染色体上时，它们之间的传递将服从于连锁与交换律。人类具有许多连锁与交换的遗传性状。如人 ABO 血型基因和一种常染色体显性遗传病——甲髌综合征的致病基因（NP）都位于第 9 号染色体上，NP 基因往往与 I^A 基因连锁传递。在一个家庭中，NP 与 I^A 相连（$\begin{vmatrix} -I^A \\ -NP \end{vmatrix}$），NP 的正常等位基因（np）与 I^B 或 i 相连锁（$\begin{vmatrix} -I^B \\ -np \end{vmatrix}$ 或 $\begin{vmatrix} -i \\ -np \end{vmatrix}$）。那么，在这个家庭中，一个婴儿如果有 A 型血型或 AB 型血型，一般也将会患甲髌综合征。由于 ABO 血型基因与 NP（np）之间有 10% 的重组率，因此该家庭中 A 型血的婴儿还有 10% 的可能不患甲髌综合征。

5.2 性别决定和伴性遗传

5.2.1 性别决定

人类、哺乳动物、许多昆虫、某些两栖类、某些鱼类和某些高等植物中都有雄、雌之分，比例大约是 1:1。

1. 性染色体

性别的分化通常由性染色体决定。在具有性别分化的生物体细胞中，不管有多少对染色体，其中只有一对染色体与性别决定有关，称为性染色体（sex-chromosome），其余的染色体称为常染色体（autosome）。例如果蝇的细胞中，有三对常染色体（第Ⅱ、Ⅲ、Ⅳ对），此外，雌果蝇中具有一对相同的 X 染色体，而雄果蝇中具有 1 条 X 染色体和 1 条形态上不同的 Y 染色体（第Ⅰ对）（图 5-8），性染色体对性别的影响主要表现在性腺的分化上。

通常，在 1 对不同形态的性染色体（如 X、Y）之间，既存在着同源区段，又存在分化区段。同源区段具有染色体配对的功能，而分化区段在性别决定中起作用。因此，不同形态的性染色体在减数分裂中既能相互配对，又能有规律地分到不同的配子中，保证了雌雄配子比例为 1:1。

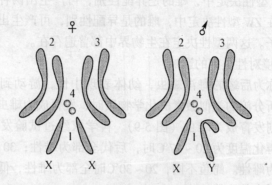

图 5-8　雌雄果蝇的染色体

2. **雄性异配型（XY 型性决定）**

已知人类、哺乳动物、许多昆虫、某些两栖类、某些鱼类，受精时的染色体组成决定了个体的性别，性染色体 XX 为雌性，XY 为雄性，由于雄性能产生具有不同染色体的配子，因此这种 XY 型性决定称为雄性异配型。

人体中有 46 条染色体，配成 23 对，其中 22 对是常染色体，在男女两性中是一样的。另外有两条性染色体，在女人体中为 XX，配成对；但在男人体中为 XY，不配对。在女性生殖细胞中，有 22 条常染色体和一条 X 性染色体；在男性生殖细胞中，有 22 条常染色体和一条 X 或 Y 性染色体。受精时，含有 X 性染色体的卵子与含有 X 或 Y 性染色体的精子结合，性别由此而确定。这种性别决定是随机的。所以人类男女性别大约保持 1:1 的比例。

3. **雌性异配型（ZW 型性决定）**

鸟类、蛾类、蝶类、某些两栖类、某些鱼类，受精时性染色体 ZW 为雌性、ZZ 为雄性，由于雌性能产生不同染色体的配子，因此这种 ZW 型性决定称为雌性异配型。

家蚕细胞中有 56 条染色体。在雌雄个体中各有 27 对常染色体是一样的。另有性染色体一对，在雌体中是 ZW，在雄体中是 ZZ。受精时，含有性染色体 Z 的精子与含有性染色体 Z 或 W 的卵子结合。性别决定亦是随机的，和 XY 型性决定正好相反。

在 XY 型性决定中，雄的是异配性别，可产生出两种不同的雄性配子；在 ZW 型性决定中，雌的是异配性别，可产生出两种不同的雌性配子。这两型性决定在生物界中都普遍存在。

4．环境对性决定的影响

一种称为后螠的海洋蠕虫，幼体表现中性，游动到雌虫的口吻，接受所分泌的类似激素的化学物质时，发育成为雄虫；如果游到海底，则发育成为雌虫（图 5-9）。科学家经过试验发现，15 种龟、鳖的孵化温度为 20~27℃时，后代全部为雄性；30~35℃时，后代全部为雌性。鳄鱼不同，20~30℃时全部为雄性，低于或高于这个温度时全部为雌性。

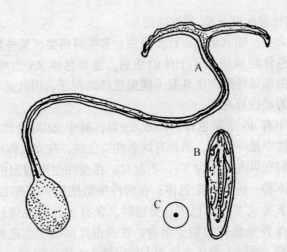

图 5-9　后螠（*Boncllia viridis*）

A. 雌体，它有很长的吻部。图比实际的大小大一些；B. 雄体，身体退化；C. 雄体的实际大小（指中间一点）

蜜蜂有少数卵（n = 16）不受精而发育成为雄蜂，雄蜂能够通过"假减数分裂"而产生正常的精子（n=16），但是受精卵（2n=32）发育成的蜜蜂，性别分化与蜂王浆有关。个别幼虫采食王浆时间长，生殖系统发育正常，体型也大，成为能与雄蜂交配的蜂王，大多数幼虫采食王浆时间短，生殖系统萎缩，体型也小，成为没有生殖能力而专门采蜜的工蜂，蜂王浆就是工蜂头部的一些腺体产生的。

牝鸡司晨（即母鸡报晓），逐渐雄性化的这种性反转的原因是，外界环境使蛋白质芳香酶的作用受到抑制，使母鸡（性染色体ZW）卵巢退化，精巢发育，从而表现出公鸡的形态和行为。

5.2.2 伴性遗传

控制某种性状的基因位于性染色体上，如 XY 型中的 X 染色体，ZW 型中的 Z 染色体，那么这些基因将随着性染色体的传递，使它决定的性状伴随着某种性别而存在，这种遗传方式称为伴性遗传（sex-linkage）。

1. 果蝇的伴性遗传

摩尔根和他的学生在果蝇杂交试验中发现了伴性遗传现象。果蝇的正常眼色是红的，受基因 X^+ 控制，摩尔根在果蝇的遗传实验中发现了眼色是白的突变型，受基因 X^W 控制。红眼对白眼是显性。这是一对在性染色体上的等位基因。将白眼雌果蝇（$X^W X^W$）和红眼雄果蝇杂交，所得到的子一代雌性个体都有一个来自父本的 X^+ 染色体，表现型都是红眼；而雄性个体都有一个来自母本的 X^W 染色体，表现型都是白眼。所以子一代雌、雄个体数各占 50%。如果让子一代果蝇相互交配，则在子二代中出现红眼雌果蝇、白眼雌果蝇、红眼雄果蝇、白眼雄果蝇，各占 25%。如果将红眼雌果蝇 $X^+ X^+$ 和白眼雄果蝇 $X^W Y$ 杂交，产生的子一代中，红眼雌果蝇（$X^+ X^W$）和红眼雄果蝇（$X^+ Y$）各占 50%。子一代相互杂交，在子二代中，红眼雌果蝇（$X^+ X^+$、$X^+ X^W$）占 50%，红眼雄果蝇（$X^+ Y$）占 25%，白眼雄果蝇（$X^W Y$）占 25%（图 5-10）。

2. 人的伴性遗传

血友病是一种 X 连锁隐性遗传病，患者血浆中缺少疑血因子

Ⅷ，而致使凝血障碍，如果受伤流血时，可因血液不易凝结而导致生命垂危或致死。

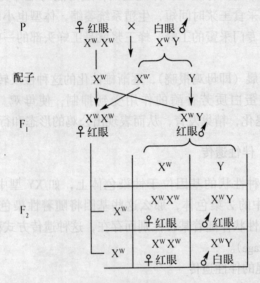

图5-10　果蝇眼色的伴性遗传

血友病基因位于X染色体上（Xq28），女性有两条X染色体，杂合时（X^BX^b）为血友病携带者，但表型正常。在与正常男性（X^BY）结婚时，子女中有1/4是男性患者（X^bY）。如果有病的男性（X^bY）与正常女性结婚，其子女中，1/2是正常的男孩，1/2为血友病基因携带者的女孩。遗传学上称这种由父亲传给女儿再传给外孙子的基因传递方式为交叉遗传（图5-11）。

上面所介绍的都是遗传基因在X性染色体上的遗传。也有基因在Y性染色体上的遗传，这种遗传使性状只表现在雄性性别上，称为限雄（holandric）遗传。例如来亨鸡只有雄鸡的颈和尾才有长、尖而弯曲的羽毛，母鸡则没有。对于ZW型，有基因存在于W性染色体上，这种遗传使性状只表现在雌性性别上，称为限雌（hologynic）遗传。

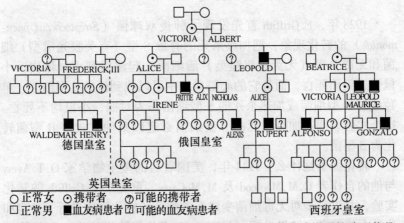

图 5-11 Victoria 女王的系谱图。尽管 X 连锁隐性遗传方式说明缺陷可能是 Ⅷ因子基因或Ⅸ因子基因，但当时并不知道这两种疾病（甲型血友病和乙型血友病）的区别。Victoria 女王是甲型血友病携带者，将血友病等位基因传递给了她受累的儿子 Leopold 及女儿 Alice 和 Beatrice，这两个女儿都有儿孙受累。现在的英国皇室血统来自一个正常男性，所以未受累（引自 Kazazian HH, Tuddenham EGD, Antonarakis SE. Hemophilia A and parahemophilia. Deficiencies of coagulation factors Ⅷ and Ⅴ.In：Scriver CR, Beaudet AL, Sly WS, Valle D, eds.The metabolic and molecular bases of inherited disease.7th ed.New York：McGraw-Hill, 1995：3 241～3 267.）。

5.3 遗传物质是 DNA

遗传学家穆勒（Muller H.J）1927 年用 X 射线人工诱发了果蝇突变，这表明，控制性状的基因是一种物质分子，是蛋白质还是核酸？在当时尚未肯定。但遗传学家认识到控制性状的物质必须具备下列三个首要特性：

①必须稳定地储存一个生物的细胞结构、功能、发育和生殖的各种遗传信息；

②能够准确地复制，以便子细胞具有与母细胞一样的遗传信息；

③能够变异。没有变异，生物不能获得适应性，进化就不可能发生。

下面是证明遗传物质是 DNA 的两个著名实验。

5.3.1 肺炎球菌转化实验

1928年，F.Griffith 首先发现了肺炎双球菌（*Streptococcus pneumoniae*）的转化现象：把加热杀死的有毒 S 型（有荚膜光滑型）细菌和无毒 R 型（无荚膜粗糙型）活细菌一起注射到小鼠体内，小鼠受感染而死亡，而且它的心脏血液中可以找到活的 S 型细菌，单独注射 R 型细菌或加热杀死的 S 型细菌作为对照，小鼠均不死亡。这个实验表明：加热杀死的 S 型细菌必定以某种方式使 R 型菌转化为 S 型菌。

转化因子是什么？1944年，美国著名的微生物学家 O.T.Avery 与他的合作者 C.M.Macleod 及 M.McCarty，重复了 F.Griffith 的转化实验，并进一步对无毒细菌变成有毒细菌的转化物质进行了分离和化学上的鉴定。结果发现，只有 DNA 成分能够将某些 R 型细胞转化成 S 型细胞（图 5-12），而且 DNA 纯度越高，转化效率越大，一旦用 DNA 酶处理 DNA 后，就不发生这种转化。因此，转化实验直接证明了转化因子是 DNA 分子，而不是蛋白质。

图 5-12　细菌转化的遗传本质是 DNA 分子
　　无论是被热致死的光滑型肺炎链球菌，还是粗糙型的活的肺炎链球菌，单独注射都不能使小鼠致死，而两者混合物注射则会使小鼠致死。从混合物注射致死的小鼠体内分离出了活的光滑型的肺炎链球菌，在体外将光滑型菌株的 DNA 提取物加到粗糙型菌株的培养物中，也可以使后者转化成为具毒性的光滑型菌株

5.3.2 噬菌体感染实验

噬菌体 T2 有一个蛋白质的外壳，DNA 裹在其中。当噬菌体 T2

感染大肠杆菌时，它的尾部吸附在菌体上。然后，菌体内形成大量噬菌体，菌体裂解后，释放出几十个乃至几百个与原来感染细菌一样的噬菌体 T2。

我们知道，构成蛋白质的氨基酸中，甲硫氨酸和半胱氨酸含有硫，DNA 中不含硫，所以硫只存在于 T2 噬菌体的蛋白质。相反，磷主要存在于 DNA 中，至少占 T2 噬菌体含磷量的 99%。Alfed Hershey 和 Martha Chase（1952 年）用放射性同位素 ^{35}S 标记蛋白质，^{32}P 标记 DNA。宿生菌细胞分别放在含 ^{35}S 或含 ^{32}P 的培养基中。宿主细胞在生长过程中就被 ^{35}S 或 ^{32}P 标记上了。然后用噬菌体去感染分别被 ^{35}S 或 ^{32}P 标记的细菌，并在这些细菌中复制增殖。宿主菌裂解释放出很多子代噬菌体，这些子代噬菌体也被标记上 ^{35}S 或 ^{32}P。

接着，用分别被 ^{35}S 或 ^{32}P 标记的噬菌体去感染没有被放射性同位素标记的宿主菌，然后测定宿主菌细胞带有的同位素。结果表明：噬菌体的蛋白外壳没有进入细菌体内，只有 DNA 进入到细菌细胞中，新增殖的噬菌体所生成的外壳蛋白质，完全是由带 ^{32}P 的亲代 DNA 所决定的。进一步证实了遗传物质是 DNA 分子，而不是蛋白质（图 5-13）。

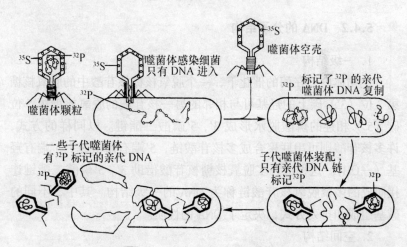

图 5-13 Hershey 和 Chase 用放射性同位素标记噬菌体 T2 证明噬菌体的遗传物质是 DNA，而不是蛋白质

5.4 DNA 的化学组成和分子结构

5.4.1 DNA 的化学组成

DNA 分子的组成单位是脱氧核糖核苷酸。后者由磷酸、脱氧核糖和含氮碱组成。含氮碱分为腺嘌呤（adenine，A）、鸟嘌呤（guanine，G）、胸腺嘧啶（thymine，T）和胞嘧啶（cytosine，C）。RNA 则由磷酸、核糖和 A、G、C、U（尿嘧啶）等四种含氮碱组成。

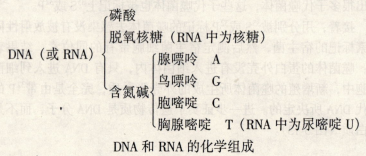

DNA 和 RNA 的化学组成

5.4.2 DNA 的分子结构

1. 一级结构

生物体内，在酶的催化下，一个脱氧核糖核苷酸中的脱氧核糖第 3 位（3′）碳上的羟基可与相邻的另一核苷酸的脱氧核糖第 5 位碳（5′）相连的磷酸脱水形成 3′，5′磷酸二酯键。以同样的方式，许多核苷酸则可串联聚合成多核苷酸链，5′端有磷酸基，3′端有羟基（—OH）。这种由许多脱氧核糖核苷酸借助 3′，5′磷酸二酯键连接而成的多聚脱氧核苷酸链称为 DNA 的一级结构。其中，不同的碱基组成和排列方式，决定了 DNA 的性质。

2. 空间结构

DNA 的空间结构指 DNA 在一级结构基础上形成的高级结构。1953 年美国生物学家 Waston 和英国物理学家 Crick 根据 DNA 的 X

射线衍射图谱及其他研究，提出了 DNA 分子的双螺旋结构模型，即 DNA 的二级结构。其特点如下（图 5-14）：

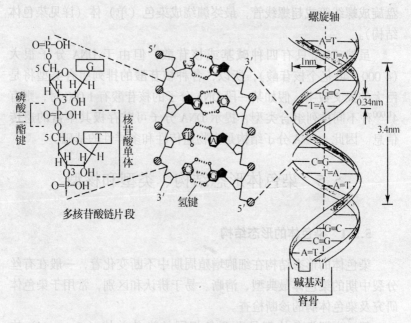

图 5-14　DNA 双螺旋结构示意图

（1）DNA 由两条反向平行的脱氧多核苷酸链组成。一条链中的磷酸二酯键为 3′→5′，另一条链为 5′→3′。两链以脱氧核糖和磷酸形成的长链为基本骨架，围绕同一中心轴构成右手螺旋结构（B 型 DNA）。

（2）碱基在双螺旋内侧，双链上对应的碱基以氢键相连，其中 G 与 C 通过三个氢键配对（G≡C），A 与 T 通过两个氢键配对（A=T）。

（3）双螺旋的直径为 2 nm，螺距为 3.4 nm，内含 10 个碱基对，即相邻碱基对的平面间距为 0.34 nm。

DNA 双螺旋多为线形，也有环形者（如线粒体 DNA、细胞质粒 DNA 等)。

人类细胞核内 DNA 双螺旋通常以特定方式与一些组蛋白结合，在间期细胞中，以染色质形式存在；在细胞分裂期，它们可进一步盘旋成螺线管或超螺线管，最终缠绕成染色(单)体(详见染色体结构)。

虽然 DNA 只有四种碱基或核苷酸，但由于 DNA 分子很大(4 000~40 亿个核苷酸)，所以，各种核苷酸的排列组合类型将是巨大的天文数字。假如某一段 DNA 分子的核苷酸有 1 000 对，则有 $4^{1\,000}$ 种不同排列组合类型，提示 DNA 分子可贮存极其丰富的遗传信息。因此，DNA 分子结构是生物遗传性和多样性的基础。

5.5 染色体形态结构、类型和核型

5.5.1 染色体的形态结构

染色体的形态结构在细胞增殖周期中不断变化着，一般在有丝分裂中期的染色体最典型、清晰、易于辨认和区别，常用于染色体研究及染色体病的诊断检查。

每一中期染色体都是由两条相同的染色单体(chromatid)构成，彼此互称为姐妹染色单体(sister chromatid)，两条染色单体之间在着丝粒处(centromere)相连接，着丝粒处凹陷缩窄，称初级缢痕(primary constriction)。着丝粒将染色体划分为短臂(p)和长臂(q)。在短臂和长臂的末端分别有一特化部位称为端粒(telomere)，由端粒 DNA 和端粒蛋白构成。现已表明，人类染色体端粒DNA 是由许多 5′-TTAGGG-3′ 片段重复构成，不编码蛋白质。端粒蛋白可使端粒免受酶或化学试剂降解，对染色体结构的稳定性起着重要作用。在某些染色体的长、短臂上还可见凹陷缩窄的部分，称为次级缢痕(secondary constriction)。人类近端着丝粒染色体的短臂末端有一球状结构，称为随体(satellite)。随体柄部为缩窄的次级缢痕。次级缢痕与核仁的形成有关，称为核仁形成区或核仁组织者区(nucleolus organizing region，NOR)(图 5-15)。

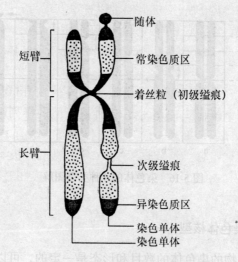

图 5-15 中期染色体的模式图

5.5.2 染色体的类型

染色体上着丝粒的位置是恒定的。根据着丝粒的位置，染色体可分为三种类型：①中着丝粒染色体（metacentric chromosome），着丝粒位于或靠近染色体中央，如将染色体全长分为 8 等份，则着丝粒在染色体纵（长）轴的 1/2～5/8 之间，将染色体分为长短相近的两个臂；②亚中着丝粒染色体（submetacentric chromosome），着丝粒偏于染色体的一侧，位于染色体纵轴的 5/8～7/8 之间，着丝粒将染色体分为长短明显不同的两个臂；③近端着丝粒染色体（acrocentric chromosome），着丝粒靠近一端，位于染色体纵轴的 7/8～近末端区段，短臂很短，在短臂的末端具有球形的随体，其柄部的次缢痕为核仁形成区（NOR）。此外，在某些动物如小白鼠中可见到另一种类型的染色体，即着丝粒位于染色体的末端，无短臂，称为端着丝粒染色体（telocentric chromosome），在人类正常染色体中没有这种端着丝粒染色体（图 5-16），但在肿瘤细胞中可以见到。

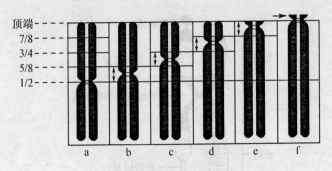

图 5-16 染色体的 4 种类型图解

5.5.3 染色体核型

每一种生物的染色体的数目和形态是一定的，可以据此作为分类的标准。如哺乳动物中，赤麂（Indian muntijae）的染色体最少，$2n=6$；黑犀牛的染色体最多，$2n=134$（表 5-4）。同一物种内的每一条染色体又各有自己的形态特征，可以据此分辨出染色体的正常结构和异常结构。在细胞有丝分裂期间观察到的细胞内的整套染色体称为染色体组型或核型。例如，人的（二倍体）核型（karyotype）是 46 条染色体，其中 44 条常染色体（autosome）为 22 对同源染色体（homolog）；另 2 条是性染色体（sex chromosome），分别称为 X 染色体和 Y 染色体。

区分每条染色体形态特征的标准有许多种，可以将各种标准综合起来，确定核型中的每一对同源染色体。

表 5-4 一些动、植物的染色体数目

通 名	学 名	二倍体数
动物		
人类	Homo sapiens	46
金丝猴	Rhinopithecus rhinopithecus roxellanae	44
猕猴	Mlacaca malatta	42

续表

通 名	学 名	二倍体数
黄牛	Blos taurus	60
猪	Sus scrofa	38
狗	Canis familiaris	78
猫	Felis domesticus	38
马	Equus calibus	64
驴	Equus calibus	62
黑犀牛	Diceros bicornis	134
山羊	Capara hircus	60
绵羊	Ovis aries	54
赤麂	Muhtiacus muntijak	6
小家鼠	Mus musculus	40
大家鼠	Rattus norvegicus	42
水貂	Mustela vison	30
豚鼠	Cavis cobaya	34
兔	Oryctolagus cuniculus	44
家鸽	Columba livia domessticus	80
鸡	Gallus domesticus	78
火鸡	Miliagris gallopavo	80
鸭	Anas platyrhyncho	80
家蚕	Bombyx mori	56
家蝇	Musca comestica	12
果蝇	Drosophila melanogaster	8
蜜蜂	Apis mellifera	雌32 雄16
蚊	Culex pipiens	6
佛蝗	Phlaeoba infumata	雌24 雄23
淡水水螅	Hydra vulgaris attenuata	32
植物		
拟南芥	Arabidopsis thaliana	6
洋葱	Allium cepa	16
水稻	Oryza sativa	24
普通小麦	Triticum aestivum	42
玉米	Zea mays	20
金鱼草	Antirrhinum majus	16
陆地棉	Gossypium hirsutum	52
中棉	Gossypium arboreum	26
豌豆	Pisum sativum	14
香豌豆	Lathyrus odoratus	14

续表

通 名	学 名	二倍体数
蚕豆	*Vicia faba*	12
菜豆	*Phaseolus vulgaris*	22
向日葵	*Hilianthus annuus*	34
烟草	*Nicotiana tabdcum*	48
番茄	*Lycapersicum esculentum*	24
松	*Pinus species*	24
青菜	*Brassica chinensis*	20
甘蓝	*Brassica oleracea*	18
月见草	*Oenothexa biennis*	14
		单倍体数目（n）
脉孢菌	*Neuropora crassa*	7
青霉菌	*Penicillium species*	4
曲霉	*Aspergillus nidulans*	8
衣藻	*Chamydomonas reinhartt*	16
酿酒酵母	*Saccharomyces cerevisias*	17

中期染色体经过酶或其他化学试剂处理后，再用染料染色后，染色体上可以显现出染色深浅不一的带纹。这种深浅相间的带纹图形称为染色体带型（banding pattern）。不同的染色体各有自身特定的带型，据此可以区分出不同的染色体；染色体特定的带型发生变化，则表明该染色体的结构发生了改变。一般常用的显带技术是 G 显带、R 显带和 Q 显带等。还有专门分辨着丝粒的 C 显带，分辨核仁组织者的 Cd 显带等。人的46条中期染色体经 G 显带后，一般可以分辨出近300~400条带纹，处在早中期的染色体则有可能分辨出 800~1 000条带纹，这称为高分辨显带（high resolution banding）。

每条染色体上的带纹如 G 带带纹在染色体上的位置有规定的表示方法。着丝粒将染色体分成两个臂，长臂用 q 表示，短臂用 p 表示，染色体臂又可分成几个区，每个区中再分成 n 个小带。例如，人的46，XY；Xp21.2 即为男性，46 条染色体；X 染色体短臂 2 区 1 带 2 小带。人的46，XX；21q11.2 即为女性，46 条染色体；21 号染色体长臂 1 区 1 带 2 小带。这可用来描述基因在染色体上的位置（图5-17）。

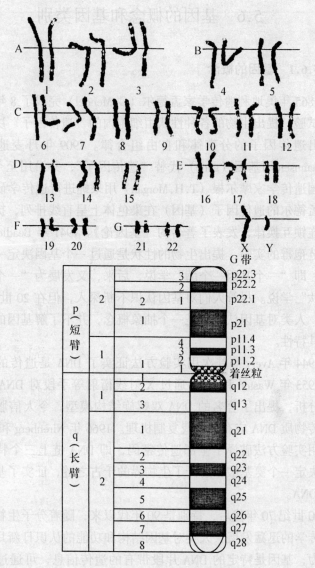

图 5-17 人染色体
A：男性染色体图；B：人 X 染色体模式图

5.6 基因的概念和基因类别

5.6.1 基因的概念

1865年奥地利遗传学家孟德尔（G.Mendel）完成了8年的豌豆杂交试验，提出生物的各种性状由细胞内的"遗传因子"决定，并总结出遗传因子的分离律和自由组合律。1909年丹麦遗传学家W.Johannsen用基因（gene）代替"遗传因子"，并沿用至今。1910年美国遗传学家摩尔根（T.H.Morgan）用果蝇进行遗传学研究，证实了孟德尔的遗传因子（基因）在染色体上呈直线排列，提出了基因的连锁互换律，发表了著名的《基因论》。1941年Beadle等通过红色链孢霉的实验，提出生物的性状是通过一个基因决定一种酶实现的，即"一个基因一个酶"学说，后来，又发展为"一个基因一条多肽"学说。尽管人们对基因认识不断深入，但在20世纪50年代前，人类对基因认识只是一个抽象概念，并不了解基因的物质基础及其特性。

1944年Avery等首次用实验方法证实了DNA是遗传的物质基础。1953年Waston和Crick通过X射线衍射等手段对DNA结构进行了分析，提出了著名的DNA双螺旋结构模型，令人信服地解释了遗传物质DNA应有的自我复制机理。1966年Nirenberg和Khorana分别用实验方法破译了全部遗传密码，即DNA链上三个特定的核苷酸决定一个氨基酸，解开了生物界的千古之谜，证实了基因的本质是DNA。

20世纪70年代后，特别是90年代以来，随着分子生物学和分子遗传学的迅猛发展，人类对基因结构和功能的认识日新月异。目前认为，基因是特定的DNA片段带有的遗传信息，可通过控制细胞内RNA和蛋白质（酶）的合成，进而决定生物的遗传性状。基因可自我复制，可发生突变和重组。

资料

基因是否决定一切？

基因型与环境因子的相互作用决定了表型。基因型是内在根据，环境因子是外部条件，两者缺一不可。这始终是遗传学的基本原理。现已知道，哺乳动物基因组的大小相仿，都在30亿对核苷酸左右，而且许多个基因的序列都是相似的。如人和黑猩猩相比，据估计核苷酸序列的差别只有1.5%左右。正是基因序列的这1.5%的差别决定了人之为人而非黑猩猩，黑猩猩之为黑猩猩而非人；此外，每个人的基因组之间也有0.1%的核苷酸差别，这也就是单核苷酸多态性（SNPs），很可能，这一丁点的差别就能够决定我之为我而非你。因此，从这个意义上说，基因决定的是生物学上的人（*Homo sapiens*），是生理和形态特征上的你我他。至于说这个人是伟人还是凡人，是好人还是坏人，是在某个领域中取得卓越成就的人，还是芸芸众生，则是基因型与社会环境、教育素养和个人的勤奋努力相互作用的结果。从这个意义上讲，决不是基因决定一切。因此，笼统地肯定"基因决定一切"，或笼统地否定"基因决定一切"都是不够全面而失之偏颇的。

5.6.2 基因的类别

无论原核生物，还是真核生物，在 DNA 碱基排列顺序中都储存着两类遗传信息：一类是决定生物性状的蛋白质信息，根据所表达的蛋白质类型，可分为酶、运载蛋白质、结构蛋白质、激素、抗体、抗原、受体等。另一类是控制性状的信息。储存前一类信息的基因称为结构基因；储存后一类信息的基因则称为调控基因。

一、结构基因

结构基因（structural gene）是指能决定蛋白质或酶分子结构的基因。它们可编码多肽链中的氨基酸，从而决定肽链中氨基酸的种类和排列。结构基因突变，会引起相应蛋白质分子结构发生改变，常表现为某种蛋白质或酶的活性异常，如人类的镰状细胞贫血症，就是基因突变导致结构蛋白异常所致。

二、调控基因

调控基因（regulator and control gene）指可调节控制结构基因表达的基因。调控基因突变可导致一个或多个蛋白质（酶）合成量的改变。

此外，有些基因只能转录，不能翻译出蛋白质，如核糖体RNA基因（rRNA基因）和运转RNA基因（tRNA基因）。

存在于原核生物与真核生物中的基因也有区别：

1. 原核生物 一般只有一个染色体，即一个核酸分子（DNA或RNA），大多数为双螺旋结构，少数以单链形式存在。这些核酸分子大多数为环状，少数为线状。例如大肠杆菌染色体是由 4.2×10^6 bp 组成的双链环状DNA分子，约有3 000～4 000个基因，目前已经定位的基因已达900多个。

2. 真核生物 包括人类在内，其基因主要存在于细胞核内线状染色体上。存在于细胞质的基因位于环状的线粒体DNA或环状的叶绿体DNA上。

5.7 基因的分子结构

原核生物结构基因的编码序列通常是连续的，即基因中所有核苷酸的遗传信息最终可全部表达出相应的氨基酸。相反，在真核生物及人类中，绝大多数结构基因的编码序列是不连续的，被非编码序列所分隔，形成嵌合排列的断裂形式，称为断裂基因（splite gene）。

构成基因的DNA两条多核苷酸链中，一条链为编码链（coding strand），其碱基序列贮存着遗传信息；另一条链为模板链（template strand），是RNA合成（转录）的模板，它与编码链互补，故又称反编码链。

在显示基因结构时，通常只写编码链的核苷酸序列，并把编码链5′端安排在左边，3′端放在右边，即编码链的走向为5′→3′。基因中某结构位点（如转录起点）的5′端区域称为该位点的上游；其3′端区域为该位点的下游。以该位点为坐标原点（0），上游碱基对以 – bp表示，下游碱基对用 + bp表示。

人类结构基因可分成若干部分：①编码区，包括外显子和内含子。②侧翼序列，位于编码区两侧，包括调控区、前导区和尾部区。调控区包括编码区上游（5'端）的启动子和增强子，以及其下游（3'端）的终止子等。前导区和尾部区分别为编码区外 5'端和 3'端的可转录的非翻译区（图 5-18）。

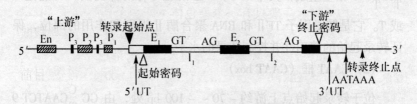

图 5-18 真核生物结构基因的结构示意图
En：增强子；P_1、P_2、P_3：启动子（TATA 框，CAAT 框，GC 框）；
E：外显子；I：内含子；UT：非翻译区；GT-AG：外显子-内含子接头

一、外显子和内含子

断裂基因中，编码序列被非编码序列所分隔。其中，编码序列称外显子（exon, E），它是基因中可表达为多肽的部分；非编码序列称内含子（intron, I），或插入序列（intervening sequence, IVS）。内含子也可转录到 mRNA 前体中，但在 mRNA 成熟过程中被剪切掉，最终不能翻译成多肽片段。不同的基因，内含子、外显子的数目和长度各异。

二、外显子与内含子接头

外显子与内含子相连接的部位通常是高度保守的特定序列，即内含子 5'端都是 GT 开始，3'端都是 AG 结尾，这种接头方式称为"GT-AG 法则"。这两组碱基是真核基因中普遍存在的，在 RNA 中对应为 GU-AG，是 RNA 剪接的信号。

三、侧翼序列

侧翼序列（flanking sequence）指第一个外显子和最末一个外显子外侧存在的非编码区，主要包含一些基因调控序列，如启动子、增强子、终止子等结构。它们参与基因表达的调控。

1. 启动子

启动子（promotor）是指与转录启动有关的特异序列，位于转录起始点的上游，参与控制转录的起始过程而自身并不转录。常见的启动子有下列三种结构序列。

(1) TATA 框（TATA box）

位于转录起始点上游约 -20 ~ -50 bp（碱基对）处。由 TATA^A_T ^A_T7 个碱基组成，其中第 5、7 位碱基可有两种变换，可能是 A 或 T。它是转录因子 TFⅡ和 RNA 聚合酶Ⅱ识别和作用的部位，保证转录起始的精确性并控制转录的水平。

(2) CAAT 框（CAAT box）

位于转录起始点上游约 -70 ~ -100 bp 处，由 GG^C_TCAATCT 9 个碱基构成，其中第 3 位可变。它也是 RNA 聚合酶的一个结合位点，控制转录的启动和频率。

(3) GC 框（GC box）

有两份拷贝，分别位于 CAAT 框的两侧，由 GGCGGG 6 个碱基组成。GC 框具有激活转录的功能。

并非所有真核生物的启动子都同时含有上述三种结构框序列。

2．增强子

增强子（enhancer）是一段能增强启动子转录效率的特定序列。不同基因的增强子序列各不相同。它们可位于转录起始点的上游或下游。增强子通常与特异性细胞因子相互作用而加强转录，决定基因表达的组织特异性。

3．终止子

终止子（terminator）是位于基因末端的一段特异序列，具有终止转录的功能。终止子位于转录终止点的上游，由"回文序列"及其下游约 6 个 A-T 对（A 均在模板链）共同组成。其中回文结构由一个轴心序列及其两侧的反向重复（互补）序列组成。其转录形成的 RNA 可自身碱基配对，形成发夹结构，随后连接由 AAAAAA 转录成的一串 U（图 5-19）。发夹结构阻碍 RNA 聚合酶的继续移动，同时由于 RNA 中的 U 与 DNA 中的 A 结合不稳，致使 RNA 脱离 DNA 模板，促进 RNA 聚合酶的解离，终止转录。

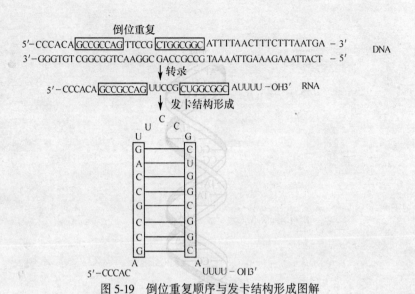

图 5-19 倒位重复顺序与发卡结构形成图解

5.8 DNA 的复制

5.8.1 DNA 复制的半保留性

　　DNA 既然是主要的遗传物质，它必然具备自我复制的能力。当沃特森和克里克提出 DNA 分子的双螺旋结构模型时，他们同时认识到，DNA 分子的复制首先是从它的一端沿氢键逐渐断开。当双螺旋的一端拆开为两条单链，而另一端仍保持双链状态时，以分开的双链为模板，从细胞核内吸取游离的核苷酸，按照碱基配对的方式（即 A 与 T 配对，G 与 C 配对），合成新链。新链与模板链互相盘旋在一起，形成 DNA 的双链结构。这样，随着 DNA 分子双螺旋的完全拆开，就逐渐形成了两个新的 DNA 分子。由于新合成的 DNA 分子保留了原来母 DNA 分子双链中的一条链，因此 DNA 的这种复制方式称为半保留模式（semiconservative model）（图 5-20）。这种 DNA 复制方式已被大量试验所证实。

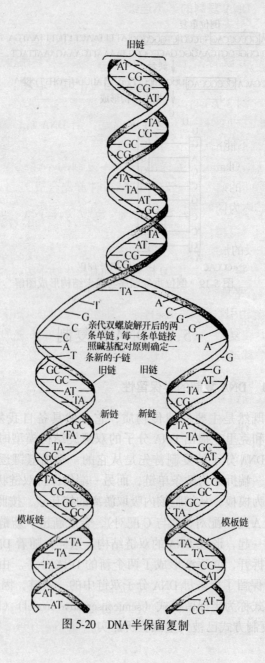

图 5-20 DNA 半保留复制

5.8.2 DNA复制的半不连续性

当双链DNA分子解链成为两个单链的DNA模板以便DNA复制时，DNA分子就像"Y"形，这个结构称为复制叉（replication fork）。复制时，复制叉向一个方向移动。由于DNA聚合酶只能使新DNA从5′到3′方向合成，而两条DNA链的方向是相反的，这样复制叉单向移动就提出了这样的问题，当DNA解链合成新链时，新的DNA就不能沿3′→5′方向连续地聚合。

冈崎（R.Okazaki）等提出了DNA复制的不连续模式来回答这个问题。他们的研究表明，DNA复制时首先合成DNA短片段，这些片段后来称为冈崎片段（Okazaki fragment）。冈崎片段然后被连接在一起，形成一条长的核苷酸链。

冈崎片段的长度在真核生物中比在原核生物中短得多。原核生物的冈崎片段长度为100~1 000核苷酸，而真核生物中的冈崎片段只有35~300核苷酸，平均约135核苷酸。冈崎片段的合成均由RNA引物为起始，RNA引物由引物酶（primase）合成，引物的长度为5~15核苷酸。

这样，在复制叉的两条链上，模板DNA一条链的3′→5′方向与复制叉的移动方向相同，这条链能够连续不断地合成新链。而另一链的3′→5′方向与复制叉的移动方向相反，这条链只能以不连续的方式合成新链。因此，整个DNA复制是半不连续的（图5-20）。

5.8.3 DNA复制的全过程

DNA复制的第一步是双链DNA的解螺旋和退火（图5-21A）。在大肠杆菌中，解螺旋是通过螺旋酶（helicase）进行的。螺旋酶在复制叉的前端使DNA解螺旋。由复制基因编码的螺旋酶沿模板DNA3′到5′方向从外向内在一条链上移动，而另一螺旋酶亦沿模板DNA3′到5′方向从内向外在另一条链上移动。ATP水解为ADP时释放的能量用于螺旋酶的移动。由于DNA易弯曲，一旦螺旋酶往前移动，已解开的两条链有可能重新形成原来的氢键。为了使解螺旋的链保持在稳定的、不弯曲的和单链的状态，一种单链结合蛋白（SSB）结合在链上。在大肠杆菌中，SSB蛋白是177个氨基酸的多肽,它以四聚体的形式存在,与 DNA 上 32 个核苷酸片段结合。每一复制叉上存在着超过 200 个的这种蛋白质。一旦 DNA 链开始解螺旋,内侧的碱基(已去氢键)可以与新链中的碱基形成链。SSB 蛋白可以循环用于复制叉的移动。

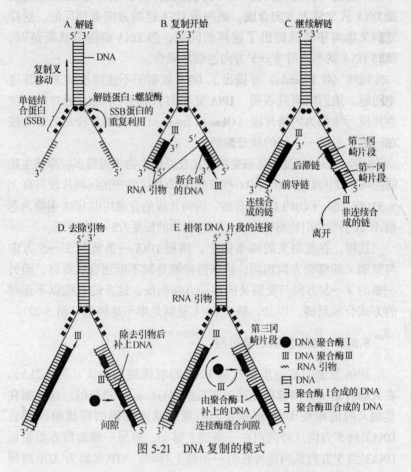

图 5-21　DNA 复制的模式

下一步是 DNA 复制的开始(图 5-21B)。引物酶复合体结合在 DNA 单链上,合成短片段的 RNA 引物。在 DNA 聚合酶(polymerase)Ⅲ的作用下,以引物链为起点,合成与模板链互补的 DNA 链。

DNA 螺旋继续打开,在左手模板链上,新链不断地合成。可是，由于 DNA 合成只能从 5′到 3′方向进行，在右手模板链上 DNA 聚合酶的合成反应在不能继续前进时停止。为使 DNA 继续复制，DNA 合成需要出现新的起点。结果，在左手链上出现连续不断的 DNA 合成，而在右手链上 DNA 合成是不连续的（图 5-21C）。

最后，右手链上不相连的冈崎片段被合成和连接为连续的 DNA 链。这个过程需要两种酶参与，即 DNA 聚合酶 I 和 DNA 连接酶（ligase）。例如，两个相邻的冈崎片段，一个新 DNA 片段的 3′末端与前一片段 5′末端的引物相邻。DNA 聚合酶 III 离开 DNA，由 DNA 聚合酶 I 取代。DNA 聚合酶 I 由 5′到 3′继续合成新 DNA 片段，并清除前一片段上的引物部分（图 5-21D）。在 DNA 聚合酶 I 的 5′→3′核酸外切酶的作用下，引物的核苷酸被逐一清除。当 DNA 聚合酶 I 用 DNA 核苷酸完全取代 RNA 引物的核苷酸时，DNA 链上两个片段的相邻核苷酸之间出现间隙。这两个片段由 DNA 连接酶连接成一条连续的 DNA 链（图 5-21E）。

5.9 基因的表达

基因表达（gene expression）是 DNA 分子中蕴藏的遗传信息通过转录和翻译形成具有生物活性的蛋白质或酶分子，形成生物特定性状的过程。在基因表达过程中，基因的启动和关闭，活性的增强或减弱等是受到调控的。对多细胞生物而言，基因表达的时序性和区域能使具有相同基因型的细胞，在不同阶段和部位表现不同的功能，保证了细胞分化、器官形成和个体发育完成。

在原核生物中，转录和翻译两个过程是同步进行的，随着 mRNA 的转录，核糖体即与之结合，随着 mRNA 的逐渐加长而与核糖体相结合成多聚核糖体，并进行翻译产生蛋白质。在真核生物中，结构基因的转录和翻译是在不同时间、不同的地点进行的。

5.9.1 遗传密码

1961 年 Crick 用遗传学方法证明了 DNA 上的三个相邻核苷酸构成一个三联体，决定多肽上的一个氨基酸，即特定的核苷酸三联体构成了遗传密码。DNA 上有 4 种核苷酸，可组成 4^3（64）种不同的三联体密码，它们如何编码蛋白质分子中 20 种基本氨基酸？1966 年 Nirenberg 等和 Khorana 等用人工合成的不同核苷酸组合的 RNA 片段，研究破译了全部的遗传密码（genetic code）或密码子（codon），成功地编绘了 mRNA 的遗传密码表（表 5-5）。若用 DNA 分子中的编码链表示，应把密码子中的 U 改成 T。

表 5-5   遗传密码表

第一个核苷酸 (5'端)	第二个核苷酸				第三个核苷酸 (3'端)
	U	C	A	G	
U	UUU⎫ UUC⎬苯丙 UUA⎫ UUG⎬亮	UCU⎫ UCC⎬丝 UCA⎪ UCG⎭	UAU⎫酪 UAC⎬ UAA⎫终止 UAG⎬	UGU⎫半胱 UGC⎬ UGA 终止 UGG 色	U C A G
C	CUU⎫ CUC⎬亮 CUA⎪ CUG⎭	CCU⎫ CCC⎬脯 CCA⎪ CCG⎭	CAU⎫组 CAC⎬ CAA⎫谷酰 CAG⎬	CGU⎫ CGC⎬精 CGA⎪ CGG⎭	U C A G
A	AUU⎫ AUC⎬异亮 AUA⎭ AUG*蛋	ACU⎫ ACC⎬苏 ACA⎪ ACG⎭	AAU⎫天酰 AAC⎬ AAA⎫赖 AAG⎬	AGU⎫丝 AGC⎬ AGA⎫精 AGG⎬	U C A G
G	GUU⎫ GUC⎬缬 GUA⎪ GUG⎭	GCU⎫ GCC⎬丙 GCA⎪ GCG⎭	GAU⎫天冬 GAC⎬ GAA⎫谷 GAG⎬	GGU⎫ GGC⎬甘 GGA⎪ GGG⎭	U C A G

*位于 mRNA 起动部位的 AUG 为氨基酸合成肽链的启动信号。以哺乳动物为代表的真核生物中此密码代表蛋氨酸，在以细菌为代表的原核生物中则代表甲酰蛋氨酸。

深入研究发现，密码子有如下特点：①通用性：上述遗传密码通用于整个生物界，包括低等的病毒、细菌以及高等生物和人类。但也有例外，在线粒体中，AUA 编码蛋氨酸，CUA 编码苏氨酸，UGA 不是终止密码，而是色氨酸的密码子，AUG 在原核生物和真核生物中含义不同，分别编码甲酰蛋氨酸和蛋氨酸。②兼并性：某些氨基酸可由两种以上的密码子所编码，称兼并（degenerate）。兼并性分析表明，遗传密码的头两个核苷酸起决定作用，第三位核苷酸的 C 和 U 互换不会导致氨基酸改变，A 和 G 互换只有两组氨基酸变化，即 AUA（异亮氨酸）⇌AUG（蛋氨酸）；UGA（终止密码）⇌UGG（色氨酸）。密码子第三位核苷酸的可变性，有助于保持生物的遗传稳定性。③方向性：mRNA 中的遗传密码是由 5′→3′端排列的，所以，翻译是沿 mRNA 5′→3′方向进行的。④起始密码和终止密码：64 个密码子中，AUG 除代表蛋氨酸（真核）和甲酰蛋氨酸（原核）外，当其位于 mRNA 5′端起动部位时，还兼职蛋白质合成的"起始"信号，故称起始密码。UAA、UGA、UAG 均不编码特定的氨基酸，是肽链合成的终止信号，称终止密码。

5.9.2 中心法则

细胞的遗传物质都是 DNA，只有一些病毒如 Rous 肉瘤病毒的遗传物质是 RNA。这种病毒在逆转录酶的作用下，可以逆转录成单链 DNA，然后再以单链的 DNA 为模板生成双链 DNA。双链 DNA 可以成为宿主细胞基因组的一部分，并同宿主细胞的基因组一起传递给子细胞。在逆转录酶催化下，RNA 分子产生与其序列互补的 DNA 分子，这种 DNA 分子称为互补 DNA（complementary DNA），简写为 cDNA，这个过程即为逆转录，然后再以这段 DNA 模板互补合成 RNA，这是 RNA 病毒复制的另一种方式。这些发现补充和发展了原有的"中心法则"，并使之得到了修正（图 5-22）。

由此可见，遗传信息并不一定是从 DNA 单向地流向 RNA，RNA 携带的遗传信息同样也可以流向 DNA。但是 DNA 和 RNA 中包含的遗传信息只是单向地流向蛋白质，迄今为止还没有发现蛋白质的信息逆向地流向核酸。

任何一种假设都要经受科学事实的检验。逆转录酶的发现，使中心法则对关于遗传信息从 DNA 单向流入 RNA 做了修改，遗传信息是可以在 DNA 与 RNA 之间相互流动的。那么,对于 DNA 和 RNA 与蛋白质分子之间的信息流向是否只有核酸向蛋白质分子的单向流动,还是蛋白质分子的信息也可以流向核酸,中心法则仍然肯定前者。可是，病原体朊粒(Prion)的行为曾对中心法则提出了严重的挑战。

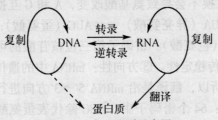

图 5-22 中心法则示意图
图中虚线表示在实验室条件下可使核糖体误认单链 DNA 为 mRNA 而进行翻译,在生物体内尚未见这种现象。

朊粒是一种蛋白质传染颗粒(proteinaceous infectious particle),它最初被认识到是羊的瘙痒病的病原体。这是一种慢性神经系统疾病,在 200 多年前就已发现。1935 年法国研究人员通过接种发现这种病可在羊群中传染,意味着这种病原体是能在宿主动物体内自行复制的感染因子。朊粒同时又是人类的中枢神经系统退化性疾病如库鲁病(Kuru)和克-杰氏综合征(Creutzfeldt-Jacob disease, CJD)的病原体,也可引起疯牛病即牛脑的海绵状病变(bovin spongiform encephalopathy, BSE)。以后的研究证明,这种朊粒不是病毒,而是不含核酸的蛋白质颗粒。一个不含 DNA 或 RNA 的蛋白质分子能在受感染的宿主细胞内产生与自身相同的分子,且实现相同的生物学功能,即引起相同的疾病,这意味着这种蛋白质分子也是负载和传递遗传信息的物质。

实验证明,朊粒确实是不含 DNA 和 RNA 的蛋白质颗粒,但它不是传递遗传信息的载体,也不能自我复制,而仍是由基因编码产生的一种正常蛋白质的异构体。

5.9.3 转录

以 DNA 为模板,在 RNA 聚合酶作用下合成 RNA 的过程称为转录(transcription)。真核生物及人类的转录过程在细胞核中进行。

1. 转录过程

转录过程就是 DNA 分子上的遗传信息传递到 RNA 的过程。转录时,细胞核中 DNA 分子的局部双链在酶的作用下暂时解旋,以其中一条DNA链(如3'→5')作为RNA合成的模板链,按碱基互补配对原则(RNA中以U代T,和DNA的A配对),以四种三磷酸核苷酸(ATP、GTP、CTP、UTP)为原料,在RNA聚合酶的催化下(沿DNA 3'→5'滑动)合成出一条单链的RNA,RNA合成方向为5'→3'(图5-23)。

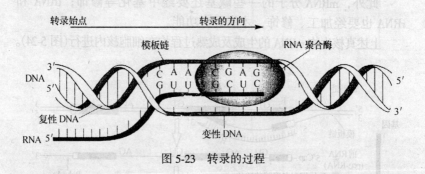

图5-23 转录的过程

转录终产物RNA包括mRNA、tRNA、rRNA,分别称为信使RNA、转移RNA和核糖体RNA。mRNA可进一步翻译出蛋白质产物。RNA要经过加工和修饰,才能成熟、具备正常功能。

2.转录产物的加工和修饰

mRNA的成熟包括剪接、戴帽、添尾等加工和修饰过程。

(1)剪接:刚转录出来的mRNA称为前mRNA(pre-mRNA)或核内异质RNA(heterogenuous nuclear RNA,hnRNA)。它含有一个基因的内含子、外显子、前导区、尾部区相对应(互补)的全部序列。在剪接酶的作用下,内含子相对应的序列被切掉,外显子对应的序列连接起来,这个过程称剪接(splicing)。剪接点是由基因中内含子与外显子接头处的剪接信号(5' GT-AG 3')决定的。即剪接发生在mRNA中内含子对应序列5'端GU和3'端AG与两侧外显子对应序列交接处。

(2)戴帽:真核生物的前mRNA在成熟过程要在5'端加上7-甲基鸟嘌呤核苷三磷酸(m^7Gppp)。此结构称为帽子(cap)。

mRNA的帽子结构具有以下功能:①核糖体小亚基的识别信号,促进mRNA与核糖体结合。②有效封闭mRNA 5'端,防止5'核酸外切酶的降解作用,保证mRNA的稳定性。

(3)添尾:前mRNA 3'末端通常要加上一段多聚腺苷酸(poly A)的尾巴(tail),长度约100~200个腺苷酸。其过程大致为:首先酶切掉 mRNA 3′端加尾信号 AAUAAA 下游的序列，然后以 ATP 为原料在多聚腺苷酸聚合酶作用下，把 100~200 个 A 加到 AAUAAA 的 3′端。

poly A 尾巴的功能可能是：①有助于成熟的 mRNA 从细胞核进入细胞质。②避免核酸酶的降解作用，增强 mRNA 的稳定性。

此外，mRNA 分子的一些碱基还要经甲基化等修饰；tRNA 和 rRNA 也要经加工、修饰，才能具有功能。

上述真核生物 mRNA 的生成及成熟过程均在细胞核内进行（图 5-24）。

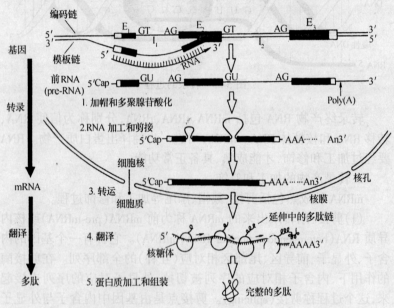

图 5-24 真核生物结构基因表达（转录和翻译）示意图

5.9.4 翻译

在 mRNA 指导下的蛋白质生物合成称为翻译 (translation)。翻译过程实际上就是把 DNA 转录到 mRNA 的遗传信息"解读"为多肽链上的氨基酸种类和顺序的过程。翻译过程十分复杂，需要 mRNA、tRNA、rRNA、核糖体、有关酶以及蛋白质辅助因子的共同作用，还需要各种活化的氨基酸作为原料，并依赖 ATP、GTP 提供能量。整个过程在细胞质中进行，可分成几个步骤（图2-25）。

1. 氨基酰-tRNA的形成

氨基酸在氨基酰-tRNA合成酶和ATP的作用下被激活，并与相应的tRNA结合成氨基酰-tRNA复合物。

2. 肽链合成起始

在起始因子（IF）作用下，核糖体的小亚基结合到mRNA的起始密码子AUG上。同时，具起始作用的蛋氨酰-tRNA（原核生物为甲酰蛋氨酰-tRNA）通过tRNA的反密码子UAC配对结合上去，然后，核糖体大亚基与小亚基结合成起始复合物。

3. 肽链的延长

核糖体有两个氨酰tRNA的结合位点——P位（肽位）和A位（氨酰基位）。起始的蛋氨酰-tRNA结合在P位，随后，根据A位上的密码子，带有相应反密码子的氨基酰-tRNA能正确进入A位。在转肽酶催化下，P位上的氨酰基结合到A位的氨基酰-tRNA上，形成二肽酰-tRNA。空载的tRNA从P位脱离。然后，A位上的肽酰-tRNA在移位酶和GTP的作用下，移到P位。随后，核糖体从mRNA5′端向3′端移动一个密码子的距离。空载的A位根据其所面对的密码子，即刻接受一个新的相应氨基酰-tRNA……，如此反复进行，肽链延长。此过程需要延长因子（EF）和GTP的参与。

4. 肽链的终止

核糖体沿mRNA，由5′端向3′端不断移动，当A位出现终止密码（UAA、UAG或UGA）时，不再有任何氨基酰-tRNA进入A位，此时释放因子（RF）结合上去并发挥作用，使肽酰-tRNA酯键断裂，核糖体释放出多肽和tRNA，并与mRNA分离，进一步解离成两个亚基，肽链合成完毕。

新合成的多肽需要进一步修饰、加工才能具有生物学功能。翻译后修饰包括某些氨基酸的磷酸化、乙酰化、羟基化、糖基化、脂化等以及辅基结合过程。加工主要是肽链的剪裁和聚合。例如，人类α、β珠蛋白肽链必须各结合一个血红素，构成单体，再聚合成$\alpha_2\beta_2$四聚体，才能携带氧气和二氧化碳。

转录和翻译是基因中的遗传信息表现为特定性状的两个功能过程。它们紧密联系，分别在胞核和胞质中进行（图5-25）。

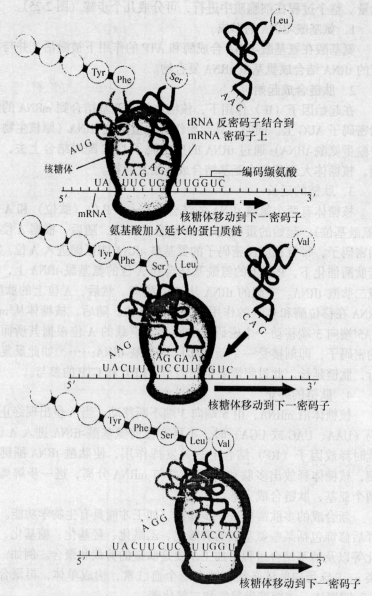

图 5-25 通过核糖体将 mRNA 翻译成蛋白质。以 tRNA 及它们的反密码子作为受体，mRNA 的 5′-UACUUCUCCUUGGUC-3′顺序被翻译成酪氨酸-苯丙氨酸-丝氨酸-亮氨酸-缬氨酸的氨基酸顺序。

5.10 基因的突变

基因突变（gene mutation）是 DNA 分子中的核苷酸序列发生改变，导致遗传密码编码信息改变，造成基因的表达产物蛋白质的氨基酸变化，从而引起表型的改变。基因突变普遍存在于自然界中，任何生物的基因都会以一定的频率发生突变。基因的突变既可以发生在生殖细胞中，也可以发生在体细胞中。发生在生殖细胞中的突变，将引起后代中遗传性质的改变；突变发生在体细胞中则为体细胞突变（somatic mutation），在有性生殖的个体中，这种突变不会造成后代的遗传改变，而主要是导致突变细胞在形态和功能上的改变；一旦突变的体细胞经有丝分裂，形成一群具有相同遗传改变的细胞时，这样的细胞群就构成一个突变克隆或突变的无性系，它是细胞恶变的基础。自然状态下，未发生突变的类型称为野生型（wild type），突变后所形成的新生类型称为突变型（mutant）。事实上，各种等位基因的产生都是由于基因突变而形成的。基因突变所形成的突变型可以是中性的，即既不产生优化的效应，也无有害作用。自然界中，生物的某些基因突变也可为生物进化提供丰富的原料和研究材料。同时有些突变也可能是有害的，各种致病基因最初都是由正常基因突变而来。

基因突变可以是自发的，也可以是诱发的。自发突变（spontaneous mutation）是在细胞正常生活过程中产生的，或受环境随机作用而发生的；诱发突变（induced mutation）则是在诱变剂（mutagen）的作用下发生的。

目前认为基因突变的方式有三种：碱基替换、移码突变和动态突变。

5.10.1 碱基替换

DNA 分子中一个碱基对被另一个不同的碱基对所替代，称为碱基替换，是 DNA 分子中发生的单个碱基的改变，也称为点突变（point mutation）。点突变是最常见的突变形式。碱基替换包括转换和颠换两种方式。转换（transition）是指一种嘌呤被另一种嘌呤所替换，或者一种嘧啶替换另一种嘧啶；颠换（transversion）是指一种嘧啶被一种嘌呤替换，或一种嘌呤被一种嘧啶替换。其中转换是最常见的点突变形式。

亚硝胺、烷化剂等化学诱变剂可以诱发点突变。例如，亚硝胺作用于碱基，可使胞嘧啶（C）氧化脱氨基变成尿嘧啶（U），在进行下一次DNA复制时，U不与G配对而与A配对，复制的结果，DNA中C-G转换为T-A（图5-26）。

此外，碱基类似物也可以掺入DNA分子中，替换单个碱基而致点突变。例如，5-溴尿嘧啶（BU）是一种与胸腺嘧啶（T）结构相似的化合物，在DNA复制过程中，可取代T，并与G配对，经过DNA复制后，使A-T转换为G-C（图5-27）。

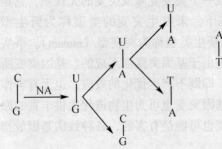

图5-26　亚硝胺（NA）引起的DNA碱基对的转换　　图5-27　5-溴尿嘧啶（BU）引起的DNA碱基对的转换

碱基替换会引起所在密码子的改变，可影响多肽链氨基酸的种类或序列，造成不同的后果。

1. 同义突变

同义突变（same sene mutation）是指某个三联体遗传密码子因碱基替换变成其同义密码子，编码同一种氨基酸。例如，DNA模板链上GCG第三位G被A取代而成GCA，转录为mRNA分别为CGC和CGU，同是精氨酸的密码子，翻译成的多肽无变化（图5-28），这种突变在自然界可能占相当高的比例，但不易检出。

```
DNA      ···GCA···  ←转换―  ···GCG···  ―颠换→  ···GCC···
              A替代G              C替代G
              ↓                   ↓                   ↓转录
mRNA     ···CGU···              ···CGC···           ···CGG···
              ↓                   ↓                   ↓翻译
多肽链   ···精氨酸···           ···精氨酸···        ···精氨酸···
```

图 5-28　同义突变

2. 错义突变

错义突变（missene mutation）指 DNA 中单个碱基置换后，其所在的三联体遗传密码子变成编码另一种氨基酸的遗传密码子，导致多肽中相应的氨基酸发生改变（图 5-29）。错义突变往往产生异常蛋白质或酶，人类的异常血红蛋白大多由错义突变引起。

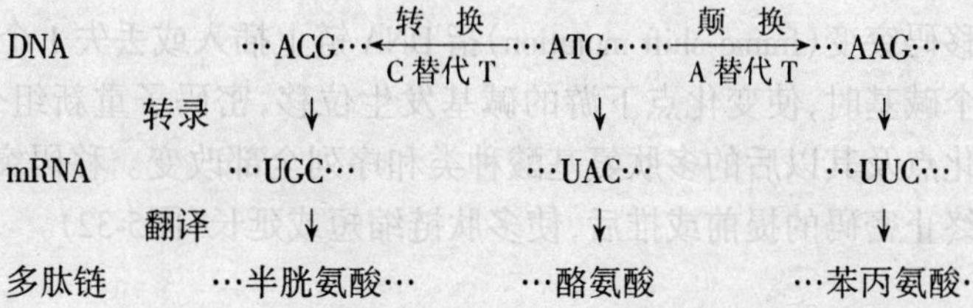

```
DNA      ···ACG···  ―转换→  ···ATG···  ―颠换→  ···AAG···
              C替代T              A替代T
         转录 ↓                   ↓                   ↓
mRNA     ···UGC···              ···UAC···           ···UUC···
         翻译 ↓                   ↓                   ↓
多肽链   ···半胱氨酸···         ···酪氨酸···        ···苯丙氨酸···
```

图 5-29　错义突变

3. 无义突变

无义突变（non-sense mutation）指单个碱基置换导致一个可编码的密码子变成非编码（无义）的终止密码子（UAG、UAA、UGA）时，多肽链合成提前终止。这种不完整的多肽链，大多没有正常功能（图 5-30）。

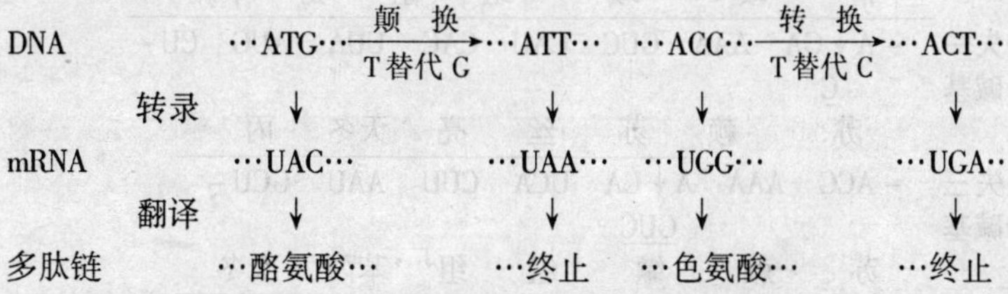

```
DNA      ···ATG···  ―颠换→  ···ATT···   ···ACC···  ―转换→  ···ACT···
              T替代G                                 T替代C
         转录 ↓                   ↓         ↓                   ↓
mRNA     ···UAC···              ···UAA···  ···UGG···           ···UGA···
         翻译 ↓                   ↓         ↓                   ↓
多肽链   ···酪氨酸···           ···终止··· ···色氨酸···         ···终止
```

图 5-30　无义突变

4. 终止密码突变

终止密码突变（termination codon mutation）指终止密码子发生单个碱基置换后，变成可读（可编码）密码子，多肽合成到此不停止，继续合成到下一个终止密码才停止，结果生成了过长的异常肽链，又称延长突变（图5-31）。

```
                  精  （终止）
正常        CGU  UAA   GCU  GGA  ……  GAA  UAA
                  ↓
终止密码突变  CGU  CAA   GCU  GGA  ……  GAA  UAA
                  -
             精  谷胺  丙   甘         谷  （终止）
```

图 5-31 终止密码突变

5.10.2 移码突变

移码突变（frame-shift mutation）指DNA链上插入或丢失1个、2个或多个碱基时，使变化点下游的碱基发生位移，密码子重新组合，导致变化点及其以后的多肽氨基酸种类和序列全部改变。移码突变可造成终止密码的提前或推后，使多肽链缩短或延长（图5-32）。

```
              苏   赖   丝   脯   丝   亮   天冬  丙
①正  常    - ACG  AAA  AGU  CCA  UCA  CUU  AAU  GCU -
              天酰 谷   精   丝   异亮  苏   终止  半胱
②插入一    - A AC  GAA  AAG  UCC  AUC  ACU  UAA  UGC U -
  个碱基      ↑
              苏        天酰  脯   丝   脯   丝   亮      天冬
③插入三    - ACG  AA C   CCA      AGU  CCA  UCA  CUU  AAU -
  个碱基            ↑
                   精   赖   缬   组   组   亮   甲硫
④缺失一    - A↓GA  AAA  GUC  CAU  CAC  UUA  AUG  CU -
  个碱基        C
                   苏   赖   苏   丝   亮   天冬  丙
⑤缺失三    - ACG  AAA  A↓CA  UCA  CUU  AAU  GCU -
  个碱基              GUC
                   苏   赖   缬   组   组   苯丙  天冬
```

图 5-32 移码突变 ↓示缺失、↑示插入、-示变化

5.10.3 整码突变

整码突变（codon mutation）指在 DNA 链密码子之间插入或丢失一个或几个密码子，可导致多肽链增加或减少一个或几个氨基酸，变化点前后的氨基酸不变，又称密码子插入或丢失（图 5-33）。

```
                        ↓
第2与第3密码子间插入 AAA   AAG  GAC  AAA   CGG  GCG  ACC  CGA
                        赖   冬   赖    精   丙   苏   精

第4密码子丢失 GCG        AAG  GAC  CGG  GCG   ACC  CGA
                        赖   冬   精   ↑    苏   精
```

图 5-33 整码突变

5.11 DNA 的修复

DNA 分子在环境中的 X 线、紫外线、电离辐射、化学品等因素的作用下，均可受到损伤而导致基因突变。然而，基因是相对稳定的。基因稳定性的实现依靠 DNA 损伤的修复。在正常生理情况下，DNA 损伤后，通过细胞内多种酶的作用，可使损伤的 DNA 分子得到修复，恢复其正常结构。DNA 修复功能的实施有赖于细胞的 DNA 修复系统的存在。在高等真核生物中，DNA 损伤的修复有两种主要的方式：切除修复和复制后修复，此外在低等生物及原核生物中还存在一种光修复方式。

5.11.1 光复合

细菌受紫外线损伤，再放到 3 100～4 400 埃的可见光下，存活率增大、突变频率降低。这是因为生物体内（除真胎盘类哺乳动物）存在一种光复合酶，接受光的能量，使二聚体解开成单体，DNA 分子恢复正常。

5.11.2 切除修复（excision repair）

这是一种多步骤的酶反应过程，首先将受损的 DNA 部位切除，然后再合成一个片段连接到切除的部位以修补损伤。最常见的切除修复是 DNA 在紫外线作用下，在 DNA 的一条链中形成胸腺嘧啶二聚体（T-T）后的修复。这一修复过程首先通过内切核酸酶识别损伤部位 T-T，造成一个切口，然后在外切酶的识别下扩大切口，越过损伤部位切除一个小片段，并在 DNA 聚合酶的作用下，以正常的互补链为模板，合成一段新的互补顺序，经 DNA 连接酶的作用，将新合成的片段连接好而封闭缺口（图 5-34）。

人类的着色性干皮病（XP）患者由于其切除修复系统缺陷，对紫外线特别敏感，不能切除紫外线诱发的 T-T，导致突变积累，易患基底细胞癌。

5.11.3 重组修复（recombination repair）

重组修复又称复制后修复（post replication repair），是在 DNA 受损产生胸腺嘧啶二聚体（T-T）以后，当 DNA 复制到损伤部位时，在与 T-T 相对应的部位出现切口，完整的 DNA 链上产生一个断裂点。此时，在这一 DNA 损伤诱导产生的重组蛋白作用下，完整的亲链与有重组的子链发生重组，亲链的核苷酸片段补充了子链上的缺失。重组后亲链中的切口在 DNA 聚合酶的作用下，以对侧子链为模板，合成单链 DNA 片段来填补，随后在 DNA 连接酶的作用下，以磷酸二酯键使新片段与旧链相连接，而完成修复过程（图 5-35）。这种重组修复在哺乳动物中广泛存在，其特点是不需立即从亲代的 DNA 分子中去除受损伤的部位，但仍能保证 DNA 复制的继续进行。例如：Bloom 综合征是一种常染色体隐性遗传病，该病是由于 DNA 修复酶系统缺陷，DNA 聚合酶 β 和 DNA 连接酶 Ⅰ 活性降低导致重组修复缺陷所致。该病的姐妹染色单体和染色体畸变率均增高，易患白血病。

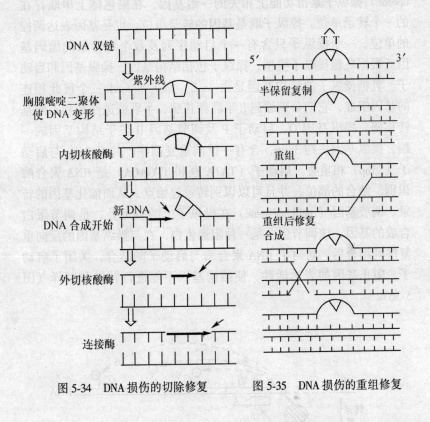

图 5-34　DNA 损伤的切除修复　　图 5-35　DNA 损伤的重组修复

5.12　基因表达的调控

1961 年法国遗传学家雅各布（F. Jacob）和莫诺（J. Monod）首先在大肠杆菌中发现了基因表达的调控系统，他们的发现使人们认识到基因不仅是传递遗传信息的载体，同时又具有调控其他基因表达活性的功能。基因的表达是在环境和遗传因素的协调控制下有序运行的。

5.12.1　大肠杆菌乳糖操纵子模型

大肠杆菌对于乳糖代谢的调节受控于乳糖操纵子（lactose

operon),操纵子是指功能上相关的一组基因,在染色体上串联存在的一个转录单位。操纵子既是基因的转录单位,也是基因表达调控的单位。一个操纵子只含有一个启动序列及数个可转录的编码基因。根据乳糖操纵子模型,操纵子包括结构基因、操纵基因和启动子。乳糖操纵子的结构基因是由 *lacZ*,*lacY* 和 *lacA* 三个彼此相连的基因组成,它们分别编码 β 半乳糖苷酶、半乳糖透性酶和乙酰基转移酶。操纵基因 O、启动子 P 及调节基因 R 位于结构基因的一端,操纵基因长约 38bp,含有一反向重复顺序,并有 26bp 与启动子(85bp)相重叠。启动子(TATA 框和 TTGACA)是 RNA 聚合酶识别、结合的部位,并且可以识别转录起始点,从而催化基因的转录。调节基因(regulator gene)在操纵子上游较远处,是调节蛋白合成的基因,该调节蛋白是一种阻遏蛋白,在与操纵基因的反向重复序列结合后,妨碍了 RNA 聚合酶与启动子的结合,关闭了启动子,阻止基因的表达活性,使结构基因不能进行转录和翻译(图 5-36)。

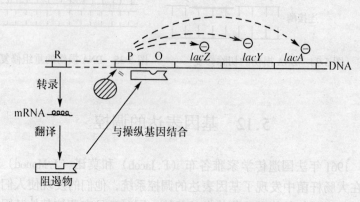

图 5-36　乳糖操纵子关闭状态图解
R:调节基因;P:启动子;O:操纵基因

乳糖操纵子在大肠杆菌中一般处于关闭状态。当环境中有乳糖存在时,调节基因所产生的阻遏物与乳糖相结合,引起阻遏物的构象发生变化,使之不再与操纵基因结合,RNA 聚合酶就与启动子结合而开始转录和翻译。结果，由三个结构基因分别形成β半乳糖苷酶、半乳糖透性酶和乙酰基转移酶，使乳糖分解成葡萄糖和半乳糖并被细菌吸收和利用（图5-37），此过程称为诱导（induction）。乳糖为阻遏物与操纵基因分离的诱导物，当乳糖加入到环境中2~3分钟后，酶分子即可形成，每个细菌可形成5 000个酶分子，当乳糖分解完毕，阻遏物恢复了原有的构象而与操纵基因结合，三个结构基因停止转录，回到关闭状态。

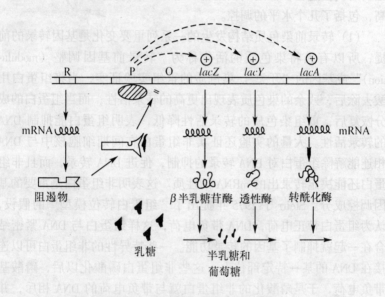

图5-37 乳糖操纵子打开状态图解

作为原核生物基因表达调控的模型，大肠杆菌基因表达的调控，表明了在环境诱导物存在的条件下，基因的相互作用使一个代谢系统中的酶系统能够同时按照所需要的数量准确地合成，生物体的代谢过程是在一系列基因密切配合下所进行的一个自动调节系统。乳糖操纵子只在乳糖存在才开始合成这个酶系，当乳糖分解完了后，酶的合成停止，这样使细菌能更有效地适应环境的变化。

5.12.2 真核生物基因表达的调控

真核生物的绝大多数是多细胞的复杂有机体，每个体细胞中有两个基因组，每个细胞在一定时期内，在一定条件下，只有部分特定的基因在表达。如此复杂的生命现象能有序进行的分子基础，除了基因的表达，更重要的是细胞内存在着有效的基因表达的调控系统。真核生物的基因调控与原核生物一样，转录水平的调控是最主要的调控途径，但是真核生物表达调控的范围更广，复杂程度更高，包括了几个水平的调控。

(1) 转录前染色质结构发生的一系列重要变化是基因转录的前提，所以有人将染色质的活化称为"转录前基因调整（modulation)"或基因的"开关"。染色质的重组实验证实，当将组蛋白用酸去除后，残余的染色质表现出更高的转录活性，而当组蛋白的成分恢复后，重组染色质的转录活性降低，表明组蛋白能抑制 DNA 的转录活性。大量的实验还证实非组蛋白在间期细胞核中与 DNA 相连能解除组蛋白对 DNA 转录的抑制，促进 DNA 转录，而且非组蛋白还能决定转录出的 mRNA 的性质。这表明非组蛋白是重要的基因调控成分。Steirr 于 1975 年提出了"组蛋白转位模型"的假设，认为组蛋白带正电荷，DNA 带负电荷，这样组蛋白与 DNA 紧密结合在一起就抑制了基因的转录功能。一些特异性的非组蛋白可以连接在 DNA 的某一特定部位上，这些非组蛋白磷酸化以后，磷酸基带负电荷，于是磷酸化的非组蛋白就与带负电荷的 DNA 相斥，并与带正电荷的组蛋白结合。结合的组蛋白与非组蛋白复合体从 DNA 上脱离，于是解除组蛋白对 DNA 的抑制作用，DNA 裸露出来并开始转录（图 5-38）。如果非组蛋白去磷酸化，即与组蛋白分开，组蛋白重新结合 DNA，使活化的 DNA 抑制，转录停止。非组蛋白的磷酸化可受细胞内的 cAMP 浓度的调节，cAMP 通过激化蛋白激酶，使非组蛋白磷酸化，磷酸化后的非组蛋白与组蛋白结合，解除其对 DNA 的抑制作用。

此外，染色质螺旋化的程度也与 DNA 的转录活性有关。螺旋化程度低的常染色质可以进行转录，异固缩的异染色质由于存在着 DNA 的

"超螺旋化",阻碍 RNA 聚合酶沿 DNA 链的移动,而抑制转录。

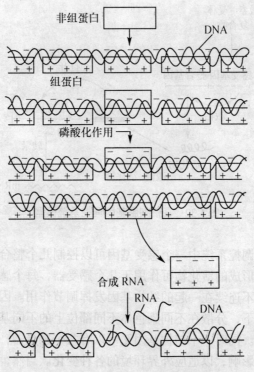

图 5-38 组蛋白转位模型图解

Britten 和 Davidson 等人根据实验提出了真核生物细胞基因调控系统的模型（图 5-39）。该模型认为真核生物结构基因受控于其相邻的感受器（receptor），后者相当于原核生物的操纵基因，对结构基因的转录活性往往起抑制作用。而相当于原核生物调节基因的整合基因（integrator）又受感受基因（sensor）的激活。感受基因与某种蛋白质分子特异结合后活化，这类蛋白质包括激素-受体复合物，依赖 cAMP 活化的 RNA 聚合酶以及各类非组蛋白等。活化的感受基因能激活与其邻近的整合基因，由它转录和翻译合成一类活化物，称为激活蛋白，激活蛋白能识别激活感受器，解除感受器对结构基因的抑制,开始转录。

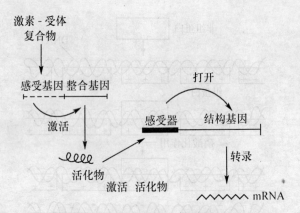

图 5-39　真核细胞基因调控系统模型

在这个调控系统中一个感受基因可以控制几个整合基因,一个整合基因所形成的活化物可作用于几个感受器,每个感受器又可对几个不同或不连续在一起的结构基因发挥调节作用。因此,在感受基因的作用下,分散在不同染色体不同部位上的不同基因可以得到协调的调控。同时一个结构基因又可以有几个感受器,可感受几种外界环境的影响,以适应外界环境的各种变化。当然,上述真核细胞基因调控系统的模型还有待证实。

(2) 转录水平的调控是真核基因表达的关键。在真核生物中,结构基因的 5′端有启动子结构,在 5′或 3′端还有增强子。启动子和增强子组成基因转录的调控区,是真核生物基因转录调控的两个关键的顺式作用元件。启动子为 RNA 聚合酶提供附着部位,并准确识别转录起始点,通过转录因子的作用,启动子与 RNA 聚合酶结合使转录开始。增强子可明显增强启动子的调控效应。

真核生物转录调控大多是通过顺式作用元件和反式作用因子相互作用而实现的。反式作用因子包括与顺式作用成分专一性结合的一些转录因子,例如识别 TATA 区的 TFⅡD、识别 CAAT 区的 CTF、识别 GGGCGG 的 Sp1 等,这些因子对基因的转录有重要的影响作用。基因的所有顺式作用元件都要和相应的反式作用因子结合，并通过蛋白质之间的作用才能实现它们对基因转录的调控。

(3) 转录后调控是真核细胞基因表达调控的重要方面。在真核细胞中，转录的原始产物是核内异质 RNA（hnRNA），hnRNA 比成熟的 mRNA 长得多，需剪切掉内含子和非编码区的侧翼顺序，以及戴帽和加尾等加工过程，才能形成成熟的 mRNA。这种加工的效率、剪切加工中的选择性剪切以及 mRNA 的稳定性都受到调控，并决定转录后 mRNA 的特征。

(4) 翻译水平的调控是真核细胞表达多级调控的重要环节之一。翻译过程受核糖体的数量、mRNA 的成熟度、始动因子（IF）、延伸因子（EF）、释放因子（RF）以及各种酶的影响。这些因素可能影响翻译的速度、翻译产物的完整性或产物的生物活性，都属于翻译水平的调控。

(5) 翻译后的调控。真核细胞翻译的初级产物往往是一个大的多肽分子，有时须经酶切成更小的分子才有生物活性，有时需经磷酸化，有的产物仅是构成活性蛋白质的一个亚基或前体，要发挥功能则需要进行一系列的修饰、加工，如某些分泌蛋白或膜蛋白，在它们的 N 端有 15~25 个富含疏水侧链氨基酸组成的信号序列（signal sequence），该序列引导新合成的肽定位于膜上以后，信号肽则被切除，此步是成为功能蛋白质所必需的。此外，某些蛋白酶需经激活后才可成为活性酶，这种激活过程也属于翻译后调控。

例如，胰岛素基因（INS）翻译的最初产物为胰岛素原，由 86 个氨基酸组成，包括 A、B、C 三条肽链，生物活性很低。当把 C 链切掉后，由 A、B 链相连成胰岛素，共含 51 个氨基酸，才有较强的生物活性。

5.13 染色体畸变

5.13.1 染色体数目的改变

不同物种的染色体数目都是恒定的。大多数真核生物是二倍体,即体细胞具有两套染色体,而其配子是单倍体。染色体畸变包括染色体数目的改变和染色体结构的改变。染色体畸变可自发产生,也可由外界因素诱发产生。染色体数目的改变分为整倍性改变和非整倍性改变两类。

1. 整倍性改变

整倍体是指染色体数目是单倍体数目的整倍数。例如,四倍体的染色体数目是单倍体的4倍;如 $n=8$,则 $4n=32$。凡染色体数目是单倍体数目的三倍以上的分别称为三倍体、四倍体、五倍体、六倍体等,统称为多倍体(polyploid)。大多数真核生物的体细胞是二倍体(diploid),配子是单倍体(haploid)。但多倍体高等植物的配子的染色体数目就不止一套染色体,例如,六倍体普通小麦的配子中的染色体是三套基本的染色体组。此时,一套基本染色体组称为 1X,$n=3X$,$2n=6X$。

单倍体的动物如果蝇、蝾螈、蛙、小鼠和鸡都曾有过报道,但都在胚胎期死亡。但一些社会昆虫如蜜蜂、蚂蚁等既有单倍体,又有二倍体。蜜蜂雄蜂是由未受精的卵发育而成的单倍体,雌蜂则是从受精卵发育成的二倍体。

三个以上相同的染色体组的细胞或个体称为同源多倍体(autopolyploid)。但是同源三倍体,例如无籽西瓜、香蕉等,各对同源染色体不能平衡分配到配子中,因而高度不育;而人胚三倍体最终必然死亡。多倍体细胞里的染色体组来自不同的亲本,称为异源多倍体(allopolyploid)。这些都可应用于育种。例如,我国遗传学家鲍文奎从普通小麦同黑麦(*Secale cereale*)杂交得到的异源八倍体小黑麦(*Triticale*)中选育出一些品种,具有抗逆能力强、穗大、籽粒的蛋白质含量高、生长优势强等优良性状。

人的自然流产儿中有一部分就有三倍体核型(图 5-40)。

2. 非整倍性改变

非整倍体是整倍体染色体中缺少或额外增加一条或若干条染色体,一般是在减数分裂时一对同源染色体不分离或提前分离而形成 $n-1$ 或 $n+1$ 的配子。这类配子彼此结合或同正常配子(n)结合,产生各种非整倍体细胞。

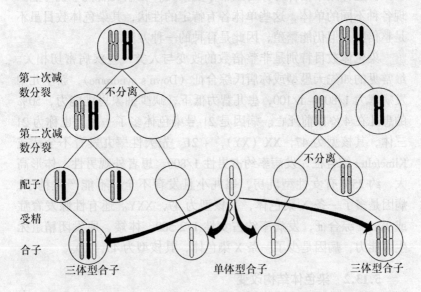

图 5-40 发生在第一次或第二次减数分裂的染色体不分离的后果

正常的 $2n$ 个体又可称为双体（disome），即在减数分裂时，所有染色体都能两两配对，包括二倍体和偶数异源多倍体。双体中缺一对同源染色体，称为缺体（nullisomic），即 $2n-2$；双体中缺了一条染色体，使某一对同源染色体只剩一条，称为单体（monosomic）即 $2n-1$；如果双体中缺了两条非同源染色体，成为 $2n-1-1$，称为双单体；如双体中多了一条染色体，使某一对同源染色体变成三条，就称三体（trisomic），即 $2n+1$；双体中某一对同源染色体变成四条同源染色体，称为四体（tetrasomic）即 $2n+2$；双体中增加了两条非同源染色体的称为双三体（ditrisomic），即 $2n+1+1$。非整倍体在遗传学研究和育种实验上均有很大的作用。例如单体使一条染色体失去了同源染色体而成为半合子（semizygote），此时一些等位基因就可以直接显现出来，出现了假显性效应。异源六倍体普通小麦的染色体数目 $2n=42$。减数分裂的产物中只有 $n=21$ 和 $n-1=20$ 的大孢子能发育成有生活力的卵细胞。这种 $n-1$ 的细胞中缺失的 1 条染色体可以是 21 条染色体中的任何一条。这样用单倍体母体与正常小麦杂交，在杂交后代中就可能出现各种不同的单体，这些单体各有特定的性状，其染色体数目虽不是整倍数，但仍能繁殖，因此是育种的一种方法。

染色体数目特别是非整倍数的改变与人类一些疾病密切相关。最常见的如先天愚型或称唐氏综合征（Down's syndrome），新生儿中发病率为 1/800 ~ 1/100，患儿智力低下，缺少抽象思维能力，50% 的患儿在 4 岁以前死亡。病因是 21 号染色体多了一条，也称为 21 三体，其核型为 47，XX（XY），+21。先天性睾丸发育不全症或 Klinefelter 综合征，发病率约占男性 1/800，患者外观男性，体形高大，约 25% 有女性型乳房，睾丸小且发育不全，不能产生精子，病因是多了一条 X 染色体，其核型为 47，XXY。还有性腺发育症或 Turner 综合征，发病率约占女性 1/2 500，体矮、原发闭经、无生育能力，病因是少了一条 X 染色体，其核型为 45，XO。

5.13.2 染色体结构改变

染色体结构改变是指单条染色体上发生的变异，包括稳定畸变如缺失、重复、倒位、易位、插入和等臂染色体等，也包括不稳定畸变如断片、环状染色体等。缺失、重复、倒位、易位是染色体结构改变的主要类型。

缺失（deletion）指染色体的片段丢失。按照染色体上缺失的位置可分为末端缺失和中间缺失。末端缺失是染色体一次断裂，中间缺失则是二次断裂并伴有染色体断端重接。缺失片段如不含着丝粒的称为无着丝粒断片（fragment），将在随后的细胞有丝分裂过程中丢失。具缺失畸变染色体的个体，由于缺少了所含的遗传信息将会出现异常的性状。如人的第 5 号染色体短臂末端缺失就导致猫叫综合征（cridu chat syndrome）。患儿哭声似猫叫，智能低下，生长阻滞，小头，满月形脸，常伴有先天性心脏病。

当同源染色体中的一条染色体的某一位置上出现微小缺失，另一条同源染色体的这个位置上没有缺失时，则这对同源染色体在该缺失位置上呈杂合性（heterozygosity），也就是在该缺失位置内的基因呈杂合性。当同源染色体中原来未缺失的染色体在该位置上也发生同样的微小缺失时，则原先的杂合性丢失了，缺失成为纯合性（homozygosity）。杂合性丢失（loss of heterozygosity，LOH）在鉴定缺失位置中包含的基因功能时是十分重要的。例如，一些抑癌基因，很多是通过 LOH 发现的，因为当只有一条染色体有缺失时，抑癌基因的一个等位基因的存在而缺失的是显性基因，则后果是严重的。大多数缺失能引起表现型明显的改变。例如，如果缺失包括着丝粒，结果会产生无着丝粒染色体，这通常在减数分裂过程中丢失，导致整条染色体从基因组中丢失。

一条染色体的断片接到另一条非同源染色体的臂上，这种结构畸变称为易位（图 5-41）。常见的易位方式有两类：①相互易位：两条染色体同时发生断裂，断片交换位置后重接，形成两条衍生染色体。当相互易位仅涉及位置的改变而不造成染色体断片的增强时，则称为平衡易位。②罗伯逊易位：又称着丝粒融合。这是发生于近端着丝粒染色体的一种易位形式。当两个近端着丝粒染色体在着丝粒部位或着丝粒附近部位发生断裂后，二者的长臂在着丝粒处结合在一起，形成一条衍生染色体。两个短臂则构成一个小染色体，小染色体往往在第二次分裂时丢失。这可能是由于缺乏着丝粒

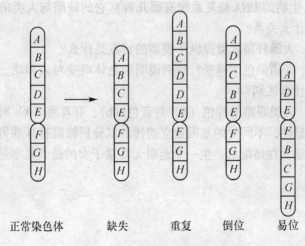

正常染色体　　缺失　　重复　　倒位　　易位

图 5-41　染色体的结构变异

或者是由于其完全由异染色质构成所致，而由两条长臂构成的染色体上则几乎包含了两条染色体的全部基因，因此，人类的罗伯逊易位携带者虽然只有45条染色体，但表型一般正常，在形成配子时会出现异常，造成胚胎死亡而流产或出现先天畸形等患儿。

思 考 题

1. 简述遗传三大基本规律的细胞学基础？
2. 真核生物及人的断裂基因结构特点如何？
3. 肺炎球菌转化实验和噬菌体感染实验的成功对我们有什么启示？
4. 基因是否决定一切？
5. DNA复制的半保留性与DNA复制的半不连续性是怎么回事？
6. 病源体朊粒的行为对中心法则挑战是怎么回事？
7. 何谓转录？简述其过程与转录产物的加工和修饰特点？
8. 何谓基因突变？它有哪些主要方式？基因突变会引起什么后果？
9. 生物的DNA修复系统有哪几种？它的缺陷与人类的某些疾病存在什么关系？
10. 大肠杆菌乳糖操纵子模型的特点是什么？
11. 何谓染色体畸变？举例说明染色体畸变对人和动、植物的影响有什么区别？
12. 人类眼睛的棕色（B）对蓝色（b）、有耳垂（A）对无耳垂（a）是显性，不同对的基因独立遗传。试分析棕眼有耳垂男性与蓝眼有耳垂女性婚配后，生一个蓝眼无耳垂子女的最大几率是多少？

第 6 章 生殖与发育

生殖是生物体延续种族的手段,一个生物个体,不管进化程度的高低,也不论寿命的长短,终究都是以死亡而告终。因此,在生命周期的某一阶段,生物体必须繁衍出与自己相似的后代,才能保证种族的延续,这种现象就称为生殖(reproduction)。生殖对于生物来讲是至关重要的,生殖能力的下降就会使种群走向衰弱以至种的灭绝。

6.1 生殖的基本类型

6.1.1 无性生殖

没有性别分化、不产生卵子、不经过受精作用而直接形成新个体的生殖方式,都属于无性生殖(asexual reproduction)。

1. 裂殖

裂殖(fission)是单细胞生物常见的一种生殖方式,其特点是通过细胞分裂,将母体一分为二,成为大小、形状、结构相似的两个子细胞,每个子细胞再发育成一个新个体。如细菌、草履虫、变形虫、眼虫等的繁殖都属裂殖。

2. 出芽

先在营养体上长出一个芽,在一定条件下,芽发育成新的个体,这种用芽进行繁殖的方式称为出芽或芽殖(budding)。如酵母菌在进行无性生殖时,细胞壁与细胞质从母细胞一端突出为芽,同时核分裂为二,一个留在母细胞内,一个进入突出的芽中,形成一个小的子细胞,子细胞可不脱离原来的细胞而继续出芽,形成第二代、第三代更小的芽。

这种出芽方式的无性繁殖,在动、植物中也是存在的,如在高等植物中常用芽来进行无性繁殖,如竹、芦苇的根状茎,马铃薯的块茎,甘薯的块根等都可出芽,形成新的植株。而且随着植物组织培养技术的发展,很多植物都可以用茎尖(芽)的离体培养使其产生不定芽,然后再诱导生根形成新的植株,这已成为一种新的快速繁殖方法。

动物也可以出芽繁殖,如水螅,由体壁的一部分向外突出,形成暂时着生在母体上的芽,长到一定大小后,脱离母体形成新的个体。

3. 孢子生殖

随着生物的进化,在多细胞生物中出现专管生殖的特定部分,并产生很多孢子,直接发育成新的个体,这种繁殖方式称孢子生殖(spore reproduction),是无性生殖的高级方式。产生孢子的器官为孢子囊,成熟时孢子散出,在适宜条件下萌发成新的个体。孢子生殖常见于藻类、粘菌、真菌、苔藓、蕨类等,在真菌界尤为普遍。如黑根霉有三种菌丝,一种是附着在基质表面、匍匐生长的匍枝;另一种是由匍枝和基质接触处向下生长的假根;第三种就是从假根处向上直立生长的孢囊梗,其顶端膨大为孢子囊,里面产生很多孢子(图6-1)。

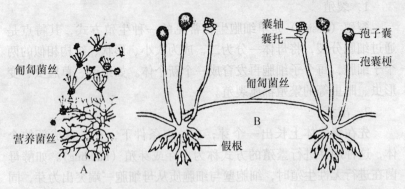

图6-1 黑根霉的菌丝和孢子囊

4. 再生

再生（regeneration）是生物修复损伤的一种生理过程，再生可以形成新的个体，可以利用再生来进行无性繁殖。

群体鞭毛藻是由单个细胞组合的群体，如盘藻（4~16细胞）、实球藻（4~32细胞）、空球藻（16~64细胞）等，群体中每一个细胞脱离后，都能通过细胞分裂达到与原来群体细胞数目相同的新群体，但原来群体中失去细胞后不能分裂补充新的细胞（图6-2）。

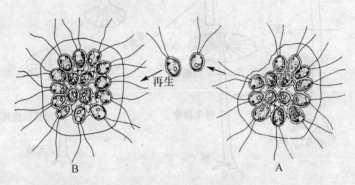

图 6-2 盘藻的再生作用

B. 失去细胞的群体不能恢复　A. 单个细胞发育成新群体

伞藻是海生绿藻，高 5~7 cm，基部有假根，茎顶有伞状的生殖器官，表面上看是有根、茎、叶的高等植物，其实是一个单细胞，细胞核一般位于假根中，伞藻的再生能力很强，切去伞可再生一个伞，切去伞和假根，剩下无核的茎有时可长出新的伞和假根，有时可长出两个伞，但因为无核，最终会死去（图6-3）。

高等植物的营养器官，如根、茎、叶，在离开母体后能发育成完整的植株，这就是植物的营养繁殖，也是植物的再生。

如秋海棠的一片叶就能发育成根茎叶俱全的植株；景天科的一些观赏植物如景天树、落地生根等都是很容易用叶片扦插繁殖的。有很多植物是靠营养器官来繁殖的，如水仙、唐菖蒲靠鳞茎；竹、白茅靠地下根茎；草莓靠匍匐茎。人们利用植物的再生能力创造了很多营养繁殖方法如扦插、压条、嫁接等。

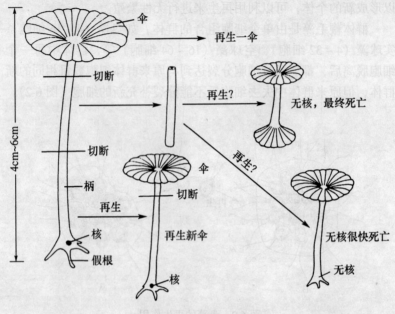

图 6-3　伞藻再生作用

随着植物组织培养技术的进步，现在已经能从植物的多种器官、组织甚至细胞培养，在试管内完成去分化和再分化过程，得到完整的再生植株。

原生动物的再生能力很强，很多纤毛虫被割断后，只要有核，都能再生成完整的纤毛虫。

涡虫的再生能力从身体的前端到后端，沿轴线递减，头部最强，尾部最弱（图6-4）。涡虫的头部神经系统集中，有很多未分化的，保持胚胎状态的细胞，这可能就是头部再生能力强的原因。

海星、海参的再生能力也很强，将海星切成小块，只要每一小块带有一点中央盘，就能再生成一完整的海星。

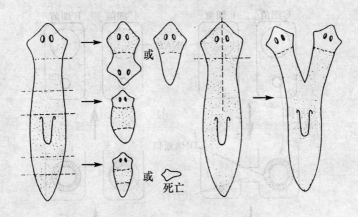

图 6-4 动物再生作用
A. 涡虫横切后再生；B. 去头后再生，纵切成两支

6.1.2 有性生殖

有性生殖（sexual reproduction）是通过两性细胞的结合形成合子，再由合子发育成新个体的一种生殖方式，是一种比无性生殖先进的生殖方式，其在生物进化过程中不是一步到位的，而是经过从低级到完善的发展过程。

1. 细菌的有性生殖

20世纪40年代以前，细菌被认为是没有性别的，1946年Lederberg和Tatum将两个营养缺陷型大肠杆菌一起培养，出现了与野生型一样代谢功能的菌株，证实了细菌的性别差异和有性生殖。大肠杆菌的营养缺陷型一个是不能合成甲硫氨酸和生物素的菌株，一个是不能合成苏氨酸和亮氨酸的菌株，将它们一同培养在缺少这4种营养物的培养基中，如果这两个菌株之间没有基因交流，即没有有性生殖，则它们都不能生长，但结果相反，培养基中出现能生长繁殖的大肠杆菌。表明这两种缺陷型菌株间发生了基因交流，各自从对方获得了所需的基因，因而能生长繁殖。现在已经知道，细菌的基因交流是通过细菌间的"接合"实现的（图6-5）。

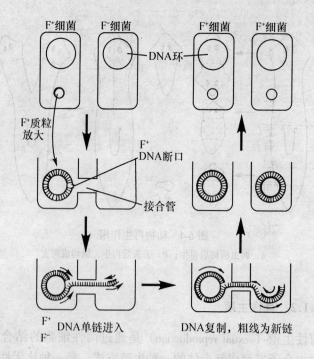

图 6-5 F⁺细菌和 F⁻细菌的接合后，F⁻细菌接受 F 因子而成 F⁺

现已查明，在细菌中除染色体 DNA 外，还有一个小的环状 DNA，称为性因子，简称 F 因子或 F 质粒。有 F 因子的菌株为 F⁺株，没有的为 F⁻株，只有 F⁺和 F⁻相遇时才能接合，接合时，F⁺细胞表面伸出接合管伞毛与 F⁻细菌相通，F⁺菌株中的 F 质粒 DNA 双链打开，一条单链从接合管进入 F⁻菌株中，并在其中复制而成一双链的 F 质粒，使 F⁻菌株变成 F⁺菌株；原来 F⁺菌株中的单链 F 质粒，通过复制配上另一条新单链，保留了 F 质粒。

2. 纤毛虫的交配型

草履虫、四膜虫等的有性生殖也称接合生殖（conjugation），即 2 个纤毛虫腹面相对连接时，大核退化，小核经减数分裂形成多个单倍性小核，其中大部分退化，仅存 2 个，一个为静止核，一个为迁移核，迁移核进入对方细胞中与静止核结合成为二倍性的合子核，到此，接合完成，细胞分开，合子核进行分裂产生新的大核和小核，然后细胞分裂，产生新的纤毛虫（图6-6）。四膜虫有7个交配型，只有不同交配型的细胞才能接合，同型的不能接合。

3. 配子生殖

配子生殖是有性生殖发展的高级阶段。

配子是单倍性的生殖细胞，通过雌雄配子的结合形成合子，再由合子发育形成新一代个体。根据配子的形态和功能的差异，将配子生殖分为三类。

（1）同配生殖（isogamy）

两种相互结合的配子，形状、大小、结构、运动功能均相同，因而分不出雌雄，但在生理上已有分化，如衣藻，配子的外形、大小相同，都能游泳，生理上有分化，有些衣藻同一细胞产生的配子不能结合，只能和其他细胞产生的配子结合。属于性别分化的早期。

（2）异配生殖（anisogamy）

二个配子大小不同，但形态、结构相同，其中较大的为雌配子，较小的为雄配子，如实球藻，配子一大一小，都有鞭毛，都能运动。

（3）卵式生殖（oogamy）

卵式生殖是异配生殖的进一步发展，大多数动、植物的有性生殖都是卵式生殖，卵式生殖中的两种配子在形态、结构、大小、能动性上都有显著差别，雄配子（精子）小，细胞质少而细胞核大，含营养物很少，但运动能力强；雌配子（卵）大，细胞质多，含丰富的营养物质，不能运动。

某些低等生物如担子菌类，在进行有性生殖时，不形成生殖器官，也不产生配子，而由营养细胞代行性功能，通过营养细胞的结合，先进行质配，后进行核配来完成有性生殖。所谓质配，是两个带细胞核的原生质体结合，后面的核配是指由质配带入到一个细胞内两性核的结合。这种先质配、后核配的生殖方式称为体细胞配合（somatogamy）。

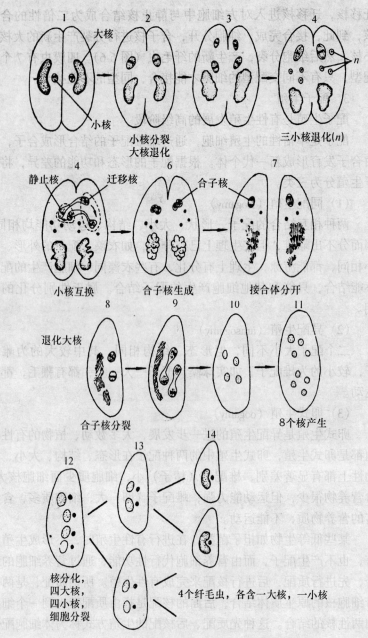

图6-6 纤毛虫的接合生殖（图解）

一般情况下，雌雄配子结合成为二倍性的合子后，才能发育成新的个体。但雌配子的发育不一定要和雄配子融合，有时因内部和外在因素的影响，直接进行发育，这种现象称为孤雌生殖。例如：蜜蜂、蚂蚁。

6.2 被子植物的生殖和发育

被子植物进行有性生殖的重要特征是形成有性生殖的特殊器官——花。花芽开始分化表明植物从营养生长向生殖生长的转化，这种转化除了要求植株有一定年龄和一定大小的营养体外，对外界条件也有特殊要求，主要是对温度和光周期长度，不同植物有不同的要求。如冬小麦、萝卜等植物，在发育的早期需要一定的低温条件才能形成花器官；光周期条件是指花芽分化必须有适当的光周期条件才能发生。根据植物对光周期的反应，可分为短日植物、长日植物、中性植物。这方面的研究早已是植物发育生理学中的热门课题。

6.2.1 被子植物有性生殖简单过程

被子植物的花器官分化、形成过程中，在花器的不同部位分别形成雌雄性细胞，再通过性细胞的结合（受精）形成合子（受精卵），并发育成一个胚，与极核受精产生的胚乳组合成一个种子。

在花器的雄蕊部分，花药中有小孢子囊（花粉囊），内含小孢子母细胞（花粉母细胞），经减数分裂和有丝分裂形成花粉粒。在雌蕊部分，子房的胚珠中含有大孢子母细胞（胚囊母细胞），经减数分裂和有丝分裂形成胚囊，内有雌性生殖细胞——卵细胞（图6-7）。

6.2.2 花粉粒的形成

花粉粒是在雄蕊花药中形成的，花药发育的初期，外围是一层原表皮，是有分裂能力的细胞，以后在其四角的表皮下，出现细胞核较大的孢原细胞。孢原细胞进行平周分裂形成两层细胞，外面的一层叫周缘细胞，这层细胞再分裂后，与外面的表皮组成花药的壁，里面的一层细胞为造孢细胞，这层细胞直接或经过分裂形成花

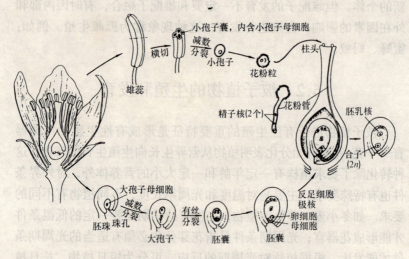

图 6-7 双子叶植物的有性生殖模式图

粉母细胞（pollen mother cell），也称小孢子母细胞（microsporocyte）。花粉母细胞体积大、细胞质浓厚、核大，每个花粉母细胞经减数分裂后形成四个联在一起的单倍性小细胞，称四分体（tetraploid），不久散开，成为单核花粉，也称小孢子（microspore）（图 6-8）。

单核花粉是未成熟的花粉，经过一次有丝分裂形成一个大的营养细胞和一个小的生殖细胞，前者占有大部分细胞质和细胞器，液泡小、细胞质富含营养物质，供花粉发育之用；后者小，只在核外围有一层细胞质，没有细胞壁，完全埋于营养细胞之中，生殖细胞再进行一次有丝分裂形成两个精子，也称雄配子。至此，一个含有三个细胞的成熟花粉粒即雄配子体就形成了。根据生殖细胞分裂的时间，成熟花粉有的是含有 3 个细胞的，如小麦、水稻、玉米、向日葵等；另一些植物如棉花、桃、李、百合等的生殖细胞在花粉囊中并不分裂，因而花粉粒中只有两个细胞，它们的生殖细胞分裂要等到花粉粒传到柱头上后在花粉管中分裂。前者称 3-细胞型花粉粒，后者称 2-细胞型花粉粒（图 6-9）。

232

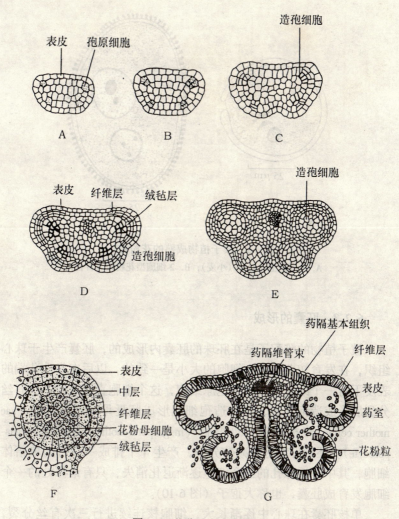

图 6-8 花药的发育与构造
A~E. 幼嫩花药的发育过程；
F. 一个花粉囊放大，示花粉母细胞；
G. 已开裂的成熟花药，示花药的构造

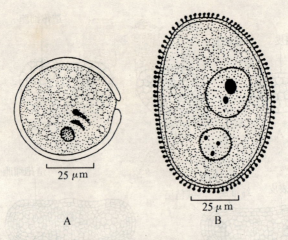

图 6-9 被子植物成熟的花粉粒
A. 3-细胞型花粉粒（小麦）；B. 2-细胞型花粉粒（百合）

6.2.3 胚囊的形成

被子植物的雌配子是在胚珠的胚囊内形成的，胚囊产生于珠心组织，在发育初期，珠心细胞的大小是一致的，以后在靠珠孔端的表皮下有一个细胞长大成为孢原细胞，这个细胞直接或经一次有丝分裂后形成造孢细胞，再由造孢细胞形成胚囊母细胞（embryo sac mother cell），也称大孢子母细胞（megaspore mother cell，或 megasporocyte）。胚囊母细胞经减数分裂，产生 4 个排成一直行的单倍体细胞，其中靠近珠孔的三个细胞逐渐退化消失，只有最深处的一个细胞发育成胚囊，也称大孢子（图 6-10）。

单核胚囊在珠心中逐渐长大，细胞核连续进行三次有丝分裂，但细胞质不分裂，这样形成 8 核结构的胚囊，分别排列在珠孔端和合点端，每端各有 4 个。随后，两端各有一核移向中心，共同形成含有 2 个核的中央细胞，这两个核称为极核（polar nuclens）。珠孔端的 3 个核各自围以细胞质而成为 3 个细胞，其中一个较大，为卵细胞（ovum），另外 2 个较小的细胞称为助细胞（synergids），远端

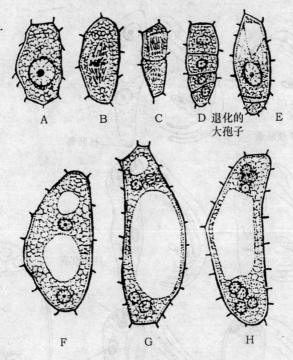

图 6-10 茄属植物的胚囊发育

(合点端)的 3 个核也发育成为细胞,称反足细胞(antipodal cell)。这个由 8 个细胞核或 7 个细胞构成的结构称为胚囊,或称为雌配子体(图 6-11)。

6.2.4 开花与传粉

当花的各部分发育成熟后,花冠就会打开露出雄蕊和雌蕊,以便传粉。植物种类不同,开花习性、开花时间差别是很大的。一年生草本植物,一般是当年开花,而多年生植物要在种植几年后甚至几十年后才能开花;一年中开花的季节,不同植物也是不同的,有的在春、夏季,而有的在秋、冬季;一天中开花的具体时间也不同,睡莲是早上开花,傍晚闭合;蔓陀罗则是晚上开花,白天闭合。

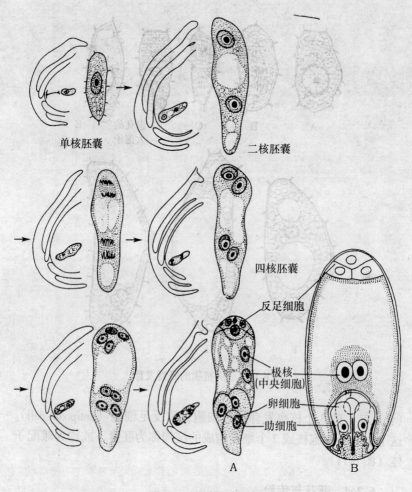

图 6-11 胚囊发育过程
A. 小麦胚囊的发育过程（左边是胚珠的一部分，近珠孔处表示胚囊的位置，右边是相应时期胚囊的放大）；B. 成熟胚囊模式图（蓼型胚囊）

开花后花药裂开，花粉散出，通过不同传播方式将花粉粒传递到雌蕊柱头上，这就是传粉。

根据传粉方式可分为自花传粉和异花传粉两种，自花传粉就是雄蕊的花粉传送到同一朵花的雌蕊柱头上；异花传粉是指同株或异株花粉传送到同株或异株的另一朵花的柱头上，在生产上农作物同株异花间的传粉，果树上同品种异株的传粉也看成是自花传粉。有的人只把异株异花间的传粉才称为异花传粉。

异花传粉过程中，花粉要借助外力才能被传送到另一朵花或另一株花的柱头上，外力主要是风和昆虫，借助风力的为风媒花，借助昆虫的为虫媒花。被子植物中约有 1/10 为风媒花，如稻、麦、玉米、杨、柳等。风媒花一般都较小，颜色不鲜艳、无蜜腺和香味，因而对蜂和蝶没有吸引力，但花粉数量多，小而轻，比较干燥，易于被风传送。风媒花的柱头常呈羽毛状，有粘性，有利于捕捉花粉。

被子植物大多是虫媒花，虫媒花大，色彩鲜艳，有香味和蜜腺，能吸引动物；花粉体积大，表面粗糙，有花纹突起或刺，易于附着昆虫身上，便于携带。

6.2.5 花粉萌发和受精

花粉粒传到柱头上后，吸收水分、膨大，内壁由萌发孔伸出为花粉管，这就是花粉萌发。但落到柱头上的花粉粒不是都能萌发的，只有同种的或亲缘关系近的花粉粒才能萌发，而异种或亲缘关系远的就不能萌发，这是通过花粉与柱头间的相互识别机制来完成的。这种识别机制是由花粉外壁上的糖蛋白分子和柱头表面的薄层蛋白质相互识别完成的。糖蛋白分子是识别分子，柱头的蛋白质上有特异的受体部位，能和同种植物花粉的识别分子结合，结合之后柱头就分泌某些激活物质，促进花粉的继续发育；如果是异种花粉，它们的识别分子和柱头的受体部位不能结合，柱头不但不能产生激活物质，还因异种蛋白的刺激产生胼胝质，阻挡花粉管的长入。

花粉管形成后，穿过柱头，沿花柱向子房生长，沿子房内壁到达胚珠，通过珠孔、珠心最后到达胚囊。如果是3-细胞型花粉，花粉粒中的营养柱和两个精子核都进入花粉管，并随花粉管伸长而到达胚囊；如果是2-细胞型花粉，营养核和生殖核进入花粉管后，在花粉管内生殖核再分裂一次形成 2 个精子（图 6-12）。

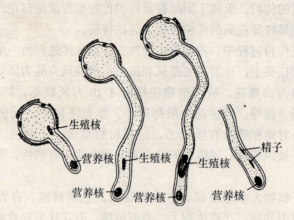

图 6-12　花粉粒的发育

到达胚囊的花粉管先端膨大破裂，迅速将内容物喷出，进入胚囊的营养核很快解体消失，两个精子一个与卵细胞融合成为合子，也称受精卵，另一个精子与中央细胞的两个极核融合形成三倍的胚乳核，这种由两个精子分别与卵细胞和极核融合的现象就是被子植物特有的双受精（double fertilization）现象。

在用兰猪耳（*Torenia fournieri*）这种胚囊裸露的植物进行双受精过程的体外观察时发现，花粉管到达胚囊，由二个助细胞之间穿过进入内部，先端突然破裂，原生质的流动以 50 倍以上的速度将内容物喷出，紧接着，二个助细胞之中有一个选择性地被破坏，从花粉管内容物喷出到助细胞破坏，平均只 0.6 秒。用数微米的紫外激光束，破坏琼脂培养基上胚囊中的不同细胞，观察这些细胞诱导花粉管的作用，结果，胚珠细胞、卵细胞、中央细胞都被破坏，也不影响对花粉管的诱导（图 6-13c），表明卵细胞和中央细胞虽是双受精的生殖细胞，但与花粉管的诱导无关；但把二个助细胞破坏时，诱导就完全停止了（图 6-13d）。其他的细胞被破坏，助细胞还留有一个时，花粉管同样诱导进入胚囊（图 6-13e）。因此，对花粉管的诱导而言，至少一个助细胞是必需的。由于受精作用，胚囊失去一个助细胞，这时虽然还有一个助细胞，但对花粉管的诱导已完全没有作用，即受精后的胚囊终止了对花粉管的诱导作用，这可以理解为是植物拒绝多精入卵的机制之一。

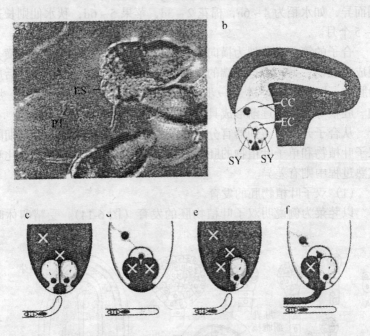

图 6-13
a. 兰猪耳的裸露胚囊（ES）在琼脂培养基上诱导花粉管（PT）
b. 兰猪耳胚珠模式图，胚囊中有卵细胞（EC）、二个助细胞（SY）和中央细胞（CC），反足细胞随胚囊的成熟而退化
c. 卵细胞和中央细胞破坏时，花粉管诱导模式图，诱导没变化
d. 二个助细胞破坏时，花粉管完全不被诱导
e. 剩下一个助细胞，花粉管能被诱导
f. 由于受精失去一个助细胞，虽然留一个助细胞，花粉管不被诱导

（引自．遗传，2002.56卷3号）

6.2.6 胚胎发育和种子的形成

受精后子房和胚珠发育成果实和种子,其中受精卵发育成胚,3n

的胚乳核连续分裂产生很多营养物质丰富的胚乳细胞,花的其他部分如花萼、花冠、雄蕊、雌蕊的花柱和柱头等都逐渐萎蔫、脱落。

1. 胚的发育

受精后,合子(受精卵)产生完整的具纤维素的细胞壁,经过一段时间的休眠才开始分裂、生长和分化,休眠时间因植物种类不同而异,如水稻为 4~6h,棉花 2~3d,苹果 5~6d,秋水仙则长达 4~5 个月。

合子的第一次分裂为横向分裂,近珠孔端的基细胞进一步横分裂成为胚柄;另一个合点端的顶细胞,先纵裂后横裂多次分裂后成为胚体,胚体细胞经过进一步的分裂、分化形成子叶、胚芽、胚轴、胚根等器官,逐渐形成具有一定结构的胚。

从合子开始分裂到器官分化之前的发育阶段称为原胚,这期间双子叶植物和单子叶植物的胚胎发育是基本相似的,在胚的分化和成熟过程中则有差异。

(1) 双子叶植物胚的发育

以荠菜为例说明双子叶植物胚的发育(图 6-14)。受精卵休眠

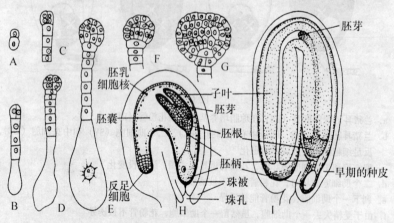

图 6-14 荠菜胚的发育

A. 合子分裂,形成一个顶细胞和一个基细胞;

B~E. 基细胞发育为胚柄(包括一列细胞),顶细胞经多次分裂,形成球形胚体;F~G. 胚继续发育;

H. 胚在胚珠中发育;I. 胚和种子初步形成,胚乳消失

后第一次分裂为不均等的横分裂，形成一个大的基细胞和小的顶细胞，基细胞横裂形成胚柄，胚柄增长，将顶细胞推到胚乳内部，从而取得发育所需营养物质。顶细胞经两次纵裂一次横裂后形成8个细胞的原胚，它的上面4个细胞，将来发育成子叶和胚芽，下面的4个细胞发育成胚轴；原胚细胞再经一次横裂，形成有内、外层之分的16个细胞的球形胚，球形胚以后，胚体开始分化，在胚体顶端两侧分裂生长快，产生两个突起，即子叶原基，并迅速发育成两片子叶，两片子叶间的凹陷部位形成胚芽生长点。同时，胚体下方胚柄顶端一个细胞和胚体基部细胞不断分裂生长，一起分化为胚根。胚根和胚芽之间即为胚轴。

(2) 单子叶植物胚的发育

单子叶植物如水稻、小麦胚的发育，从4细胞的原胚以后与双子叶植物就有差别，主要表现在子叶原基的不均等发育和胚芽的位置。小麦合子的第一次分裂，常是斜的横分裂，形成一个顶细胞和一个基细胞，各自再分裂一次形成四细胞原胚，再经过分裂，原胚发展成梨形胚，此后进入器官的分化，首先在原胚的顶端一侧出现一个凹沟，使原胚的两侧呈不对称状态，在凹沟的上部形成盾片（内子叶）上半部和胚芽鞘的一部分；凹沟内形成胚芽鞘其余部分及胚芽、胚轴、胚根、胚根鞘和外胚叶；凹沟下部主要形成盾片的下部和胚柄。胚柄的顶端细胞将分化出胚根鞘、胚根和外胚叶（图6-15）。

2. 胚乳的发育

被子植物的胚乳由受精后的极核发育而来，极核受精后不经过休眠，随即进行分裂，形成充满胚囊的胚乳细胞。胚乳细胞的形成有两种方式：一种是受精极核先分裂，暂不进行细胞质分裂，这样使胚囊内含有大量的游离细胞核。开始，所有的细胞核分布在胚囊的边缘，紧贴着胚囊壁成一薄层，以后，核继续分裂，不仅分布在边缘，而且渐次向中部扩展，最后核布满整个胚囊，再进行细胞质的分裂，产生细胞壁，形成胚乳细胞。细胞质的分裂和胚乳细胞的形成，一般是从珠孔端和胚囊周围的游离核开始的。这种方式形成的胚乳，称核型（nuclear type）胚乳。单子叶植物和双子叶的离瓣

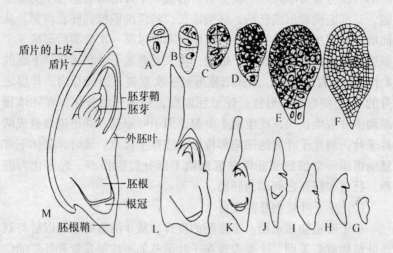

图 6-15 小麦胚的发育
A~D. 二细胞、四细胞、多细胞的原胚（授粉后 1、2、3、4d）；
E~G. 梨形多细胞原胚，盾片刚出现（授粉后 5~7d）；
H~K. 胚芽、胚芽鞘、胚根、胚根鞘和外胚叶逐渐分化形成（授粉后 10~15d）；
L. 胚发育比较完全（授粉后 20d）； M. 胚发育完全（授粉后 25d）

花植物属这一类型；另一种是在受精极核分裂后，随即进行细胞质分裂，产生细胞壁，成为多细胞结构，没有游离核时期，这种方式称为细胞型（cellular type）胚乳，大多数双子叶合瓣花植物属于这一类型。

绝大多数植物，胚乳的发育比胚的发育早，这样先发育的胚乳就成为以后胚发育的养料，由于胚乳被消化吸收的时期不同，所以在成熟种子中有的有胚乳，有的没有胚乳。大多数双子叶植物的胚乳，在胚的各部分分化完成时，逐渐解体，并将养料转移到子叶里，形成子叶肥大的无胚乳种子。大多数单子叶植物和部分双子叶植物的胚乳，要承担供应胚和幼苗初期发育所需的养料，所以种子成熟时，仍具有大量的胚乳，成为人们的食物来源。

一般被子植物在胚发育和胚乳形成时，胚囊外面的珠心组织被消化吸收，但有些植物如甜菜和石竹科植物，珠心组织始终存在，并随种子发育而增大，形成一层类似胚乳功能的组织，称为外胚乳。

3. 种皮的形成

种皮由珠被发育而成，珠被有二层时，外珠被发育成外种皮，内珠被发育成内种皮。外种皮由厚壁组织组成，有保护作用，有的有发达的表皮毛，如棉花种子外面的纤维。有的外种皮发育为可食部分，如石榴。内种皮较薄，由薄壁组织组成。有不少植物虽有两层珠被，但在发育过程中其中一层珠被被吸收而消失，只由一层珠被发育成种皮，如蚕豆的种皮主要由外珠被发育而来；水稻的种皮主要由内珠被发育而来。

有些植物的种子外面还有由珠柄或胎座发育而来的结构，称为假种皮，荔枝、龙眼的可食部分就是珠柄发育而成的假种皮。

6.2.7 种子萌发与幼苗形成

种子成熟以后，在适宜条件下能萌发，如水稻、小麦成熟后，如遇阴雨高温天气，就可出现种子在穗上发芽。有的植物种子成熟后在适宜条件下不能立即发芽，需要过一段时间后才能萌发，这就是休眠。

休眠的原因很多，有的是需要经过一段时间的后熟作用，如银杏、人参的种子形成后，胚并没有发育完全，脱离母体后还要发育一段时间才能成熟。有的是由于种皮或果皮不透水，不易通气而抑制萌发，这类种子用曝晒、机械磨破种皮、浓硫酸短时间处理等，可加速萌发。还有些植物由于内部产生抑制物质（如有机酸、植物碱、糖苷等）抑制细胞代谢，使种子不能萌发，番茄、黄瓜等新鲜果实内有抑制种子萌发的物质，所以只有脱离果实后，才能萌发，生产上可用一定浓度的赤霉素来解除这类种子的休眠。

种子成熟以后到失去萌发能力的时间，就是种子的寿命，寿命的长短与物种的遗传特性密切相关，柳树和橡胶树的种子成熟20d后，发芽率大大下降；小麦、玉米、水稻等种子可存活2~3年；蚕豆、豇豆、南瓜等种子，能存活4~5年；而种皮坚固的莲子，其寿命可达几百年。除遗传性之外，环境条件对种子寿命也有重要影响，从种子寿命方程式：

$$\lg \bar{P} = K_r - c_1 M - c_2 t$$

（$\bar{P}$ 平均寿命，M 种子含水量（%），t 温度，K_r、c_1、c_2 为常数，经多次贮藏实验，推算出的常数值。）
可以看出，种子寿命与种子含水量和环境温度有很大关系。

附：几种主要作物的常数值

	K_r	c_1	c_2
水稻	6.531	0.159	0.069
小麦	5.007	0.108	0.050
大麦	6.745	0.172	0.075
蚕豆	5.766	0.139	0.056
豌豆	6.432	0.158	0.065

(Roberts, 1972)

种子萌发的条件，除了本身要有健全的发芽能力外，还需要外界条件如水分、温度和空气。

首先要吸足水，水是生命的基础，干燥的种子含水量仅10%～14%，除了微弱的呼吸作用外，其他生理活动基本停止。吸水使种皮膨胀软化，氧气才能进入，促进了各种生理活动；水还是溶解和运输养料的必要条件，萌发时胚所需要的营养物质，都来自胚乳或子叶中的贮存物质，只有溶于水并被酶分解后，才能运到胚。

适宜的温度是萌发的另一重要条件，因为子叶或胚乳内营养物质的分解，是在酶的作用下完成的，而酶的作用需要一定范围的温度。影响种子萌发的温度有三种：最低温度、最适温度和最高温度。

种子吸足水分并有适宜的温度后，开始萌动，这时细胞内酶的活动和呼吸作用加强，需氧量急剧增加，只有足够的氧气，才能使物质氧化，分解成 CO_2 和 H_2O，并释放出能量，才能正常萌发生长。如氧气不足就会导致无氧呼吸，产生二氧化碳和酒精的积累，使幼苗发育不良,甚至死亡。

除上述条件外,光照对某些植物的种子萌发也是有影响的。如烟草、莴苣、胡萝卜等,种子的萌发是需要光照的,而西瓜、苋菜等少数植物要在黑暗中萌发。

种子萌发时,由胚长成幼苗,油菜、棉花、大豆、菜豆及瓜类等双子叶植物和洋葱等单子叶植物萌发时,胚根伸长向地下生长(向地性),成为幼苗的主根,接着由于下胚轴的迅速生长,把子叶和胚芽推向地上(背地性),这种子叶露出地面的萌发方式称为出土萌发。蚕豆、豌豆等双子叶植物及水稻、小麦、玉米等单子叶植物,在种子萌发时下胚轴不伸长,而是上胚轴和胚芽的伸长,幼苗露出地面,子叶留在土里面,这种萌发方式称为留土萌发(图6-16)。

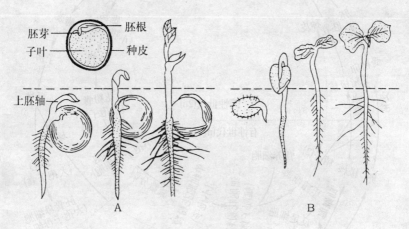

图 6-16　植物幼苗萌发过程
A. 豌豆(子叶留土幼苗)　B. 棉花(子叶出土幼苗)

6.2.8　被子植物的生活史

被子植物从种子萌发开始,经过幼苗期和随后的生长发育,开花、传粉、受精、结实,形成新一代的种子,这就是被子植物的生活史。

在被子植物的生活史中,包含两个性质不同的世代,从受精卵开始到花粉母细胞和胚囊母细胞减数分裂之前,都是二倍体,是无性世代,在这时期,植物体产生孢子(即单核花粉和单核胚囊)来进行生殖,故称为孢子体。另一个世代是有性世代,从花粉母细胞和胚囊母细胞减数分裂开始到形成成熟花粉(雄配子体)和成熟胚囊(雌配子体),这一时期都是单倍体,是以产生配子(精子和卵)来进行生殖,故称配子体。此后,精卵细胞融合成为合子,重新进入二倍体阶段,从而完成一个生活周期(图6-17)。

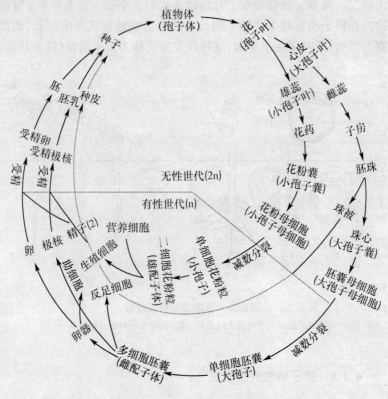

图6-17 被子植物生活史图解

被子植物生活史中,无性世代(孢子体阶段)和有性世代(配子体阶段)有规律交替的现象称为世代交替(alternation of generation)。

6.3 高等动物的生殖发育

6.3.1 生殖过程

高等动物大多是雌雄异体，在胚胎发育初期，雌雄两种器官同时发育，后来，一种性器官退化，另一种继续发育。因此，在已成长的脊椎动物中，雌体内可能有退化的雄性器官，雄体可能有退化的雌性器官。高等动物的生殖是通过成熟的性器官（睾丸和卵巢）产生精子和卵子，通过受精形成胚胎，进入下一代的繁殖。

1．生殖细胞

生殖细胞也称配子，由生殖器官直接产生。

（1）精子

精子是由睾丸产生的，人类的睾丸中有 1 000 条左右高度盘旋的精曲小管，总长达 250m，精曲小管之间有结缔组织，其中有分泌雄性激素的间质细胞（图 6-18）。精曲小管的内壁是特殊的复层上皮组织，即产生精子的精上皮。精上皮的基层，即位于精曲小管基础膜上的一层是精原细胞（spermatogonia）和精原细胞之间的支持细胞，支持细胞有支持及提供营养和吞食残余细胞质的作用。

精原细胞经过连续有丝分裂形成多个精原细胞，其中一部分保留为精原细胞，另一部分长大发育成初级精母细胞（primary spermatocytes），并随即进入减数分裂，同时向精曲小管中心移动。减数分裂完成后，一个初级精母细胞形成 4 个单倍的精细胞（spermatids），精细胞不再分裂，分化发育而成一个精子（图 6-19）。

从精原细胞到精细胞形成，经过了多次细胞分裂，但细胞质并不完全断开，彼此之间都是以细胞质桥连接起来。

脊椎动物的精子，结构基本相似，以哺乳类为例，精子可分为头、中段和尾部三部分（图 6-20），头部略扁，正面形状像瓜子，侧面像鸭梨，头部是染色体集中的地方，细胞质很少，染色体紧密聚集，因而头小，这便于进入卵子。头的前端有一个顶体泡，其中

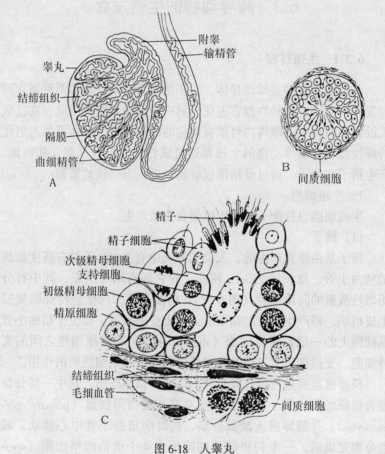

图 6-18 人睾丸
A. 睾丸纵切示曲细精管； B. 曲细精管横切图解； C. 曲细精管横切面放大

含水解酶，能帮助精子穿过卵膜。头的后端有 2 个中心粒，尾部的轴丝即由其中之一的远端中心粒产生。尾部长，结构和鞭毛一样，即所谓 a+2 结构，中央为 2 条单丝状微管，外围是 9 对环状排列的中空纤维管。头、尾之间是中段，很短，线粒体组成一螺旋，围在轴丝之外，线粒体提供精子运动的能量。

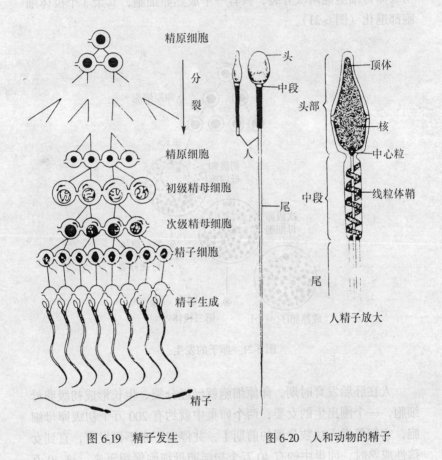

图 6-19 精子发生　　图 6-20 人和动物的精子

(2) 卵子

卵子在卵巢中形成，原始生殖细胞经过多次分裂形成卵原细胞。卵原细胞外面围有卵泡上皮，其作用是给卵细胞生长提供多种营养，卵原细胞经过生长、体积增大成为初级卵母细胞，经过两次分裂形成 4 个细胞。与精子的形成不同，初级卵母细胞进行第一次减数分裂后，形成一个大的次级卵母细胞和一个很小的第一极体，第一极体有可能再分裂，形成两个小的第二极体；次级卵母细胞再进行一次分裂，形成一个大的卵细胞和一个小的极体，这样，一个初级卵母细胞经两次分裂，只有一个成熟卵细胞，其余3个极体细胞都退化（图6-21）。

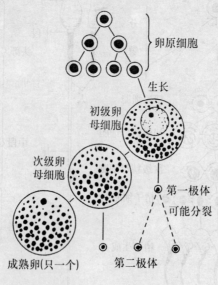

图 6-21　卵子的发生

人在胚胎发育时期，卵原细胞就已经分裂、生长形成初级卵母细胞，一个刚出生的女婴，两个卵巢中就约有 200 万个初级卵母细胞，它们都进入减数分裂的前期Ⅰ，并停留下来不再发育，直到女孩性成熟时，卵巢中约有 40 万个初级卵母细胞保留下来。这 40 万个初级卵母细胞并不同时苏醒、不同时发育，从性成熟开始，每 28d 左右，只有一个（偶尔 2 个）初级卵母细胞能继续发育。假定女孩从 15 岁开始排卵，持续 35 年，那么她的 40 万个初级卵母细胞中只有 420 个能继续发育成卵，在这 420 个能继续发育的初级卵母细胞中，最早的一个等待 15 年，最晚一个等待 50 年才重新发育。那些不能继续发育的初级卵母细胞便逐渐死亡。至于从 40 万个初级卵母细胞中，选择哪些继续发育，哪些不发育，如何选择？为什么只需要 400 多个卵细胞，开初却发生了约 200 万个？这些问题现都还无法解答。

2. 受精

精子和卵子融合成为一个 2n 的受精卵，这是非常复杂的过程，海胆（体外受精动物）受精过程的详细研究表明（图 6-22），卵子的外面有厚膜，称为卵黄膜，其上有与精子结合的受体分子。卵黄膜外，还有一层厚的胶质层，当精子到达卵子表面时，顶体便释放水解酶使胶质层溶解，同时顶体还释放特殊蛋白质盖在精子前端突起上，使突起能与卵黄膜上的受体结合，穿过卵黄膜与卵子的质膜接触，其后精子的质膜与卵子的质膜融合，精子进入卵内，尾部则留在外面而消失。

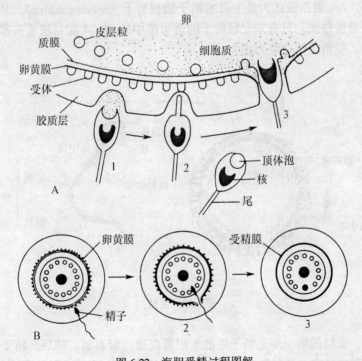

图 6-22 海胆受精过程图解
A. 精子入卵：1. 顶体破开，释放水解酶；2. 精子前端与受体结合；
3. 入卵，卵黄膜膨胀；B. 受精膜形成

一个精子入卵以后，Na^+迅速进入卵子，使质膜发生去极化变化，同时质膜上的受体也破坏，多余的精子就不能再进入了。另一方面，一个精子入卵后，卵子外层的一些皮层粒连到质膜上，将水解酶和大分子物质释放到质膜与卵黄膜之间，水解酶将两层膜之间的粘连分子水解，大分子物质吸水膨胀使卵黄膜变硬并远离质膜的受精膜，阻止卵外的精子进入。由于先有膜电位变化，后有受精膜的形成这种双重保护，多精入卵就不大可能发生了。

哺乳动物的受精与海胆有很多相似之处，只在一些特殊细节上有差异。

哺乳动物的卵子外面有一层称为透明带的外膜（图6-23），透明带上存在物种特异的精子结合蛋白，被称为ZP_1、ZP_2、ZP_3蛋白，ZP_3蛋白被认为是主要的精子捕捉分子（sperm-catching），是一种糖蛋白质，只有未受精卵子的透明带中的ZP_3才能与精子头部结合，受精后结合能力丧失。

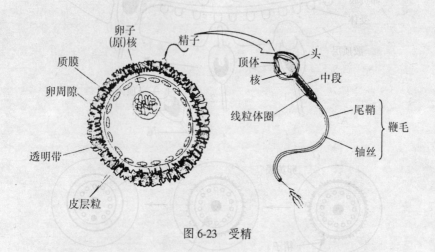

图6-23 受精

受精的第一步是精子松散地附着在透明带表面，随后，精子与透明带粘着，这种粘着是靠上述特异的蛋白分子来识别和完成的，成千上万的精子可以附着到一个卵子上，但能达到粘着阶段的只不足4个精子。

此后附着的精子完成顶体反应,精子穿过透明带进入卵子,到达卵与透明带隔开的卵周隙,借助顶体膜与卵细胞膜的结合,精子与卵细胞融合。随着精子入卵,卵细胞膜电位发生变化,阻止多精入卵。

精子入卵时,卵细胞的成熟程度是不一样的,海胆是在卵母细胞两次分裂已完成,第一、二极体都产生后,精子才入卵。人和许多哺乳动物是在次级卵母细胞处于第二次减数分裂中期时精子入卵的,由于精子的激活,卵细胞完成减数分裂,并实现精原核与卵原核的结合。同时,卵子细胞质周围的皮层粒与精子细胞膜相融合,释放多种酶到卵周隙,使透明带变硬,为阻止多精入卵提供保证。

哺乳动物受精部位一般发生在输卵管的壶腹部,精、卵结合的先决条件是排卵和排精的时间必须配合,精子在雌性动物生殖道内存活的时间不长,如牛、马、羊的精子,存活时间只有 2d;卵子排出后的存活时间也只有 1~2d,卵运行至输卵管壶腹部未与精子相遇,24h 后便失去受精能力而逐渐退化。精子与卵子结合前有一个获能过程才能具有受精能力,海胆的卵散发出一种吸引精子并为之导向的交配素(gamone),哺乳动物也有类似情况,精子只有在经过输卵管的途中,接受雌性分泌物才具有受精能力,这种作用就称之为精子获能。

6.3.2 胚胎发育

1. 卵裂

受精卵的分裂称为卵裂,卵裂在开始是同步进行的,即一分为二,二分为四,四分为八。以文昌鱼这种研究动物胚胎发育的模式动物为例,受精卵第一次分裂是顺着卵轴,分成两个相等的细胞,第二次分裂与第一次分裂面相垂直,分裂成 4 个细胞,第三次分裂,为水平分裂,分裂面与第一次、第二次分裂面垂直相交,不过不在正中间,而是略靠动物极(上半部)分裂,结果分裂成的 8 个细胞,4 个较小的在上面,4 个较大的在下面。以后细胞的分裂不断地纵裂与横裂,细胞数目不断增多,形成多细胞的实心胚,而其大小和受精卵基本一样,这是由于早期的卵裂,并不伴随细胞的长大(图 6-24)。

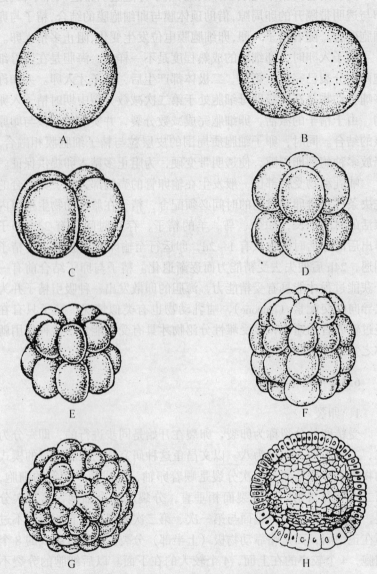

图 6-24 文昌鱼的卵裂及囊胚
A. 受精卵；B. 2细胞时期；C. 4细胞时期；D. 8细胞时期；
E. 16细胞时期；F. 32细胞时期；G. 64细胞时期；H. 囊胚切面

2. 囊胚

实心的幼胚继续发育，细胞排列到表面，成一单层，中心是充满体液的中心腔或囊胚腔（图 6-24，H）。这时期动物极和植物极的区分，也是根据细胞的大小，动物极细胞较小，植物极细胞较大。囊胚的大小仍然和受精卵相似，但细胞数目已增加到上千个了。

3. 原肠胚

囊胚之后，细胞的分裂速度变慢，胚胎开始出现形态上的分化，发生一系列的细胞移动和重组，使球状的囊胚变成双层杯状的原肠胚，这一阶段是从囊胚的植物极细胞内陷开始，逐渐向囊胚腔陷入，囊胚腔逐渐缩小，植物极细胞层靠向动物极细胞层内面，这样囊胚腔继续缩小以至消失，陷入的细胞层形成一个新的腔，即原肠腔（图 6-25）。这时的胚胎有两层，外层为外胚层，内层为内胚层。原肠腔的开口称为胚孔，这里是内陷开始的地方，后来胚孔对面再形成开口，棘皮动物和脊椎动物的胚孔发育成为肛门，对面的开口发育成为嘴。

4. 中胚层的发生

原肠腔的胚胎外形似蚕蛹，胚体是圆形的，随着胚胎的发育，胚体的上面逐渐平坦，两侧和下面仍保留圆形，上面将来发育成文昌鱼的背部，下面将来发育成为腹部。

背部的外胚层细胞由立方体形变成柱状细胞，因而这部分外胚层加厚，将来发育成为神经系统器官，故称为神经板。神经板沿胚胎纵轴中央下凹成一条浅沟，浅沟两侧的细胞向两侧隆起，逐渐向中央合拢，最后合成一条管子，称神经管。神经板两侧本来是和外胚层细胞连接着的，当神经板还没有形成管子时，外胚层细胞生长很快，先在背面连成一片，盖在神经管的背面，所以神经管形成时，就被外胚层覆盖。

紧贴在神经板下面的细胞就是脊索板，由内胚层细胞演化而来，脊索板两侧向腹面卷成一条柱状细胞棒，这就是脊索，从前到后成为身体的支持器官。

脊索两侧的细胞就是中胚层，这些细胞原来也位于囊胚的表面,随着内胚层陷入而卷到里面来。由于脊索两侧部分细胞的增生,向外凸出形成从前到后的一系列囊泡,逐渐脱离内胚层,前后各囊泡互相结合连通起来成为中胚层,中胚层里面的腔发育成体腔(图6-25)。

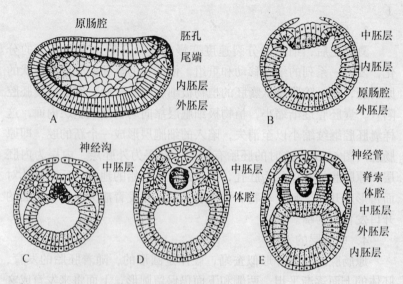

图 6-25　文昌鱼中胚层和体腔的发生

三个胚层继续发育、分化,形成各种细胞、组织和器官(表6-1)。

表 6-1　哺乳动物三个胚层的发育

外胚层	内胚层	中胚层
皮肤的表皮层、毛发、指甲、汗腺 神经系统全部——脑、脊索、神经节、各神经元 各感觉器官的感受细胞 眼角膜与晶状体 口腔、鼻孔、肛门上皮细胞 牙齿珐琅质	消化管内腔上皮 气管、支气管及肺泡上皮层 肝细胞、胰分泌上皮、胆囊内皮 甲状腺、甲状旁腺和胸腺 膀胱、尿道内皮	肌肉——平滑肌、骨骼肌和心肌、皮肤的皮层 结缔组织——骨骼和软骨、牙齿的齿质 血液和血管 肠系膜 肾、睾丸和卵巢

5. 胚胎外膜

胚胎外膜是胚胎组织膜的延伸，陆生脊椎动物胚胎外膜有4层，即羊膜、绒毛膜、卵黄囊和尿囊的膜（图6-26），羊膜是从胚胎本身长出来的膜，折叠在胚胎外面，将胚胎裹起来，羊膜与胚胎之间的空隙为羊膜腔，其中充满羊水，胚胎位于羊水中，可免受震动，这也是动物从水生到陆生的一个重要适应。

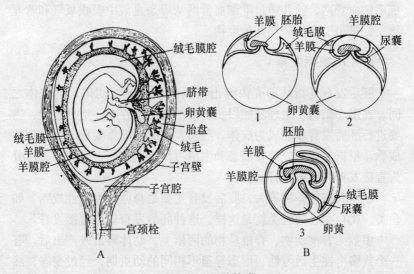

图 6-26　胚胎外膜
A. 人胚胎外膜；　B. 鸟类胚胎外膜

羊膜外有绒毛膜，从胚泡外围的细胞发育而来，爬行类和鸟类的绒毛膜很薄，人和其他胎盘类哺乳动物的绒毛膜很厚，紧贴在母体子宫壁上，有很多绒毛状突起长入子宫壁中，绒毛膜和子宫壁共同形成胎盘，绒毛膜和子宫壁中有丰富的血液供应，但胎儿与母亲的血液并不相通，胎儿的血液经毛细血管与子宫壁中的血液进行气体和物质交换。

尿囊是胚胎消化管的延长物，由肠腔后端的突起形成。在爬行类和鸟类，尿囊的作用是收集代谢废物，人的尿囊很小，没有什么功能。

卵黄囊也是消化道延伸出的囊，在卵生脊椎动物中，卵黄囊中充满卵黄，哺乳动物和人胚胎也有一卵黄囊，但只是退化器官，没有营养意义。

羊膜、尿囊和卵黄囊都是从胚胎腹面延伸出来的，胚胎长大，羊膜相对地变细，形成一管，将已缩小的尿囊和卵黄囊包围起来形成一条带子，即脐带。脐带中有胎儿的动脉和静脉，伸入到胎盘中成毛细血管网，胎儿通过毛细血管网从母亲血液中吸收氧气和营养物质，排出二氧化碳和其他废物。

6.3.3 胚后发育

胚后发育是指从卵壳内孵出或从母体产出的幼体，与成体之间，在形态结构、生理功能以及生活习性上都存在一定的差异，需要进行胚后发育才能成为成体。胚后发育完成的重要标志是达到性成熟。根据幼体和成体在形态和生活习性上的差异，胚后发育可分为直接发育和间接发育。

幼体和成体差别不大，胚后发育主要是身体长大和性成熟，如鱼类、爬行类、哺乳类就是这样，这种胚后发育就是直接发育。

多数无脊椎动物、脊椎动物的两栖类，幼体孵出或产出后，有一个或多个在生活习性、形态等很不相同的幼虫期，经过变态，然后才能达到成体，这种发育就是间接发育。如蛙从卵孵化出蝌蚪，有鳃和尾鳍，在水中游泳，后来鳃和尾消失，出现肺和附肢，成蛙形，可在陆地上生活。这种变态重演了蛙类祖先从水生到陆生的进化过程。而蝶蛾的变态，经过幼虫、蛹和成虫三个阶段，这是因环境而变，在幼虫期以营养为主，在成虫期以生殖为主，两者没有进化关系。

6.3.4 衰老和死亡

1. 概念

动物在到达性成熟之后，在结构和生理功能方面出现衰退性变化，这种变化随年龄的增加而增加，我们把成熟机体的结构和功能随年龄增加而出现的进行性老化称为衰老，衰老的终点就是死亡。如一个36岁的男人长到75岁时，他的味觉可能要减少64%；肾小体可能减少44%；肾小体过滤率减少31%；脊神经的神经元可能减少37%；神经传导速度可能减慢10%；此外脑供血量、肺活量也减少，应变能力大为衰退，反应迟钝，对周围环境的适应力降低，这都是衰老现象。

死亡是指机体生命活动的终结，标志着新陈代谢的停止。人和高等动物的死亡可分为生理衰退发生的自然死亡；多疾病造成的病理死亡和意外伤害造成的意外死亡。

死亡过程可分为临床死亡和生物学死亡，人的临床死亡是以心脏停止跳动的时间为标志，生物学死亡是指中枢神经系统丧失对机体的控制能力，即脑死亡。

2．动物的寿命

不同种的动物寿命是不同的，但就某一个种来说，寿命是有一定范围的，这是生物种的遗传特性之一。另外动物的寿命与他所处的环境、营养、温度等条件有关。

不同种动物的寿命举例（动物园饲养记录）

蝙蝠	2年	马	62年
猫	21年	牛	30年
黑猩猩	37年	龟	123年
印度象	57年	鳖	177年

不同种的动物，寿命的差异是相当大的，在一个机体内，不同类型的细胞其寿命差异也是很大的，例如人的红细胞寿命均为120d，结缔组织细胞能生活2~3年，而高度分化的肌肉和神经细胞，在出生后停止分裂，其寿命与个体寿命一样。

3．衰老机理

为什么会衰老？到目前为止还是不能明确回答问题，但某些生理机能的变化肯定与衰老有关。

（1）细胞分裂次数

1961年L. Hayflick和P. Moorhead用人的成纤细胞进行体外培养，经40~50次分裂后，细胞变大，周期加长，不再分裂而死亡。

还有实验证明，成纤细胞的分裂次数是固定的，如果将已分裂20次的成纤细胞冷冻保存，几年之后解冻培养，它们也只能分裂30次左右后死去；决定分裂次数的"钟"存在于核中，如将已分裂10次的成纤细胞核移植到已分裂30次的去核成纤细胞中，组成"幼核老质"细胞，这种细胞的分裂次数将根据幼核的分裂次数，再分裂40次。反之，如果将分裂30次的核取代分裂10次的核，组成的"老核新质"细胞就只能再分裂20次了。

(2) 端粒

动物染色体两端有异染色质结构，称为染色体端粒（telomere），是由TTAGGG 6个碱基为一单位的重复排列，这6个碱基单位在100多种动物中都是相同的，不同物种中只是重复次数不同。以人为例，有2 000个重复单位，约12kbp。

人的细胞分裂，每分裂一次，端粒就失去60pb（10个重复单位），那么分裂200次，端粒就会全部丢失，细胞就不会再分裂而死亡。人体大多数细胞寿命是分裂50~100次就死亡，原因就在于此。

细胞发生癌变后就不衰老了，这是由于这种细胞有端粒延长酶，使细胞端粒在分裂过程中不会缩短。如海拉细胞（Hela cells），是1951年取自一患宫颈癌的女士（Henrietta Lacks），50多年了，海拉细胞照样在分裂繁殖，已证实海拉细胞中端粒延长酶的活性。

(3) 误差说

误差说认为老化的过程是由于遗传的不稳定性，在细胞分裂进行DNA复制时，出现某种误差，误差的逐渐积累引起DNA化学特性的改变并能遗传下去，这样就影响细胞的正常机能，导致细胞衰老。

思 考 题

1. 什么叫生殖？生殖的基本类型有哪些？
2. 试述世代交替的含义及意义。
3. 试述被子植物的双受精过程。

4. 简述花粉和胚囊的发育过程，大（小）孢子母细胞、大（小）孢子及花粉母细胞、胚囊母细胞、配子体等名词的意义和它们之间的关系。

5. 说明高等动物精子和卵子的发生过程。

6. 高等动物胚胎发育的主要阶段有哪些？

第7章 生物进化

地球上种类繁多的生物都是由原始生物进化而来的，我们都知道鸟类的祖先始祖鸟，马的祖先始祖马等。原始类型与现代类型之间，在形态、结构等方面都有很大的差异，这是长期进化的结果，是生物对生存环境的一种适应性进化。生物进化就是研究生物种群多样性和适应性的变化，研究生物种群在历史发展过程中遗传组成的变化。

7.1 达尔文和自然选择理论

7.1.1 达尔文以前的进化学说

中世纪神造论（Creationism）统治着自然科学，认为世上万物都是上帝创造的，而且一旦创造出来之后就永远不变了。直到18世纪后期，随着自然科学的发展，有不少学者摆脱神造论的束缚，对生物进化问题进行了探讨，其中著名的有 G.L.de 布丰、E. 达尔文和 J.B. 拉马克，他们的工作对进化论的建立有积极的影响。

布丰（Georges-Louis Leclerc de Buffon．1707～1788年），是第一个提出生物进化概念的法国博物学家，他认为物种是可变的，而且用比较解剖学中的发现支持物种变化的观点，他认为生存环境的改变，特别是气候与食物的变化，可引起生物体的改变。

E. 达尔文（Erasmus Darwin，1731～1802年）是 C. 达尔文的祖父，英国医生，他也认为物种是变化的，变化的原因是由于个体在生活史中变化的修饰，这些修饰被遗传给后代。

拉马克（Jean-Baptiste Lamarck，1744～1829年）法国伟大的博

物学家，1809年发表了《动物哲学》一书，不仅对动物分类作出了重大贡献，为进化过程提供了大量证据，重要的是提出了进化的机制。他强调生物内部因素，认为动物进化原因在于用进废退和获得性遗传。所谓用进废退，就是指机体在生活史中，被使用的器官将得到加强、发展、增大，而没有使用的器官将萎缩、退化，以至丧失机能，甚至完全消失。拉马克还认为机体在其一生中发生的这些变化能传递给下一代，这就是获得性遗传。拉马克学说常引用的例证是长颈鹿的长脖子，它是由于无数代的长颈鹿试图得到高处的树叶，以便更有效地与其他草食动物竞争。

7.1.2 达尔文和《物种起源》

C. 达尔文（Charles Darwin，1809~1882年）是 E. 达尔文的孙子，曾在爱丁堡大学学医后又到剑桥大学学神学。1831年结束剑桥的学习后，参加了皇家军舰贝格尔号的5年环球航行，在这次航行中，他调查了各地的动物区系，比较了化石动物与现在动物的关系、生物的地理分布以及在地质期内出现的程序。通过这一系列的科学考察，使他认识到生物的种和变种是由以前别的种演变而来，并不是上帝创造的。在此基础上发展了有关进化机制的理论，就是自然选择（natural selection）。1858年在英国林奈学会上宣读了他的论文，1859年11月24日在伦敦出版了《物种起源》一书，达尔文的进化理论诞生了。

7.1.3 自然选择学说

达尔文用自然选择来解释生物进化，自然选择学说的主要内容可归纳如下：

1. 遗传和变异

生物有遗传特性，因而物种才能稳定，但生物界又存在广泛变异，每一代都有，变异是随机的，达尔文当时还不能区分可遗传的变异和不遗传的变异，但他实际讨论的是可遗传的变异，这种变异一代代积累，就会导致生物更大的改变。

从现代遗传学知道，可遗传的变异包括：①染色体畸变和基因突变；②基因重组。这些变化实际上都是 DNA 分子的变化，一对等位基因的遗传，子一代产生 2 种配子，子二代产生 3 种基因型，如涉及 100 对基因杂交，就可相应地产生 2^{100} 种配子和 3^{100} 种基因型。由于生物的基因数都很大，因而能组合的基因型数目可以说是无穷的，因此可遗传的变异是非常之多的。

2. **繁殖过剩**

每一代都产生过量的后代，超过环境资源所能支持的数量。家蝇的繁殖力很强，一对家蝇繁殖一年，每一世代 10d，每代产卵 1 000 个，如果后代都不死亡，这一对家蝇一年所产的后代可以把整个地球覆盖 2.54 cm 厚。达尔文还指出大象这种繁殖慢的动物，如果每代都能繁殖，累计起来数量也是惊人的，例如一头雌象一生(30~90 岁)产仔 6 头，每头活 100 岁，750 年后就可能有 19 000 000 头。

但事实上动物的数量都没有增加到那样多，在自然界各种生物的数量在一定时期内保持相对稳定，其原因就是生存竞争和适者生存。

3. **生存竞争和适者生存**

物种的数量之所以不会大增，就是因为有生存竞争，生物或者与同种个体竞争（种内竞争），或与不同物种竞争（种间竞争），或者与生存条件竞争，生存竞争的结果就是适者生存，如在常有大风的海岛上，无翅的昆虫不会飞，不至被大风吹到海里，而支翅昆虫却在飞翔时被大风吹到海里淹死；在种内竞争中，身强、取食能力强的生存下来，体弱、取食能力差的则就被淘汰。

达尔文认为生存竞争和适者生存的过程，就是自然选择过程。自然选择过程是一个长期、缓慢、连续的过程，通过一代代的选择和一代代变异的积累，生物的性状就会逐渐和原先的祖先种不同，这就演变成新物种了。

7.2 达尔文以后进化论的补充和发展

7.2.1 基因库和哈迪-温伯格定律

一个物种在一定区域内所有的个体就构成了该物种的一个种群

(population)，一个种群内所有个体所携带的基因（包括等位基因）的总和就是基因库（gene pool）。或者说一个种群中每一个基因的等位基因总数，就是该种群的基因库。个体有生有死，但种群的基因库是持续存在的，等位基因频率的改变是进化的原材料，温和的变化在种群中不会产生可观察的变化，但随着逐代的积累，在种群特征上将出现显著变化。

因此，可以认为个体基因频率的改变，影响种群基因库的组成，而种群基因库的变化，就是种群的进化。

1908年英国数学家哈迪（G.H.Hardy）和法国医生温伯格（W.weinberg）根据遗传学原理，分别提出了基因频率稳定性条件。他们指出，在一个有性生殖种群中，只要符合一些条件，等位基因的频率和基因型频率，在世代之间是保持稳定不变的，或者说是保持基因平衡的，这些条件是：①种群大；②种群内个体间的交配完全随机；③没有突变；④没有新基因加入；⑤没有自然选择。这就是哈迪-温伯格定律。

在这样的稳定种群中，基因的频率遵从概率法则。例如种群中等位基因A的频率是p，等位基因B的频率是q，那么$p+q=1$，当两件事情同时发生时，其概率等于第一件事的概率乘以第二件事的概率，那么A、B两个等位基因的概率就是$(p+q)^2 = p^2 + 2pq + q^2 = 1$，如果有3个等位基因，则其公式就为

$$(p+q+r)^2 = p^2 + q^2 + r^2 + 2pq + 2pr + 2qr = 1。$$

下面我们来具体推算种群中一对等位基因A和a的平衡情况，在一个自然种群中，A和a的频率（或比例）是1/2:1/2，带有A和a的精子比例是1/2:1/2，带有A和a的卵子比例也是1/2:1/2，交配生殖的结果，产生三种基因型，即1/4AA，1/2Aa，1/4aa，A和a的比例仍然是1/2A:1/2a。随机交配产生第三代，基因频率仍然是1/2A:1/2a，基因型频率仍然是1/4AA，1/2Aa和1/4aa。从表7-1我们来推算第三代基因型的比例。

已经知道第二代的基因型是1/4AA、1/2Aa和1/4aa，随机交配，AA将与AA、Aa、aa交配，AA与AA的交配概率是$1/4 \times 1/4 = 1/16$，第三代基因型概率将是1/16AA，AA与Aa的交配概率是

1/4×1/2，但因 Aa 中 A 只有 1/2，a 也只有 1/2，因此，第三代中 AA 的概率是 1/4×1/2×1/2 = 1/16，Aa 的概率也是 1/16。如此推算就可得到表 7-1 的结果，第三代的基因频率仍然是 A:a = 1:1。如果继续下去，只要上述条件不变，A、a 等位基因的频率永远是 1/2:1/2，基因型永远是 1/4AA:1/2Aa:1/4aa。

表 7-1 哈迪-温伯格定律：种群基因型 AA:Aa:aa 的比例为 $1^2:2:1$，随机交配产生后代的基因型比例

雄 × 雌	频 率	后代概率
AA AA	1/4 × 1/4	1/16AA
AA Aa	1/4 × 1/2	1/16AA + 1/16Aa
AA aa	1/4 × 1/4	1/16Aa
Aa AA	1/2 × 1/4	1/16AA + 1/16Aa
Aa Aa	1/2 × 1/2	1/16AA + 1/8Aa + 1/16aa
Aa aa	1/2 × 1/4	1/16Aa + 1/16aa
aa AA	1/4 × 1/4	1/16Aa
aa Aa	1/4 × 1/2	1/16Aa + 1/16aa
aa aa	1/4 × 1/4	1/16aa
		总 4/16AA:8/16Aa:4/16aa
		1AA:2Aa:1aa

通过哈迪-温伯格定律，我们可推测出一个群体中等位基因和基因频率。

例如 人的 ABO 血型决定于 3 个等位基因 I^A、I^B、I^i，假设某一地区的人血型频率为：A 型（I^AI^A，I^Ai）= 0.45；B 型（I^BI^B，I^Bi）= 0.13；AB 型（I^AI^B）= 0.06；O 型（ii）= 0.36。根据上述 3 个等位基因的公式和图 7-1，可推算出这一地区人的各等位基因的频率：假如 I^A 的频率为 p，I^B 的频率为 q，i 的频率为 r，则 r^2 (ii) = 0.36，$r = \sqrt{0.36} = 0.6$（i 的频率）。

从图 7-1 得知，血型 B 和血型 O 的总频率为

$$q^2 + 2qr + r^2 = (q+r)^2$$

故　　　$(q+r)^2 = 0.13 + 0.36 = 0.49$

$$q + r = \sqrt{0.49} = 0.70$$
$$q = 0.70 - 0.60 = 0.10 \ (I^B \text{ 的频率})$$
$$p = 1 - (q + r) = 1 - 0.70 = 0.30 \ (I^A \text{ 的频率})$$

	p (I^A)	q (I^B)	r (i)	
p (I^A)	p^2 ($I^A I^A$) (A 型)	pq ($I^A I^B$) (AB 型)	pr (I^Ai) (A 型)	A 型：$p^2 + 2pr$ B 型：$q^2 + 2qr$ AB 型：$2pq$ O 型：r^2
q (I^B)	pq ($I^A I^B$) (AB 型)	q^2 ($I^B I^B$) (B 型)	qr (I^Bi) (B 型)	
r (i)	pr (I^Ai) (A 型)	qr (I^Bi) (B 型)	r^2 (ii) (O 型)	

图 7-1 ABO 血型基因及基因频率关系

7.2.2 基因频率的改变

哈迪-温伯格定律的应用是有先决条件的，在满足先决条件的种群中，基因频率或基因型比例是稳定不变的，然而在自然界这些条件是难以满足的，因而基因频率总是要发生改变的，这将导致生物的进化。基因频率改变的原因是多方面的。

1. 遗传漂变

遗传漂变（genetic drift）是指在一个小的种群中，基因频率可能因偶然的机会，而不是由于选择而发生的变化。例如在只有 5 株 TT、12 株 Tt 和 4 株 tt 基因型的豌豆种群中，兔子可能进入这块地，偶然地仅吃掉 5 株 TT 基因型豌豆，这个 T 等位基因的丢失，改变了这个小种群许多世代中等位基因的频率。这种偶然丢失某种基因型的情况，在较大的种群中是不会发生的。

2. 建立者效应

建立者效应（founder effect）是遗传漂变的另一种形式，说明小种群可以造成特殊的基因频率。例如在一个较大的种群中，其中一小部分（几个或几十个个体）迁移到另外地区定居下来，与原来的种群形成隔离，这些个体就是建立者，它们的基因频率与原来大种群的频率不一定相同,可能有很多等位基因没有带出来,这样在分出来的一小部分个体中,某些等位基因频率少了甚至有的丢失,而另一些基因频率则增加了,这就说明小种群可以造成与原种群不同的基因频率,这一新的基因频率,取决于建立者的基因频率。

3. 不随机交配

随机交配是维持基因频率稳定的必要条件。然而,在自然状态下,种群中个体间的交配永远是不随机的,雌性个体要选择雄性个体,而健壮的雄性个体,在种群中总是有更多的交配权。例如一对等位基因 Aa,AA 和 Aa 是同一种表现型,aa 是另一种表现型,交配不随机的话,假如只有表现型相同的才能交配,即 AA、Aa 只和 AA、Aa 交配,aa 只和 aa 交配,那么下一代的基因频率就要改变,基因型 AA:Aa:aa 也不再是 1:2:1 了(表 7-2)。

表 7-2　不随机交配时基因频率的改变

	AA	Aa	Aa	aa
AA	AA|AA AA|AA	AA|AA Aa|Aa	AA|AA Aa|Aa	—
Aa	AA|AA Aa|Aa	AA|AA Aa|aa	AA|AA Aa|aa	—	AA = 16/40 = 2/5 Aa = 16/40 = 2/5 aa = 8/40 = 1/5 A:a = 3:2
Aa	AA|AA Aa|Aa	AA|AA Aa|aa	AA|AA Aa|aa	—
aa	—	—	—	aa|aa aa|aa

AA 与 Aa 同一表现型可以交配,但不与 aa 交配,aa 只能同 aa 交配。结果原来的 AA:Aa:aa 的 1:2:1 的比例,一代后即改为 2:2:1。A:a 的基因频率也由原来的 1:1,改为 3:2。

7.2.3　综合进化论

1859 年达尔文出版《动物哲学》一书时,遗传学还没有发展成一门独立学科,达尔文创立进化论的研究方法基本上是描述和比较。1900 年孟德尔论文重新被发现,随着遗传学、古生物学、生物地理学的发展，丰富了进化论，称之为综合进化论，基本概念如下：

1. 达尔文看来，进化的改变仅体现在个体上，综合进化论则认为，由于基因的分离和重组，不可能使基因型稳定地延续下去，基因库只能相对维持稳定。因此，进化体现在种群遗传组成的改变上，不是个体进化，是种群在进化。

2. 达尔文的进化论中，自然选择来自繁殖过剩和生存竞争，综合进化论则把自然选择归结为不同基因型的差异延续，在种内和种间的生存竞争中，胜利者被选择保留下来，其基因型得以延续，这固然有进化价值，但除此之外，生物之间的一切相互作用，如捕食、寄生、共生、合作交配机会等，只要影响基因和基因型频率的改变，同样有进化价值，这里没有生存竞争，没有生死存亡问题。

3. 达尔文时代不能区别遗传的变异和不遗传变异，有时还采用拉马克的获得性遗传的概念，综合进化论摒弃了这些过时概念，将自然选择与孟德尔遗传理论和基因论结合起来。

7.2.4 分子进化和中性学说

1968年日本学者木村资生（M. Kimura）提出分子进化中性学说，主要论点是，多数或绝大多数突变都是中性的，无所谓有利或不利，对于这些中性突变，不会发生自然选择与适者生存，生物的进化主要是中性突变在自然群体中进行随机漂变的结果，与选择无关。

中性学说提出的根据是生物大分子（核酸、蛋白质）中核苷酸和氨基酸的置换速率及这些置换改变核酸和蛋白蛋的分子但并不影响大分子的功能。

中性突变有几种情况：

同义突变：在编码氨基酸的三联密码中，一个氨基酸的密码子不止一个，三联密码中第三个核苷酸的置换，往往不会改变氨基酸的合成，如脯氨酸的密码CCC，其中第三个C如被其他三种核苷酸取代，形成CCU、CCA、CCG，这三个密码仍然还是脯氨酸，即虽然发生了突变，但与原来的密码是同义的。

非功能性突变：DNA 分子中有些不转录的序列，如内含子（intron）和重复序列，这些序列对蛋白质合成中的氨基酸没有影响，这些序列中如发生突变，对生物体也没有影响。

不改变功能的突变：结构基因的突变，能改变由它编码的蛋白质分子中的氨基酸组成，但并不改变蛋白质分子的功能，如由 104～112 个氨基酸组成的细胞色素 C，在不同动物间氨基酸是有差异的，如人与猕猴、鸡、金松鱼、酵母菌、细胞色素 C 中氨基酸的差异数分别为 1、13、21、45，但它们的生理功能都是相同的。

中性学说认为，中性突变不引起生物表型的改变，对生活力和生殖力没有影响，因此自然选择不可能起作用，真正起作用的是随机的遗传漂变，即突变在种群中随机地被固定或消失，这就造成了分子的进化。

分子进化的速率，取决于核酸或蛋白质大分子中核苷酸或氨基酸在一定时间内的替换率，而每一种大分子在不同生物中的进化速度是一样的。以血红蛋白的 α 链为例，鲤鱼、马、人都是由 141 个氨基酸组成，但氨基酸的组成不同，其中鲤鱼和马有 66 个氨基酸不同，马和人有 18 个氨基酸不同。根据进化速率公式

$$K_{aa} = \frac{d_{aa}}{N_{aa}} \div 2T$$ 可以进行计算。

d_{aa} 为两种同源蛋白质中氨基酸的差异数，N_{aa} 为同源蛋白质中氨基酸数目，T 为两种生物分歧进化时间。鱼类起源于志留纪，距今约 4 亿多年（4×10^8），根据公式

$$K_{aa} = \frac{66}{141} \div (2 \times 4 \times 10^8) = 0.6 \times 10^{-9}/aa \cdot a \text{（aa 氨基酸　a 年）}$$

高等哺乳动物出现在约 0.8 亿年以前，人和马的血红蛋白进化速率是

$$K_{aa} = \frac{18}{141} \div (2 \times 8 \times 10^7) = 0.8 \times 10^{-9}/aa \cdot a$$

可见血红蛋白 α 链的进化，在从鲤鱼到马和从马到人是基本相同的。

7.2.5 点断平衡说

达尔文学说认为,自然选择导致的进化是由于种内微小突变的一代代积累,是一种长期缓慢的、渐进的过程。这对于解释种以下的进化是成功的,但对种以上的进化就难以解释。因为从古生物的化石中找不到从一个物种到另一个物种的过渡或联系环节,而化石记录的不是渐变式的进化,而是跳跃式的。

例如在法国发现的始祖鸟化石,既像鸟又像爬行类,它有羽毛,前肢成翼,从骨骼结构推测,它是恒温动物;但它有齿,翼上有3个爪,还有一条多节尾椎的尾。这都是爬行类动物的特征,所以始祖鸟是介于爬行类和鸟类之间的动物,是鸟类起源于爬行类动物的证据。

但是,始祖鸟与爬行类动物和现代鸟类都有许多不同,人们一直找不到化石说明爬行类动物是如何一步步演变为始祖鸟的,也找不到始祖鸟是如何一步步演变为鸟类的化石证据,即找不到过渡环节。1972年美国自然历史博物馆的 Niles Eldredge 和哈佛大学的 Stephen J. Gould 提出了点断平衡说(punctuated eguilibrium),这个理论解释了化石记录中的缺失环节。这个理论认为,进化是以不规则的、跳跃的方式发生的,这种变化发生很快,随后是长期的相对稳定。

7.3 物种的形成

在分类学上,物种是基本单位,是指根据表形特征识别和区分的基本单位。物种是客观存在的,并不是人为划分的单位。物种的定义有多种,一般认为物种是形态上类似的、彼此能够交配的、要求类似环境条件的生物个体的总和。物种有形态、地理分布、生理、行为及生殖等多方面特征,区别物种的重要依据是有没有生殖隔离。

7.3.1 隔离在物种形成中的作用

隔离使一个种群分隔成一些小的种群,这种小种群的基因频率可能发生改变，加上不同环境的选择，各小种群的发展方向不同，最后就可能形成新的种。

1. 地理隔离

地理隔离是非常普遍的，如海洋、湖泊、河流、沙漠、森林等都能将一个种群隔离成一些小的种群，这种空间上的地理隔离，阻止了它们之间的基因交流。经过一定的时间后，这些被隔离的小种群可能出现不能互相交配的生殖隔离，这就出现新的种。这是由于：①被隔离的小种群的基因频率在一开始不可能完全相同，按照建立者效应，隔离的种群如果是小的，它们的基因频率差异就更大；②由于突变是随机发生的，在隔离的种群间会出现不同的突变；③隔离的种群各自生活在不同的生态环境，因此有不同的选择压和选择方向，在甲地甲种种群中，某些基因被选择保留下来，而在乙地乙种种群中，另一些基因被选择保留下来，这样就使隔离种群的基因库组成产生更大差异。

通过地理隔离造成生殖隔离的极好实例是 15 世纪欧洲人移到马德拉一个小岛（porto santo）上的家兔，经过 500 年的隔离，已不能与欧洲家兔交配生殖后代，已变成一个新种。

2. 生殖隔离

生殖隔离是指生物之间不能自由交配或交配后不能产生可育性后代的现象。这种隔离又可分为交配前生殖隔离（前合子机制）和交配后生殖隔离（后合子机制）。

(1) 交配前生殖隔离

这是指因种种原因不能实现交配的生殖隔离，这种生殖隔离的发生有如下几种情况。

①生态隔离：由于生活在不同的地区，而无法杂交，如美国的西方悬铃木和地中海悬铃木，相距遥远而不能杂交。

②栖息地隔离：虽然都生活在同一地区，但栖息地不同，有的树栖、有的土栖、有的水栖，彼此之间也不可能杂交。

③时间隔离：指生殖时间不同而出现的生殖隔离，如植物的开花季节不同，不能交配，一种松 $P. radita$ 是二月份散粉，而其近似种 $P. muricata$ 在四月份散粉；动物中发情和排卵的时间不同，

因而不能自由交配。

④行为隔离：不同种的动物都有各自特有的求偶交配行为，因而不会异种交配。

⑤机械隔离：由于不同种生物的生殖器官的形状、大小不同而产生的隔离。

(2) 交配后生殖隔离

①配子隔离：即雌雄配子不能结合，有时不同种个体间可以交配或受粉，但由于配子的不亲合性而不能完成受精，如两种果蝇 $D.virilis$ 和 $D.americana$ 可以交配，但精子在雌蝇生殖道内完全麻痹，不能与卵结合。

②发育隔离：不同种之间可以交配，可以发生受精作用，但胚胎发育不正常，不到出生就夭亡，如山羊与绵羊的杂交。

③杂种不育：杂交种可以存活，但不能繁殖后代，如马和驴之间的杂交，可得到杂种——骡，但骡不能繁殖后代。

④杂种衰退：杂交种能存活，也繁殖后代，但后代衰退。很快被淘汰，如树棉与草棉的杂交，F_1 健壮可育，但 F_2 个体衰弱，以至不能生存。

以上种种隔离情况，一般不是单独发生，往往几种情况同时发生，而且通常是先由地理隔离发展到生殖隔离，一旦生殖隔离形成，那就表明新种的形成。

7.3.2 物种形成方式

1. 渐变式（gradual type）

在物种形成过程中，由于外界因素阻止种群间的基因交流，促进种群间基因库差异的缓慢增加，通过若干中间阶段，最后达到完全的生殖隔离。例如美洲豹蛙，从美国东北部到南端呈连续分布，分布在东北部的豹蛙和分布在南端的豹蛙不能交配生殖，即已经产生生殖隔离，但它们分别和邻近的豹蛙却能交配生殖。这样的大种群就是渐变群，位于这个大种群两个极端部分的豹蛙算不算新的种？分布在这两者之间的种群又算什么种？这表明物种形成过程的复杂关系，在渐变群中，如果中间出现地理隔离，就可能形成完全独立的种。

长时间的地理隔离,形成新的物种的出名例子就是前述转移到马德拉小岛上的家兔,经500年长时间的变异积累而成为一个新的种。

2. 爆发式 (abrupt type)

这是物种形成的另一种方式,这种方式形成过程迅速,只需经过一、二代就能形成一个新的物种。在植物界多倍体植物一旦形成,就和原物种发生生殖隔离,这种方式就称爆发式。被子植物中约有40%以上是多倍体,其中多为异源多倍体,即由不同物种杂交,经

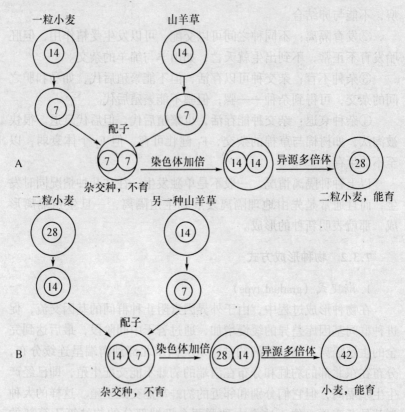

图 7-2 小麦种的起源
A. 一粒小麦和一种山羊草杂交,染色体加倍,产生二粒小麦;
B. 二粒小麦和另一种山羊草杂交,染色体加倍产生小麦

染色体加倍而得到的,如小麦的起源就是这样来的(图7-2)。

约在 6000 年前,野生一粒小麦（2n = 14）与山羊草（2n = 14）杂交,杂种染色体不同源,减数分裂时不能配对,因而杂种不育,染色体加倍后形成异源多倍体（2n = 28）,即得到结实正常的二粒小麦。

二粒小麦（2n = 28）与另一种山羊草（2n = 14）杂交,杂种也是不育,染色体加倍后,就得到异源多倍体（2n = 42）,即现在栽培的普通小麦这个种。

从物种起源上我们从上述例子可以看到,通过多倍体可以很快形成一个新的物种。现代通过人工杂交的办法,同样也很快创造出一个新种,例如小麦和黑麦杂交培育出的异源多倍体小黑麦。

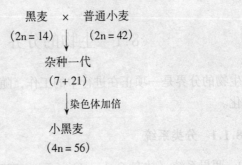

思 考 题

1. 达尔文自然选择学说的主要内容是什么?
2. 解释遗传漂变、建立者效应、中性学说、点断平衡说。
3. 说明隔离在物种形成中的作用。

第三篇 生物的多样性和生物的环境

第8章 生物的类群

8.1 生物的分界

生物的分界是一项正在进行中的工作,随着科学的发展而不断地深化。

8.1.1 分类系统

1. 两界系统（林奈 Carlous Linnaeus，1707~1778年）

在林奈时代以生物能否运动为标准,将生物划分为两界,即植物界和动物界。将细菌、真菌等都归入植物界。

2. 三界系统（赫克尔，1866年）

19世纪前后,由于显微镜的发明和使用,发现许多单细胞生物兼有动物、植物两种属性。如裸藻、甲藻等可自养,有的也可异养。因而赫克尔将原生生物单细胞生物另立为界,提出原生生物界、植物界、动物界的三界系统。

3. 五界系统（魏泰克 R.H.Whittaker，1959年）

1959年魏泰克根据细胞结构的复杂程度及营养方式的不同,将细菌和蓝藻、真菌从植物界中分出,分别另立为界,提出五界分类系统:即原核生物界（prokaryolae,包括细菌和蓝藻等），原生生物界，植物界，动物界和真菌界（Fungi）。真核生物为后四界。

它们组成了一个纵横统一的系统，从纵的方面它显示了生命历史的三大阶段：原核单细胞阶段，真核单细胞阶段和真核多细胞阶段。在横的方面它显示了进化的三大方向：进行光合作用的植物，为自然界的生产者；分解和吸收有机物的真菌，为自然界的分解者；以摄食有机物的方式进行营养的动物，为自然界的消费者。

4. 六界系统，三原界系统（Woese，1990年）

分子生物学的发展，特别是 rRNA 和 rDNA 的序列分析为整个生物界系统发育的研究提供了大量的数据。分子系统发育学已经表明，传统的魏泰克五界系统并不完全代表生物的五个进化谱系。

Woese 认为，原核生物在进化上有两个重要分支，他提出将原核生物分为两界：古细菌界和真细菌界。真核生物分为四界（原生生物界、真菌界、动物界、植物界）。因此，提出六界分类系统。

1990年，Woese 对生物分类又提出新的建议，认为"整个生物界可以区分为三个独立起源的大类群，它们是从共同祖先沿三条路线进化发展的"。即形成三个原界：①古细菌原界（domain archaea）；②真细菌原界（domain bachteria）；③真核生物原界（domain eucarya，包括原生生物、真菌、动物、植物），认为古细菌是一类既不同于其他原核生物，也与真核生物不同的特殊生物类群。古细菌与真核生物有更为接近的共同祖先，它们的关系与真细菌相比，更为密切。

在新的分类系统中，非细胞生命的病毒一般不被看做是分类系统中的一个单元。很多系统分类学家则把生物的多样性归结为三原界系统（图 8-1）。

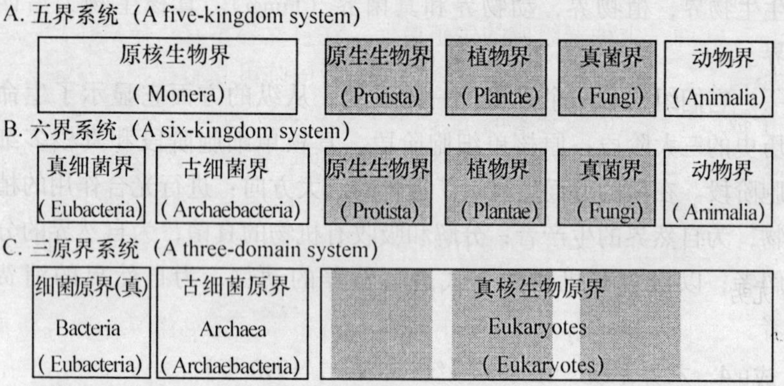

A. 五界系统（A five-kingdom system）

| 原核生物界
(Monera) | 原生生物界
(Protista) | 植物界
(Plantae) | 真菌界
(Fungi) | 动物界
(Animalia) |

B. 六界系统（A six-kingdom system）

| 真细菌界
(Eubacteria) | 古细菌界
(Archaebacteria) | 原生生物界
(Protista) | 植物界
(Plantae) | 真菌界
(Fungi) | 动物界
(Animalia) |

C. 三原界系统（A three-domain system）

| 细菌原界(真)
Bacteria
(Eubacteria) | 古细菌原界
Archaea
(Archaebacteria) | 真核生物原界
Eukaryotes
(Eukaryotes) |

（引自 N.A.Campbell.Biology.1996）

图 8-1　五界系统与其他分类系统的比较

8.1.2　生物分类等级和物种的命名

1．分类的等级

在自然分类系统中，分类学家将生物划分为：界（Kingdom）、门（Phylum）、纲（Class）、目（Order）、科（Family）、属（Genus）、种（Species）七个等级，有时为了将种的分类地位更精确地表达出来，在种以前的六个基本分类等级之间加入中间等级。

如在某一分类等级下可加设亚－（Sub－），即：亚门、亚纲、亚科、亚种等。

在某一分类等级上可加设总－（Super－），即：总纲、总目、总科等。

2．物种（Species）的概念

种即物种（species），按照自然法，种是分类的最基本阶元。但给物种下一定义却很难，因为不同专业生物学家对物种概念有不同的理解。随着科学发展，综合提出了多维性物种的概念。

物种的定义：

①生物的种是具有一定形态特征和生理特性以及一定自然分布

区的生物类群。

②种是形态、生理、行为和生殖的动态群。

③种是由种群组成的生殖单元，在自然界占有一定的生境，在系谱上代表一定的分支。这个定义是我国陈世骧教授提出的，是一个被广泛接受的较完善的定义。

不同的种存在形态、生理、地理、生殖隔离。

一个物种中的个体一般不能与其他物种中的个体交配，或交配后一般不能产生有生殖能力的后代。例如骡→公驴×母马，具杂种优势：抗病耐劳，耐力持久，寿命长于亲代。

亚种：种下分类阶元，指同一种内由于地理隔离，彼此分化形成的个体群。变种（variety）：个体变异。变形（form）：差异很小。品种（cultivar 或 breed）：生产实践中培育的具有某些经济性状的类型，是非生物分类单位。

3．种的命名方法

给生物起名字，不同国家、不同民族、不同地区对同一种生物可有不同的名称，出现许多混乱，主要表现在两个方面：同物异名和同名异物。

早在1768年，瑞典的分类学家林奈在《自然系统》中制定了双名法命名生物，现在已规定生物的命名必须用双名法进行命名。

双名法规定，每个学名由两个拉丁文或拉丁化形式的词组成，属名在前，种名在后，属名是名词，第一个字母要大写，种名是形容词，第一个字母要小写，在种名之后，还应加上命名人姓名、姓氏或其缩写。

如狗家犬的学名：*Canis familiaris Linne*．，Canis 是属名，表示犬属。*familiaris* 是种名，意思是熟悉的，Linne（有时可缩写为 L.）表示家犬的学名是林奈定的。

8.2 病 毒 界

病毒是地球上已知结构最简单、最原始的生命形式，也是自然界已知惟一的非细胞结构生物。病毒的个体大小一般只有最小细菌的1%,只有在电子显微镜下才看得到。

8.2.1 病毒的形态

病毒个体微小,测量病毒大小的单位是毫微米(nm),即1/1 000微米。大型病毒(如牛痘苗病毒)约200~300nm;中型病毒(如流感病毒)约100nm;小型病毒(如脊髓灰质炎病毒)仅20~30nm。

一个成熟有感染性的病毒颗粒称"病毒体"(Viron)。电镜观察有五种形态:

1. 球形(Sphericity)大多数人类和动物病毒为球形,如脊髓灰质炎病毒、疱疹病毒及腺病毒等。

2. 丝形(Filament)多见于植物病毒,如烟草花叶病病毒等。人类某些病毒(如流感病毒)有时也为丝形。

3. 弹形(Bullet-shape)形似子弹头,如狂犬病病毒等,其他多为植物病毒。

4. 砖形(Brick-shape)如痘病毒(天花病毒、牛痘苗病毒等)。其他大多数呈卵圆形或"菠萝形"。

5. 蝌蚪形(Tadpole-shape)由一卵圆形的头及一条细长的尾组成,如噬菌体。

8.2.2 病毒的结构

1. 核酸(Nucleic acid)

核酸位于病毒体的中心,由一种类型的核酸构成,含DNA的称为DNA病毒。含RNA的称为RNA病毒。DNA病毒核酸多为双股(除微小病毒外),RNA病毒核酸多为单股(除呼肠孤病毒外)。

核酸蕴藏着病毒遗传信息,若用酚或其他蛋白酶降解剂去除病毒的蛋白质衣壳,提取核酸并转染或导入宿主细胞,可产生与亲代病毒生物学性质一致的子代病毒,从而证实核酸的功能是遗传信息的储藏所,主导病毒的生命活动,形态发生,遗传变异和感染性。

2. 衣壳(Capsid)

在核酸的外面紧密包绕着一层蛋白质外衣,即病毒的"衣壳"。

病毒的核酸与衣壳组成核衣壳（Nucleocapsid）（图 8-2），最简单的病毒就是裸露的核衣壳，如脊髓灰质炎病毒等。有囊膜的病毒核衣壳又称为核心（core）。

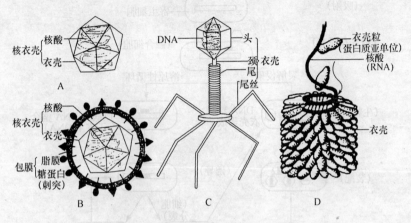

图 8-2 病毒的结构
A. 裸露病毒（无包膜）； B. 包膜病毒；
C. T-偶数噬菌体； D. 烟草花叶病毒

8.2.3 病毒的繁殖

病毒体在细胞外处于静止状态，基本上与无生命的物质相似，当病毒进入活细胞后便发挥其生物活性。它必须侵入易感的宿主细胞，依靠宿主细胞的酶系统、原料和能量复制病毒的核酸，借助宿主细胞的核糖体翻译病毒的蛋白质。病毒这种增殖的方式叫做"复制（replication）"。病毒复制的过程分为吸附、穿入、脱壳、生物合成及装配与释放五个步骤，又称复制周期（replication cycle）（图 8-3）。

1. 吸附

吸附（adsorption）是指病毒附着于敏感细胞的表面，它是感染的起始期。细胞与病毒相互作用最初是偶然碰撞和静电作用，这是可逆的联结。病毒吸附也受离子强度、pH 值、温度等环境条件的影响。

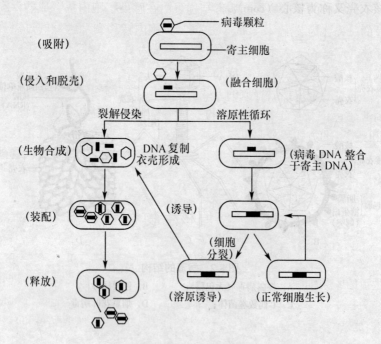

图 8-3 病毒的侵染和增殖

2. 穿入

穿入（penetration）是指病毒核酸或感染性核衣壳穿过细胞进入胞浆，开始病毒感染的细胞内生活时期。

3. 脱壳

失去病毒体的完整性被称为"脱壳（uncoating)"。从脱壳到出现新的感染病毒之间叫"隐蔽期"。经胞饮进入细胞的病毒，衣壳可被吞噬体中的溶酶体酶降解而去除。

4. 生物合成

病毒核酸进入细胞后，一方面抑制寄主细胞的正常生长，一方面利用寄主细胞内的各种蛋白质、核酸合成系统和原料，首先合成自己的复制酶及蛋白质，然后复制自己的基因组核酸。

5．装配与释放

新合成的病毒核酸和病毒结构蛋白在感染细胞内组合成病毒颗粒的过程称为装配（assembly），而从细胞内转移到细胞外的过程为释放（release）。大多数 DNA 病毒，在核内复制 DNA，在胞浆内合成蛋白质，转入核内装配成熟。

病毒装配成熟后释放的方式有：①宿主细胞裂解，病毒释放到周围环境中，见于无囊膜病毒，如腺病毒、脊髓灰质炎病毒等；②以出芽的方式释放，见于有囊膜病毒，如疱疹病毒在核膜上获得囊膜，流感病毒在细胞膜上获得囊膜而成熟，然后以出芽方式释放出成熟病毒。

8.3 原核生物界

原核生物（prokaryotes）是目前已知的结构最简单，并能独立生活的一类细胞生物。它们大约出现在 35 亿多年前。在生物进化的历程中分为三个大类群：①细菌类，又称真细菌类；②古细菌类；③原核藻类：包括原绿藻、蓝藻。原核生物，加上病毒和真核生物中的真菌，统称为微生物（microorganisms）。"微生物"并不是分类学上的名词。

8.3.1 细菌

1．形态，大小

细菌平均直径为 $0.5\sim 1\mu m$，长 $2\sim 3\mu m$。根据形状主要有球菌、杆菌及螺旋菌，如肺炎球菌、枯草杆菌、霍乱弧菌。大多数细菌是杆状的，球状次之，螺旋状较为少见（图 8-4）。

很多细菌不是单体存在，而是多个细菌聚成一定形式。如有杆菌排列成"八"字，栅状，链状的；有聚集成双球菌，四联球菌，八叠球菌；聚成链状的链球菌和聚集成串的葡萄球菌；螺旋状的有弧形或逗号状的弧菌，有一周或多周螺旋的螺旋菌及螺旋在六周以上柔软易曲的螺旋体。

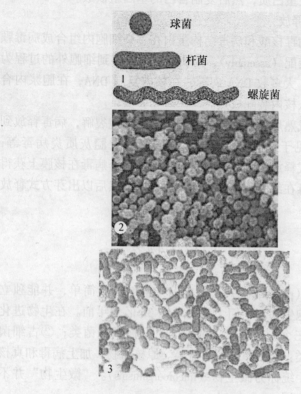

图 8-4 细菌的三种形态

2．细菌细胞的基本构造

细菌的基本结构有：细胞壁（cell wall）、胞浆膜、间体、细胞浆、核糖体、核质（图 8-5）。

细菌的附属结构包括：质粒（plasmid）、荚膜（capsule）、鞭毛（flagellum）、菌毛（pillus）和芽胞。

质粒是某些细菌除染色体外的遗传因子。特点是能自我复制、可转移、相溶与不相溶、大小不等、控制次要性状。

荚膜是部分细菌在生活过程中，在细胞壁外产生的一种疏松透明的黏液层。内含多个细菌时称为菌胶团。荚膜按厚度分为大荚膜、微荚膜、黏液层。其形成与菌种和营养条件有关。功能主要是保护、抗吞噬、抗干燥。

鞭毛是杆菌、弧菌、螺旋菌和少数球菌在菌体上附有的细长呈波浪状弯曲的具有运动功能的丝状毛。

菌毛，细丝状物，数量极多，周身排列，无运动功能，化学本质为菌毛蛋白亚单位。分为普通菌毛和性菌毛。功能可能是粘附和传递遗传物质。

芽胞是细菌的休眠体，能够抵抗恶劣环境因素。因不同细菌芽胞的形态不同，因此可作为鉴别的依据。

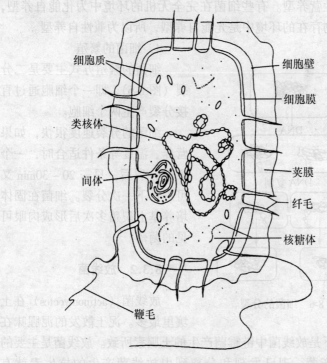

图 8-5　细菌的结构

3. 细菌的营养

细菌的营养方式大多数为异养，少数为自养。自养菌的营养又可分为光能自养型和化能自养型。细菌的光合作用不同于绿色植物，不产生氧气。几乎所有行光合作用的细菌都是厌氧的。

异养菌的营养可以分为光能异养型和化能异养型。绝大多数细菌属于化能异养型营养，它们以有机物作为能源、碳源和氢供体，但不同的种类具有差异。根据其营养物质是来自死亡或腐烂的生物物质，还是来自活的有机体，异养又可分为腐生（saprophytism）和寄生（parasitism）。

有些细菌是兼性营养类型的。例如，红螺细菌在有光与厌氧的条件下为光能自养型，而在黑暗与有氧的条件下成了化能异养型，所以是兼性营养型。有些细菌在完全无机的环境中为化能自养型，而在有机物存在的环境中是光能自养型，所以为兼性自养型。

4. 细菌的繁殖

细菌的繁殖方式主要是二分裂（图 8-6），即一个细胞通过直接分裂产生两个细胞。

细菌的分裂速度很快，如果营养、温度等条件适合时，一个细菌分裂后，只需 20~30min 又可进行下一次分裂。细菌在固体培养基上裂殖多次后形成肉眼可见的菌落。

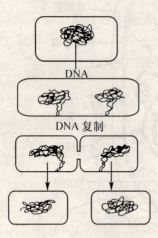

图 8-6　细菌的分裂

8.3.2　放线菌

放线菌（actinomycetes）在土壤里最多。泥土散发的泥腥味在多数情况下是放线菌中链霉菌产生的土腥素所致。放线菌是主要的抗生素生产菌，现已发现和分离到由放线菌产生的抗生素就有 4 000 多种，其中 50 多种已广泛应用，如链霉素、红霉素、四环素等。很多放线菌能用于临床和农业。农业抗生素对环境没有污染，在防治植物病害时还能刺激植物生长。目前应用于防治植物病害的抗生素主要来源是放线菌中的链霉菌属。

8.3.3 古细菌

古细菌（archaebacteria）是在生化特性和信息高分子一级结构上与一般细菌不同的原核微生物。在系统分类上属新的生物界——古生物界，包括甲烷菌、嗜酸菌、嗜热菌和嗜盐菌，它们均生活在特殊环境中，如厌氧高盐、高热环境等。研究和揭示它们的性质，对于早期生物进化的认识具有重要意义。

8.3.4 蓝藻

蓝藻又称蓝细菌，是由单细胞或由许多细胞组成的群体或丝状体，细胞内无真正的细胞核或没有定型的核，在细胞原生质中央含有核质，叫中央质（centroplasm），又叫中央体（centralbody）。

蓝藻的光合色素主要是叶绿素、胡萝卜素和藻蓝素，此外，还含有藻黄素和藻红素，因此藻体多呈蓝绿色，稀呈红色。光合作用的贮藏营养物质是蓝藻淀粉和蓝藻颗粒体。

蓝藻的繁殖主要靠细胞分裂,丝状体种类能分裂成若干小段,每小段各自长大成新个体。少数蓝藻还可产生某种孢子进行无性繁殖。

蓝藻约有150属，1 500种，分布很广，但仍以生活在水中的为多，且淡水中的多，海水中的少。

8.3.5 其他原核生物

1. 立克次体

立克次体（rickettsia）是一类严格细胞内寄生的原核细胞型微生物，在形态结构、化学组成及代谢方式等方面均与细菌类似：具有细胞壁；以二分裂方式繁殖；含有 RNA 和 DNA 两种核酸；由于酶系不完整需在活细胞内寄生；对多种抗生素敏感等。

对人类致病的立克次体科包括立克次体属（*Rickettsia*）、柯克斯体属（*Coxiella*）和罗沙利马体属（*Rochalimaea*）三个属。立克次体属又分成三个生物群：斑疹伤寒群、斑点热群与恙虫病群。

立克次体病多数是自然疫源性疾病,且人畜共患。我国除斑疹伤寒、恙虫病外，已证明有 Q 热、斑点热疫源地存在。节肢动物和立克次体病的传播密切相关,或为贮存宿主,或同时为传播媒介。

2. 衣原体

衣原体（Chalmydiae）是一类在真核细胞内专营寄生生活的微生物。研究发现这类微生物在很多方面和革兰氏阴性细菌相似。

衣原体广泛寄生于人、哺乳动物及禽类,仅少数致病。根据抗原构造、包涵体的性质、对磺胺敏感性等的不同,将衣原体属分为沙眼衣原体（*C. trachomatis*）、鹦鹉热衣原体（*C. psittaci*）和肺炎衣原体（*C. pneumonia*）三个种。

3. 支原体

支原体是目前已知一类能在无生命培养基上生长繁殖的最小的原核细胞型微生物。自然界分布广泛,种类多,分为两个属:一个为支原体属(*Mycoplasma*),有几十个种;另一个为脲原体属(*Ureaplasma*),仅有一种。与人类感染有关的主要是肺炎支原体和解脲脲原体。

支原体的大小为 $0.2\sim 0.3\mu m$,可通过滤菌器,常给细胞培养工作带来污染的麻烦。无细胞壁,不能维持固定的形态而呈现多形性。革兰氏染色不易着色,故常用 Giemsa 染色法将其染成淡紫色。细胞膜中胆固醇含量较多,约占 36%,对保持细胞膜的完整性具有一定作用。凡能作用于胆固醇的物质（如二性霉素 B、皂素等）均可引起支原体膜的破坏而使支原体死亡。

支原体不侵入机体组织与血液,而是在呼吸道或泌尿生殖道上皮细胞粘附并定居后,通过不同机制引起细胞损伤,如获取细胞膜上的脂质与胆固醇造成膜的损伤,释放神经（外）毒素、磷酸酶及过氧化氢等。

8.4 原生生物界

8.4.1 主要特征

原生生物（Eukaryote）是真核的单细胞生物,主要以单细胞为其生命活动单位。具有真核细胞的结构特点,具有核膜、核仁,有明显的膜系统构成的质膜内质网及膜结构形成的细胞器等。个体较小，生命活动都是在各种细胞器中完成的。群体不同于多细胞动物，群体中各细胞的形态和功能没有出现分化，各自保留了较大的独立性，脱离群体后也能继续生活。

原生生物的细胞平均比原核生物的细胞长10倍，体积大1 000倍。细胞体积的增大，可能是由于细胞核与细胞质、细胞器的分工合作有关，同时内质网膜、核膜和细胞质膜使细胞膜表面积增大，增大的膜表面积使得细胞可以进行有效的代谢、蛋白质的合成，以及其他功能。

各种细胞器的进化使得出现多种不同类型的原生生物。

原生生物的营养方式有光能自养，也有异养。有的种类是吞噬性异养类型（如草履虫），有的为吸收式的腐生性异养类型（如黏菌），有的为寄生（如锥虫），还有少数种类有兼性自养和异养营养的功能（如眼虫）。

原生生物的生殖方式多样，有无性生殖和有性生殖。无性生殖最普遍的是裂殖，大多为横分裂，有些是纵分裂。有的裂殖为多核分裂繁殖。有些既可行无性生殖，也可行有性生殖。

8.4.2 主要类群

原生生物的分类始终是个有争议的问题。目前，对原生生物界的各级分类还没有一个被普遍公认的分类体系。Whittaker提出的五界分类系统，是将真核单细胞生物归入原核生物界。以后，在20世纪70年代至80年代，原生生物界不断扩大，有人将所有藻类都放入原生生物界，只有高等植物才属于植物界，即原生生物界包括了一些多细胞生物，如海带等。同时，也将一些原属真菌界的生物如粘菌、水霉等归入原生生物界。随着生物科学的发展，对原生生物的分类会有更为明确，更接近自然的分类系统。

目前，我们将原生生物界主要分为三大类：包括类动物原生生物、类植物原生生物以及类真菌原生生物。

现存的类动物原生生物有25 000~30 000种，主要类群有：鞭毛虫类、变形虫类、纤毛虫类和孢子虫类等。

类植物原生生物主要有甲藻门、金藻门和裸藻门等。甲藻多为单细胞，是海洋浮游生物的主要成员及光合作用的主要进行者，也是海水中的主要赤潮生物；金藻含大量胡萝卜素和叶黄素而呈金黄色，也是以单细胞为主，少数可成松散群体；眼虫是常见的裸藻生物，兼有一般动物和植物的营养特性，具有眼点、鞭毛，无细胞壁等动物细胞特点。

类真菌原生生物主要包括粘菌和水霉。

8.4.3 原生生物与人类的关系

原生生物是人类和家畜的常见病原体。据报告，全世界至少有1/4人口由于原生生物的感染而得病。现发现的有28种原生动物可寄生在人体，如由利什曼虫引起的热黑病等。

原生生物也是自然界有机物及氧气的制造者。原生生物中的单细胞浮游藻类是水生动物的食物来源。据估计，植物光合作用所制造的有机物中由54%~60%是由这些单细胞或群体的浮游藻类产生的。

原生生物可用于处理污水。可以利用原生生物来消除有机废物、有害细菌以及对有害物质进行絮化沉淀等。由于原生生物对环境条件有一定的要求,对栖息地中某些环境因素的变化较为敏感,尤其是不同水质的水体中必定生活着某些相对稳定的种类,因此在环境监测中也可利用原生生物作为"指示生物",判断水质污染程度。

此外，原生生物还可用于生物农药、地质勘探等众多领域。

8.5 真 菌 界

8.5.1 真菌门

真菌是指具有细胞壁，无根、茎、叶的分化，不含叶绿素，营腐生或寄生方式生活，除少数为单细胞，大多数的菌体呈分支或不分支的丝状，能进行有性繁殖和无性繁殖的一类真核微生物。真菌在自然界分布广泛，土壤、水和空气及动植物体均有其存在。种类繁多，已经记载的真菌大约有10万种（图8-7）。

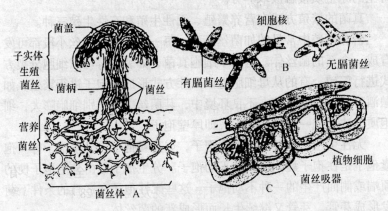

图 8-7 真菌菌丝

(一) 真菌门的特征

真菌（Eumycota）有真正细胞核，没有叶绿素，它们一般都能进行有性和无性繁殖，能产生孢子，它们的营养体通常是丝状的且有分支的结构，具有几丁质或纤维素的细胞壁（有人已将具纤维素细胞壁的类群独立成卵菌门），并且常常是进行吸收营养的生物。真菌不含光合作用的色素，不能进行光合作用制造养料，所以它们的营养方式是异养的。异养方式多样，凡从活的动物、植物吸收养分的称为寄生；从死的动、植物体或其他无生命的有机物中汲取养分的称为腐生；从活的有机体汲取养分，同时又提供该活体有利的生活条件，从而彼此间互相受益、互相依赖的称为共生。

真菌除少数种类是单细胞外，绝大多数是由纤细、管状的菌丝（hyphae）构成的。菌丝分支或不分支。组成一个菌体的全部菌丝称为菌丝体（mycelium）。菌丝一般直径在 $10\mu m$ 以下，最细的不到 $0.5\mu m$，最粗的可超过 $100\mu m$。大多数菌丝都有膈膜，把菌丝分隔成许多细胞，称为有膈菌丝，有的低等真菌的菌丝不具膈膜，称为无膈菌丝。菌丝细胞内含有原生质、细胞核、液泡、核糖体、线粒体、内质网，贮藏的营养物质是糖、油脂和菌蛋白，而不含淀粉。

菌丝又是吸收养分的结构。腐生真菌可由菌丝直接从基质中吸收养分，或产生假根吸取养分。寄生菌在寄主细胞内寄生，直接和寄主的原生质接触汲取养分。

真菌的繁殖方式有营养繁殖、无性生殖和有性生殖三种。

营养繁殖中常见的如菌丝断裂，每一条断裂的菌丝小段都可发育成一个新的菌丝体。有些单细胞真菌，如裂殖酵母以细胞分裂方式进行繁殖。有的从母细胞上以出芽方式形成芽孢子进行繁殖，如酿酒酵母。有些真菌在不良环境中，其菌丝中间个别细胞膨大，细胞质变浓形成一种休眠细胞，即厚壁孢子。

无性生殖产生各种类型的孢子，如孢囊孢子、分生孢子等。孢囊孢子是在孢子囊内形成的不动孢子。分生孢子是由分生孢子梗的顶端或侧面产生的一种不动孢子。这些无性孢子在适宜的条件下萌发形成芽管，芽管又继续生长而形成新的菌丝体。

有性生殖是很复杂的，方式是多样的，有同配生殖、异配生殖、接合生殖、卵式生殖；通过有性生殖也产生各种类型的孢子，如子囊孢子、担孢子等。真菌在产生各种有性孢子之前，一般经过三个不同阶段。第一是质配阶段，由两个带核细胞的原生质相互结合为同一个细胞。第二是核配阶段，由质配带入同一细胞内的两个细胞核的融合。在低等真菌中，质配后立即进行核配，但在高等真菌中，双核细胞要持续相当长的时间才发生细胞核的融合。第三是减数分裂，重新使染色体数目减为单倍体，形成四个单倍体的核，产生四个有性孢子。

真菌是一群数目庞大的生物类群，约有十万余种。分布非常广泛，从热带到寒带，从大气到水流，从沙漠、淤泥到冰川地带的土壤，从动植物活体到它们的尸体均有真菌的踪迹。

（二）真菌门的分类

根据国际真菌研究所编著的《真菌词典》第7版（1983）记载，真菌有5 950属，64 200种，我国已知的约有8 000种。比较重要的有子囊菌纲、担子菌纲和半知菌纲。

1．子囊菌纲（Ascomycetes）

子囊菌的无性生殖特别发达，有裂殖、芽殖或形成各种孢子，如分生孢子、节孢子、厚垣孢子（厚壁孢子）等。有性生殖产生子囊，内生子囊孢子，这是子囊菌亚门的最主要特征，除少数原始种类，子囊裸露不形成子实体外，如酵母菌，绝大多数子囊菌都产生子实体,子囊包于子实体内。子囊菌的子实体又称子囊果。

2. 担子菌纲(basidiomycetes)

担子菌是一群多种多样的真菌,全世界有1 100属,16 000余种,都是由多细胞的菌丝体组成的有机体,菌丝均具横隔膜。在整个发育过程中,产生两种形式不同的菌丝:一种是由担孢子萌发形成具有单核的菌丝,这叫做初生菌丝。以后通过单核菌丝的结合,核并不及时结合而保持双核的状态,这种菌丝叫次生菌丝。次生菌丝双核时期相当长,这是担子菌的特点之一。担子菌最大特点是形成担子、担孢子。产生担孢子的复杂结构的菌丝体叫做担子果,就是担子菌的子实体。其形态、大小,颜色各不相同,如伞状、扇状、球状、头状、笔状等。

3. 半知菌纲(deuteromyces)

半知菌纲的菌类绝大多数都具有有隔菌丝,只以分生孢子进行无性繁殖,其有性阶段尚未发现,故称为半知菌。一旦发现有性孢子后,多数属于子囊菌。半知菌中凡已发现有性阶段的种,可以使用两个名称,分别用于无性阶段和有性阶段。

8.5.2 地衣门

地衣是一类特殊的生物有机体,它不是单一的植物体,是一种真菌和一种藻高度结合的共生复合体。组成地衣的真菌绝大多数为子囊菌亚门的真菌,少数为担子菌亚门的真菌。组成地衣的藻类是蓝藻和绿藻。参与地衣的真菌是地衣的主导部分。地衣的子实体实际上是真菌的子实体。并不是任何真菌都可以同任何藻类共生而形成地衣,只有那些在生物长期演化过程中与一定的藻类共生而生存下来的地衣型真菌才能与相应的地衣型藻类共生而形成地衣。

地衣中的菌丝缠绕藻细胞,并包围藻类。藻类光合作用制造的营养物质供给整个植物体,菌类则吸收水分和无机盐,为藻类提供进行光合作用的原料。

地衣约有500属,2 600种。它们分布极为广泛,从南北两极到赤道,从高山到平原,从森林到荒漠,都有地衣的存在。地衣对营养条件要求不高,能耐干旱,生长在瘠薄的峭壁、岩石、树皮上或沙漠地上。地衣分泌的地衣酸,可腐蚀岩石,对土壤的形成起着开拓先锋的作用。

地衣大多数是喜光植物,要求空气清洁新鲜,特别对二氧化硫非常敏感,所以在工业城市附近很少有地衣的生长,因此,地衣可作为鉴别大气污染程度的指示植物。

8.6 植 物 界

8.6.1 植物界（Plantae）的进化

低等植物藻类是地球上最早出现且离不开水的植物。由于自然条件的变更,藻类朝着适应新的生活环境演化。某些绿藻离水登陆,加强了孢子体成为裸蕨植物。裸蕨植物登上陆地之后向着不同方向发展,产生了叶片和根系,改进了茎的结构,出现了管胞组成的木质部及其周围的韧皮部,提高了对陆地生活的适应能力,逐渐离开水,演化成各种类型的高等植物。目前已知约有40万种植物。

8.6.2 藻类植物

藻类是水生低等植物的总称,故它不是一个自然分类的类群。

(一) 藻类的特征

1. 植物体一般无根、茎、叶的分化。从简单的单细胞植物小球藻到结构复杂的巨藻都无根、茎、叶的分化。

2. 能进行光能无机营养。藻类的有些类群具有特殊色素且多不呈绿色,在一定条件下能进行有机光能营养、无机化能营养。绝大多数藻类用水和二氧化碳合成有机物质,进行无机光能营养。

3. 生殖器官多为单细胞。

4. 合子不在母体内发育成为胚。

(二) 藻类的分类

目前约有3万种藻类,分为8个门:金藻门、黄藻门、硅藻门、褐藻门、红藻门、裸藻门、绿藻门和轮藻门。

1. 褐藻门（phaeophyta）

褐藻都是多细胞植物体,是藻类植物中形态构造分化上最高级的一类，在外形上有：分支或不分支的丝状体；有的成片状或膜状体。内部构造有的比较复杂，组织已分化成表皮、层和髓部；褐藻细胞内有细胞核和形态不一的载色体，载色体内有叶绿素，但常被黄色的色素如胡萝卜素和六种叶黄素所掩盖，叶黄素中有一种叫墨角藻黄素，这一色素含量最大。此外，植物体常呈褐色。贮藏营养物质为褐藻淀粉、甘露醇、油类等。细胞壁外层为褐藻胶，内层为纤维素。生殖方式基本与绿藻相似。

褐藻约有250属，1 500种，绝大部分生活在海水下30米处，是构成海底"森林"的主要类群。

2. 红藻门（rhodophyta）

植物体绝大多数是多细胞的丝状体、片状体、树枝状等，少数为单细胞或群体。细胞壁两层，内层由纤维素构成，外层为果胶质构成。光合作用色素有藻红素、叶绿素和叶黄素、藻蓝素等，一般藻红素占优势，故藻体呈紫色或玫瑰红色。红藻的无性繁殖产生不动孢子；有性生殖产生卵和精子，精卵结合后形成合子，合子不离开母体，通过减数分裂产生果孢子，萌发成配子体；有的不经减数分裂，即发育成果孢子体，果孢子体不能独立生活，寄生在雌配子体上，以后果孢子体产生二倍体的果孢子，又发育成二倍体的四分孢子体。由四分孢子体发育成四分孢子囊，每个孢子囊经减数分裂，产生四分孢子，再形成新的配子体。

红藻约有558属，3 740余种，绝大多数分布于海水中，固着于岩石等物体上（图8-8）。

3. 绿藻门（chlorophyta）

本门植物有单细胞体、群体、多细胞丝状体、多细胞片状体等类型。其形状多样，有的呈杯状，有的为环带状、螺旋带状、星状、网状等，叶绿体中含有和高等植物一样的光合色素，如叶绿素、胡萝卜素、叶黄素等。

绿藻的繁殖方式多种多样，其单细胞藻类依靠细胞分裂，产生各种孢子，如衣藻产生的游动孢子，小球藻产生的不动孢子等；多细胞丝状体靠断裂下来的片段，再长成独立的个体；不少的种类在生活史中有明显的世代交替现象；水绵、新月藻等具有特殊的有性

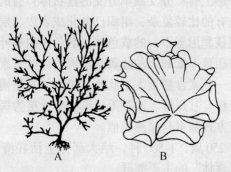

A. 石花菜；B. 紫菜
(引自陈阅增《普通生物学》，1997)
图8-8 红藻

生殖——接合生殖。

绿藻是藻类植物中最大的一门，约有350属5 000～8 000种。多分布于淡水中，有些分布于陆地阴湿处，有些生于海水中，有的与真菌共生成地衣。

8.6.3 苔藓植物

多细胞藻类植物是水生的。从苔藓植物开始，植物界向着陆生方向发展。在由水生到陆生的发展过程中，高等植物逐渐产生一系列适应特征。

（一）主要特征

苔藓植物是绿色自养型的陆生植物，植物体是配子体，它是由孢子萌发成原丝体，再由原丝体发育而成的。苔藓植物一般较小，通常看到的植物体（配子体）大致可分成两种类型：一种是苔类，保持叶状体的形状；另一种是藓类，开始有类似茎、叶的分化。苔藓植物没有真根，只有假根（是表皮突起的单细胞或一列细胞组成的丝状体）。茎内组织分化水平不高，仅有皮部和中轴的分化，没有真正的锥管束构造。叶多数由一层细胞组成，既能进行光合作用，也能直接吸收水分和养料。

苔藓植物在有性生殖时，在配子体（n）上产生多细胞构成的精子器(antheridium)和颈卵器(archegonium)。颈卵器的外形如瓶状,上部细狭称颈部,中间有1条沟称颈沟,下部膨大称腹部,腹部中间有1个大形的细胞称卵细胞。精子器产生精子,精子有两条鞭毛借水游到颈卵器内,与卵结合,卵细胞受精后成为合子(2n),合子在颈卵器内发育成胚,胚依靠配子体的营养发育成孢子体(2n),孢子体不能独立生活,只能寄生在配子体上。孢子体最主要的部分是孢蒴,孢蒴内的孢原组织细胞经多次分裂再经减数分裂,形成孢子(n),孢子散出,在适宜的环境中萌发成新的配子体。

在苔藓植物的生活史中,从孢子萌发到形成配子体,配子体产生雌雄配子,这一阶段为有性世代。从受精卵发育成胚,由胚发育形成孢子体的阶段称为无性世代。有性世代和无性世代互相交替形成了世代交替(图8-9)。

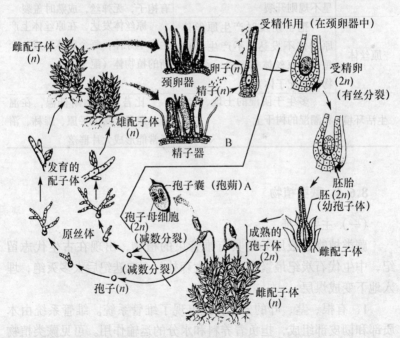

A. 孢子体世代(二倍体世代2n); B. 配子体世代(单倍体世代n)

图8-9 苔藓植物生活史

(二) 苔藓植物的分类

苔藓植物门下分苔纲和藓纲。苔纲的代表植物是地钱，藓纲代表植物是葫芦藓（表8-1）。

表8-1　　苔纲和藓纲的主要特征列表区别如下

	苔　纲	藓　纲
配子体	多为扁平的叶状体，有背腹之分；体内无维管组织；根是由单细胞组成的假根	有茎、叶的分化，茎内具中轴，但无维管组织；根是由单列细胞组成的分支假根
孢子体	由基足、短缩的蒴柄和孢蒴组成，孢蒴无蒴齿，孢蒴内有孢子及弹丝，成熟时在顶部呈不规则开裂	由基足、蒴柄和孢蒴三部分组成，蒴柄较长，孢蒴顶部有蒴盖及蒴齿，中央为蒴轴，孢蒴内有孢子，无弹丝，成熟时盖裂
原丝体	孢子蒴发时产生原丝体，原丝体不发达，不产生芽体，每一个原丝体只形成一个新植物体（配子体）	原丝体发达，在原丝体上产生多个芽体，每个芽体形成一个新的植物体（配子体）
生活环境	多生于阴湿的土地、岩石和潮湿的树干上	比苔类植物耐低温，在温带、寒带、高山平原、森林、沼泽常能形成大片群落

8.6.4　蕨类植物

(一) 主要特征

蕨类植物是最原始的具有维管束的植物，出现在古生代志留纪，中生代石炭纪最繁盛，成高大森林，至二迭纪后大多灭绝，埋入地下变成煤层。

1. 有根、茎、叶的分化，且出现了维管系统。维管系统由木质部和韧皮部组成，担负着养料和水分的运输作用。可见蕨类植物在植物分类地位上属于高等植物范畴。这是植物进化史上出现的大事件。

2. 有明显的世代交替现象。配子体退化，孢子体发达，配子体寄生在孢子体上。单蕨类植物的受精作用仍离不开水，从这一点分析，蕨类植物仍属于低等的高等植物。

(二) 蕨类植物的分类

蕨类植物现在生存的约有 12 000 种，都是矮小种类，分为四纲：

1. 松叶兰纲（psilotinae）被认为是第一批陆地植物，有真正的根和叶。大多已绝迹，仅留下松叶兰一科，被称为活化石。

2. 石松纲（lycopodinae）是一群古老蕨类植物，木本种类都已绝迹，现存的是多年生草木，茎匍匐地面，茎上密生鳞片状小叶。

3. 木贼纲（equisetinae）茎中空，有明显的节和节间，叶小，鳞片状，轮生。孢子囊生于特别的茎枝顶端。现存的仅木贼一纲，其他均已绝迹。木贼的茎含有硅质，常用做磨擦材料。

4. 真蕨纲（filicineae）是蕨类植物中最大一纲，约1万种，代表植物是蕨。

8.6.5 裸子植物

裸子植物形态特征有：

1. 植物体（孢子体）发达，多为乔木、灌木，稀为亚灌木（如麻黄）或藤本（如买麻藤），大多数是常绿植物，极少为落叶性（如银杏、金钱松）；茎内维管束环状排列，有形成层及次生生长，但木质部仅有管胞，而无导管（除麻黄科、买麻藤科外），韧皮部有筛胞而无伴胞。叶为针形、条形、鳞片形，极少为扁平形的阔叶。

2. 枝有长、短枝之分；长枝细长，无限生长，叶在长枝上螺旋排列；短枝粗短，生长缓慢，叶簇生枝顶。

3. 网状中柱，具有形成层和次生生长，有年轮，木质部具管胞，少导管，韧皮部具筛胞，无伴胞。

4. 大型叶，多为针形，条形或鳞片形，少为扁平阔叶。条形叶面的气孔纵向单列排成气孔线。叶背的气孔线常多条紧密排列成浅色的气孔带。

5. 孢子叶大多数聚生成球果状，称孢子叶球，孢子叶球单生或聚生成各式球序，通常是单性同株或异株。小孢子叶（雄蕊）聚生成孢子叶球（雄球花），每个小孢子叶下面生有贮满小孢子（花粉）的小孢子囊（花粉囊）。大孢子叶（心皮）丛生或聚生成大孢子叶球（雌球花）。

6. 每个大孢子上或边缘生有裸露的胚珠。胚珠裸生于心皮的边缘上，经过传粉、受精后发育成种子，所以称裸子植物，这是与被子植物的主要区别。

7. 裸子植物的配子体非常退化，微小，构造简单，完全寄生在孢子体上。

8. 具多胚现象，大多数的裸子植物具多胚现象（polyembryony），这是由于1个雌配子体上的几个或多个颈卵器的卵细胞同时受精，形成多胚，或者由于1个受精卵在发育过程中，发育成原胚，再由原胚组织分裂为几个胚而形成多胚。

9. 种子由胚、胚乳和种皮等组成，胚来源于受精卵，是新一代孢子体，胚乳来源于雌配子体；种皮来源于珠被，是老一代的孢子体，因此，裸子植物的种子包含有三个不同的世代。

8.6.6 被子植物

被子植物是植物界进化最高级、种类最多、分布最广的类群。现知被子植物有1万多属，20多万种，占植物界的一半。和裸子植物相比，被子植物有真正的花，故又叫有花植物；胚珠包藏在子房内，得到良好的保护，子房在受精后形成的果实既保护种子又以各种方式帮助种子散布；具有双受精现象和三倍体的胚乳，此种胚乳不是单纯的雌配子体，而具有双亲的特性，使新植物体有更强的生活力；孢子体高度发达和进一步分化，除乔木和灌木外，更多是草本；在解剖构造上，木质部中有导管，韧皮部有筛管、伴胞，使输导组织结构和生理功能更加完善，同时在化学成分上，随着被子植物的演化而不断发展和复杂化，被子植物包含了所有天然化合物的各种类型，具有多种生理活性。

8.7 动物界

动物和其他生物一样，千差万别，各不相同。目前已知的种类就达到 150 万种，其物种的多样性及其对环境的适应性比植物更加明显。动物界的发展，也遵循着从低级到高级，从简单到复杂的过程。标致着动物进化和发展水平的个体发育特征，反映在细胞的分化，胚层的形成，体形的对称形式，身体的分节，附肢的变化以及一些重要器官的形成等方面。根据这些方面的情况以及各动物类群特有的结构，目前学者将动物界分为 30 余门，其中主要的有 9 个门。

8.7.1 海绵动物门

海绵动物门（Spongia）是最原始的多细胞动物，绝大多数栖息于海水，少数为淡水种类。成体固着生活，多形成群体，附着在岩石和动植物等上。一般认为海绵动物是多细胞动物进化中的一个侧支。

海绵动物门的生物学特征：

1. 海绵动物门的体形多不对称，形状变化很大，很不规则；
2. 海绵动物是低等的多细胞动物，细胞间保持着相对的独立性，尚无组织和器官的分化。
3. 每个个体由体壁和体壁围绕的中央腔构成。体壁由皮层、胃层两层细胞构成，中间夹一层中胚层。皮层为单层扁平细胞，胃层为具鞭毛的领细胞，鞭毛打动引起水流，水中的食物颗粒和氧主要由领携入细胞内营细胞内消化。
4. 胚胎发育有逆转现象；海绵动物的胚胎发育很特殊，受精卵卵裂形成囊胚后，动物极的小细胞向囊胚腔长出鞭毛，植物极的大细胞形成开口使小细胞从开口向外翻出，形成海绵动物所特有的两囊幼虫。原肠形成时，小细胞内陷形成内层细胞，大细胞形成外层细胞，这与其他多细胞动物原肠胚的形成刚好相反，海绵动物的这种现象称逆转现象（inversion）。故一般认为海绵动物是动物进化中的一个侧支，列为侧生动物（parazoa）（图 8-10）。

5．具有独特的水沟系统。

6．没有神经系统。

7．海绵动物固着生活在水中物体上，而且看不出它们的运动。因此在 1857 年以前，海绵动物被视为植物。

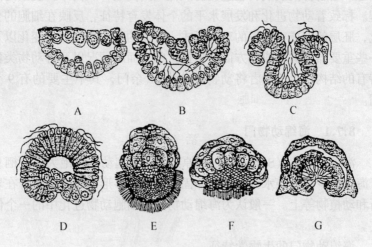

图 8-10　海绵动物的胚胎发育

8.7.2　腔肠动物门

腔肠动物（coelenerata）是真正的双胚层多细胞动物。在动物界的系统进化上占有很重要的地位，所有高等的多细胞动物，都可看做是经过这种双胚层的结构阶段发展来的。大多海产，少数生活于淡水中，营固着或漂浮生活。有的为独立的单个个体，有的形成群体。

（一）腔肠动物门的主要特征

1．躯体辐射对称：指通过身体的中轴可以有两个以上的切面把身体分成两个相等的部分，是一种原始的对称形式。辐射对称有利于其固着（水螅型）或漂浮（水母型）生活。

2．躯体由两个胚层组成：由内胚层和外胚层组成，两胚层之间为中胶层，中胶层具有支持的作用。由内胚层所围绕的空腔称为消化腔，只有一个口孔与外界相通。腔肠动物第一次出现胚层分化，是真正的两胚层动物。

3．出现原始消化腔：通过胃层腺细胞分泌消化液，使食物在消化腔内进行初步消化，是动物进化过程中最早出现细胞外消化的动物。消化腔内水的流动，可把消化后的营养物质输送到身体各部分，兼有循环作用，故也称为消化循环腔。消化腔只有一个对外开口，是原肠期的原口形成的，兼有口和肛门两种功能。

4．有原始的组织分化：有明显的组织分化，内胚层分化为内皮肌细胞、腺细胞、感觉细胞；外胚层分化为外皮肌细胞、刺细胞、感觉细胞、神经细胞等。

5．有水螅型和水母型两种基本形态：水螅型适应固着生活，中胶层较薄；水母型适应漂浮生活（图8-11）。

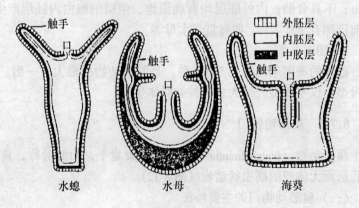

图8-11　水螅型和水母型的比较

6．具多态现象：腔肠动物有些营群体生活的种类，有群体多态现象，群体内出现两种以上不同体型的个体，有不同的结构和生理上的分工，完成不同的生理机能，使群体成为一个完整的整体。如薮枝虫有两种个体，水螅体专司营养，生殖体专司生殖。

7．生殖方式

(1) 无性生殖：出芽生殖。

(2) 有性生殖：雌雄同体，产生精巢和卵巢。

有些种类生活史中有两种体型，水螅型为无性世代，无性生殖产生水母型个体；有性世代为水母型，有性生殖产生水螅型个体。

（二）腔肠动物门的分类

腔肠动物约 11 000 种，除少数生活于淡水外，其余皆海产，且多数为浅海种类。分三纲。

1．水螅纲

群体或单体生活；少数生活在淡水中。多数生活史有水螅型和水母型两个世代。水螅型无口道；水母型具缘膜。刺细胞存在于外胚层，生殖腺由外胚层产生。

2．钵水母纲

这是生活在海洋中的大型水母，无水螅型或水螅型不发达；口道短；不具骨骼；内外胚层均有刺细胞，生殖细胞由内胚层产生。目前已知有 200 多种。如海蜇、水母等。

3．珊瑚虫纲

已知的珊瑚纲动物约 7 000 种，是腔肠动物中最大的一纲。无水母型，仅水螅型，绝大多数种类群体生活。

8.7.3 扁形动物门

扁形动物（platyhelminthe）是一群背腹扁平，两侧对称，具三个胚层而无体腔的蠕虫状动物（图 8-12）。

（一）扁形动物门的主要特征

1．身体扁平，体制为两侧对称。

2．中胚层的形成：内外胚层间出现中胚层。

因为动物的许多重要器官、系统都由中胚层细胞分化而成，这促进了动物身体结构的发展和机能的完善，是动物体形向大型化和复杂化发展的物质基础。中胚层的形成不仅为器官系统的进一步分化和发展创造了条件，而且也是动物由水生进化到陆生的基本条件之一。

3．皮肤肌肉囊：肌肉组织（环肌、纵肌、斜肌）与外胚层形成的表皮相互紧贴而组成的体壁称为皮肤肌肉囊。功能：保护、强化运动、促进消化和排泄

4．不完全的消化系统：有口而无肛门，称为不完全消化系统。寄生种类消化系统趋于退化（如吸虫）或完全消失（如绦虫）。

5．原肾管排泄：原肾管是由焰细胞、毛细管和排泄管组成的。纤毛的摆动驱使排泄物从毛细管经排泄管由排泄孔排出体外。

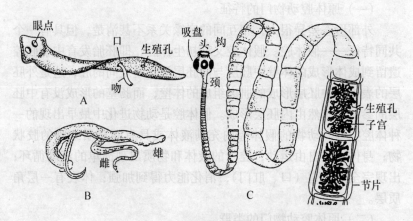

A．涡虫； B．日本血吸虫； C．猪带绦虫

图8-12 扁形动物门代表动物

(二) 扁形动物门的分类

1．涡虫纲（turbellria）：体长10~15mm，身体扁平柔软，头部有一对耳突。背面灰褐色，腹面灰白色，密生绒毛。具有典型的梯形神经系统，一对脑神经节向后伸出两条粗大的腹神经索，中间有许多横神经相连。有极强的再生能力。

2．吸虫纲（tremaoda）：寄生生活，体表有1~2个吸盘（sucker）或吸钩（hook），用于固着；成虫体表不具纤毛和腺细胞。生殖系统发达，繁殖能力强，生活史有更换宿主的现象。幼虫有自由游泳阶段，成虫寄生于人、猫、狗等动物的肝管和胆囊，引起肝脏疾病。常见种类有三代虫（*gyrodactylus*）、指环虫（*dactylogyrus*）、日

305

本血吸虫（schistosoma japonicum）、布氏姜片虫（fasciolopsis buski）、肝片吸虫（fasciola hepatica）。

3. 绦虫纲（cestoda）：全部内寄生生活，成虫体表不具纤毛，幼虫具钩，身体一般成扁平带状，包括头部、颈部和许多节片。消化系统完全退化。常见的如牛带绦虫（taenia saginata）、猪带绦虫（taenia solium）等。

8.7.4 原体腔动物门

（一）原体腔动物门的特征

外部形态差异很大，相互间的亲缘关系不甚清楚，但具有一个共同特征——假体腔。假体腔又称初生体腔，即胚胎发育中囊胚腔遗留到成体形成的体壁中胚层与内胚层消化道之间的腔，这是外胚层的表皮与中胚层形成的肌肉组成的体壁，而肠壁的形成没有中胚层的参与，仍然由内胚层形成。假体腔是动物进化中最早出现的一种体腔类型。动物的假体腔内充满液体或具有间充质细胞的胶状物；身体可以自由运动；腔内的液体和物质出现简单的流动循环；出现完全消化道（口、肛门），消化能力得到加强；体表有一层角质层。

（二）原体腔动物门的类群

原腔动物约 18 000 余种，广泛分布于海洋、淡水、潮湿地土壤中，很多种类寄生在动物、植物体内。各类群间的形态差异很大，亲缘关系部不密切，学者们的分类意见也不统一。比较重要的有线虫纲和轮虫纲。

1. 线虫纲（Nematoda）：约 15 000 种，为假体腔动物中种类最多的一类，据估计全部种类不少于 50 万种。分布于海洋、淡水、土壤中，个体数量巨大。线虫孵化后，除生殖细胞外，体细胞就不再分裂了，故线虫的细胞数目是恒定的。常见种类有人鞭虫（Trichuris）、十二指肠钩虫（Ancylostoma duodenale）、蛲虫（Enterobius vermicularis）、人蛔虫（Ascaris lumbricoides）、血丝虫（Wuchereria）等。

2. 轮虫纲（Rotifera）：体形微小的多细胞生物，结构复杂，身体前端具纤毛围成的轮器，旋转如车轮。约 2 000 多种。绝大多数生活于淡水,与渔业关系密切,为鱼类的重要饵料。

8.7.5 环节动物门

(一)环节动物门的主要特征

1. 形成真体腔:多细胞动物胚胎发育过程中依次出现三个腔:囊胚腔、原肠腔、体腔。体腔是由中胚层形成时出现的中胚层体腔囊发展而来。

2. 身体分节。环节动物由一系列相似的体节构成,是其最显著的特征之一。体节的出现对动物体的结构和生理功能的进一步分化提供了可能性。身体分节是高等无脊椎动物进化的重要标志。

3. 第一次出现循环系统,但已是一种高级形式的闭管式循环系统,血液始终在血管中流动。

4. 链索状神经系统由脑、围咽神经索、咽下神经节和腹神经索组成。

5. 皮肤呼吸:大多数环节动物无专门的呼吸器官,由于循环系统的产生,皮肤内有丰富的毛细血管,可依靠体表进行皮肤呼吸。

(二)环节动物门的分类

1. 多毛纲(polychaeta):全为海产,大多可为鱼类饵料,如沙蚕。有发达的头部和疣足,以疣足为运动器官;无生殖带;雌雄异体。

2. 寡毛纲(oligochaeta):大多陆生,少数生活在淡水中,其中4/5为各类蚯蚓。头部退化,无疣足,以纲毛为运动器官;有生殖带;雌雄同体。

3. 蛭纲:淡水、潮湿土壤中半寄生生活。前后有吸盘,身体扁平,体腔退化,无疣足和纲毛,雌雄同体,有生殖带。如蚂蟥(蛭)。

8.7.6 软体动物门

(一)生物学特征

本门动物身体柔软,左右对称,不分节,具石灰质贝壳,是重要的真体腔动物,身体两侧对称,具有三个胚层和真体腔,属于原口动物。已经出现了所有的器官系统,而且都很发达。所有生活在海洋中的软体动物都有担轮幼虫期。

（二）软体动物门的分类

目前记录的现存的软体动物大约有11.5万种，此外还发现了3.5万种化石。根据身体构造的不同，将软体动物分为7个纲：无板纲、多板纲、单板纲、瓣鳃纲、掘足纲、腹足纲、头足纲。

8.7.7 节肢动物门

节肢动物门（arthropoda）是动物界种类最多的一门，其身体结构及形态、呼吸器官及排泄器官多样化，种类达100万种以上，约占动物种数的84%。它们的分布极为广泛，对环境有高度适应性。

节肢动物的身体明显地由同律分节进化到异律分节，在分节的基础上，身体分为头、胸、腹三个部分；有带关节的附肢，有的类群具有可以飞翔的翅；具混合体腔、开放式循环系统；有几丁质外骨骼，生长过程中有蜕皮现象；一些种类对陆地生活高度适应（图8-13）。

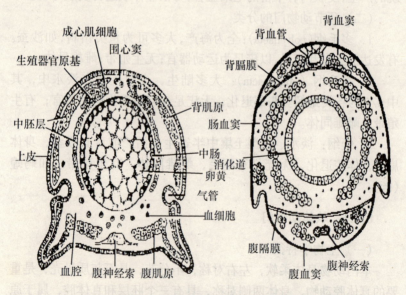

图8-13 节肢动物——混合体腔的形成

节肢动物种类多、形态结构变化大，分类系统存在较大的争议。现采用较为简明的分类系统：根据异律分节、附肢、呼吸和排泄器官的情况，将现存的节肢动物分为6纲（图8-14）：原气管纲、肢口纲、蛛形纲、甲壳纲、多足纲、昆虫纲。

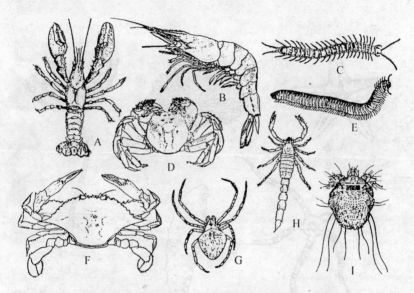

A. 螯虾；　B. 对虾；　C. 蜈蚣；　D. 中华绒螯蟹；
E. 马陆；　F. 三疣梭子蟹；　G. 圆网蛛；　H. 蝎；　I. 人疥螨

图8-14　节肢动物门代表动物

8.7.8　棘皮动物门

棘皮动物（Echinodermata）的体制多为五辐射对称，身体表面具有棘、刺，突出体表之外；体腔一部分形成独特的水管系统、血系统和围血系统；神经系统没有神经节和中枢神经系统；棘皮动物具有内骨骼——由中胚层起源的钙化骨片形成；内陷法形成原肠胚，肠腔法形成中胚层、真体腔；棘皮动物与此前讲述的无脊椎动物不同，它的卵裂、早期胚胎发育、中胚层的产生、体腔的形成，以及骨骼由中胚层产生等，都与脊索动物有相同的地方，而不同于无脊椎动物。从成体口的形成和肛门的形成看，棘皮动物也同于脊椎动物。棘皮动物、脊椎动物都属于后口动物。因此普遍认为，脊索动物与棘皮动物具有相同的祖先（图 8-15）。

棘皮动物全部是海洋底栖生活。现存 6 000 多种，化石种类则多达 20 000 多种。

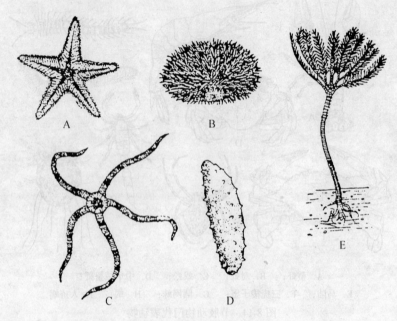

A. 海星； B. 海胆； C. 蛇尾； D. 海参； E. 海百合

图 8-15 棘皮动物门代表动物

8.7.9 脊索动物门

脊索动物（Chordata）是动物界最高等的一门动物，现存约 7 万种，形态结构非常复杂，分布及其广泛，能够适应不同的生活环境。脊索动物的共同特征主要表现在：

1. 具脊索（notochord）。脊索是一条支持身体的棒状结构，位于消化道的背面，脊索在低等种类中多终身保留，高等动物则仅出现在胚胎时期,成体由脊柱代替。

2. 具背神经管(dorsal bubura nerve cord)。位于脊索背面,是一条中空的神经索。

3. 具鳃裂(gill slits)。为咽部两侧直接或间接与外界相通的裂孔,也称咽鳃裂,为呼吸器官。

脊索动物分四个亚门:半索动物亚门、尾索动物亚门、头索动物亚门和脊椎动物亚门。前三种海栖脊索动物,种类少。脊椎动物是高等的脊索动物,形态和机能复杂而完善,生存和适应能力强。

思 考 题

1. 生物分类的依据是什么?
2. 试比较五界系统和其他分类系统。
3. 病毒增殖有哪些不同于其他微生物繁殖的特点?
4. 原核生物与人类生活有什么关系?
5. 真核生物有什么主要特征?
6. 植物在发展进化过程中经历了哪些阶段?

第9章 生物与环境

任何生物都生活在一定环境中，生物与环境之间呈现出十分错综复杂的关系。一方面，生物要从环境中不断获取物质和能量，从而受到环境的限制；另一方面，生物的生命活动又能不断地改变环境。研究生物与其环境之间相互关系的科学称为生态学（Ecology），它是生物科学的基础学科之一。

人口、资源和环境相互关系是生态学，这也是当今世界面临的三大热点与难点。如何利用有限的资源满足日益增长的人口的旺盛需求，支持全社会的可持续发展，怎样在经济高速发展的前提下不断改善人类及一切生物赖以生存的生态环境，已成为世界性的重大课题。

9.1 生物与环境的相互作用

9.1.1 生物圈

生物圈（biosphere）是地球表面全部生物及其活动领域的总称，它是由大气圈下层、水圈、土壤岩石圈及活动于其中的一切生物（包括人类）所组成。生物圈的厚度很小，上限可达海平面以上23 km 的高度，下限可达海平面以下 12 km 深。

生物圈是人类赖以生存和发展的空间，它为人类提供了自然条件和经济建设的自然资源。但是，随着工农业不断发展，人类无计划地过度开发自然资源，资源枯竭、灾害频繁发生、温室效应、能源匮乏、粮食短缺正极大地威胁着人类的生存。为了走可持续发展的道路，1971 年，联合国科教文组织（UNESCO）颁布实施了"人与生物圈"（简称 MAB）计划，以便对生物圈进行合理利用和开发，改善人类与环境的关系。目前，中国已有长白山、神农架、九寨沟、西双版纳等 20 多个"世界生物圈保护区"，标志着"人与生物圈"计划已在中国不断深入发展。

9.1.2 生物与无机环境

生物的无机环境包括了水、温度、光、空气、土壤、火等。

（一）水

生命起源于水，没有水，生物就无法生存。水既是构成生物体的物质基础，又是生物新陈代谢的一种介质。

一般来说，植物体含有 60%~80% 的水分，动物体含水量一般也在 75% 以上。例如，水母含水量约为体重的 95%，软体动物为 80%~92%，鱼类为 80%~85%。

根据植物对水分的需求程度，可将高等植物分为四种生态类型。

1. 水生植物，是指生长在水中的植物。
2. 中生植物，是指生长在中等湿度地方的植物，它们在一般情况下既不耐旱，也不耐涝，但对短期的、强度不大的干旱和过湿有一定的调节适应能力。
3. 湿生植物，是指适于生长在过度潮湿地区的植物，这类植物叶大而薄，有光泽，角质层很薄，根系不发达，位于土壤表层并且分支很少，植物细胞的渗透压不高。
4. 旱生植物，是指在干旱环境中生长，能忍受较长时间干旱仍能维持水分平衡和正常生长的一类植物。例如仙人掌等。

陆生动物根据它们对于空气湿度和食物中需水分的程度，可以分成比较喜湿和比较喜旱的两类。喜湿的包括多数环节动物、软体动物、许多昆虫以及一部分鸟类和哺乳类。喜旱的主要包括昆虫、爬行类、鸟类和哺乳类中的一部分或大部分。

（二）温度

适当的温度是维系生命过程不可缺少的条件之一。温度不仅影响生物的生长发育，也影响生物的分布和数量。外界环境温度对生物的影响，主要体现在积温、极端温度、最适温度和节律性变温上。

1. 积温

生物在整个生长发育或某一发育阶段内，高于一定温度数以上的昼夜温度总和，称为某生物或某发育阶段的积温。

生物的生长发育与有效积温有极大的关系。当生物正常发育所需的有效积温不能满足时，它们就不能发育成熟，甚至导致生物的死亡。小麦萌发需要一定积温，鸟类孵化也需要一定积温。

2. 极端温度

所谓极端温度是指生物生存温度极限，超过极限生物就会死亡，包括最高温度和最低温度。

不同生物所能忍受的高温、低温的极限是不同的。例如：某些嗜热的细菌能忍受89℃的高温。在排除自身组织水分的条件下，某些绦虫、线虫及熊虫可忍受-190℃的低温。

3. 最适温度

每种生物都有自己生长的最适宜温度。在适宜温度条件下生物生长发育较为迅速，生命力较强。当温度不适时，有些动物如鱼类和鸟类，会出现洄游和迁徙现象，以寻觅最适温度条件的环境。不能找到最适温度条件的生物，则通过增强自身对极端温度的适应渡过不良环境，如动物的冬眠和植物的抗冻性反应。

4. 节律性变温

一年内有四季温度变化，一天内昼夜温度也不一样，自然界中这种有规律性的变化叫做节律性变温。各种生物长期适应这种节律性变温而能协调地生活着。例如在温带地区，大多数植物春季发芽、生长，夏季抽穗开花，秋季果实成熟，秋末低温条件下落叶，随后进入休眠期。这种发芽、生长、开花、结实、成熟、休眠等植物生长发育的时期叫做物候期。作物的物候期同耕作管理有密切关系。

（三）光

阳光是绿色植物惟一的能量来源，也是几乎所有生命活动的能源。另外，光对植物组织和器官的分化，对动物体的机能代谢、行为和地理分布都有直接或间接的影响。动物种类不同，对于光的依赖程度也不同，大多数动物有日出性（趋光性），即喜欢在有光亮的白天活动。有些动物有夜出性（避光性），即喜欢在夜里或早晚活动，如田鼠、小家鼠等。

各种光对生物的影响也不一样。可以用肉眼看到的光叫可见光，含有红、橙等七种颜色，它们的波长在 370～770nm 之间。绿色植物吸收最多的是可见光中的红光和蓝、紫光，吸收最少的是绿光。

(四) 空气

空气中对生物体影响最大的是氧和二氧化碳。光合作用的主要原料是空气中的二氧化碳，作物产量的 90%～95% 是光合作用形成的。植物进行呼吸时吸收的氧气，要比光合作用时放出的氧气少得多。在白天，光合作用放出的氧气比呼吸作用消耗的大 20 倍。当二氧化碳增加到 1%～3% 时，脊椎动物的呼吸次数显著增加，但这样高的含量在自然界是少见的，因此空气中二氧化碳含量对动物的生活很少有明显的影响。大气中氧的含量通常是 21% 左右，假如低于这个含量，人和动物就会出现呼吸频繁和血液循环加快的现象。当含氧量少于 10% 时，人就会恶心、呕吐。

(五) 土壤

"万物土中生"说明了生物与土壤之间的密切关系。土壤是植物生长发育的基地，因为土壤有供给和调节植物生长发育所需的水分、养分、空气、温度等生活条件的能力，即土壤肥力。

土壤是陆生动物的居住地和活动场所。土壤中居住的动物非常多，特别是富有矿物盐和有机物的地方更多。一般在 $1m^2$ 的耕地上，可以有上千万个无脊椎动物，而在 1g 土壤内就能有百万个原生动物。很多陆生动物在土壤表面建造巢穴或隐蔽所。

土壤还是微生物生长的大本营，这里微生物的数量最大，类型最多，是人类利用微生物资源的主要来源。

(六) 火

火是一个重要的生态因子，已受到人们的重视，这是一个再发现。在自然界，火并不因人而引起，许多火灾都是一种自然现象。植物中有一些适应于频繁的火灾，并构成了范围广阔的特殊植被。

在我国的云贵高原上也有耐火的植被，如云南西双版纳地区的厚皮树，其叶片不易着火，茎下部的树皮特别厚，侧芽和不定芽发力特别强。

9.1.3 生物与有机环境

生物的有机环境是指生物与周围生物之间的关系，通常有种内关系和种间关系。

（一）种内关系最常见的是种内斗争和协作

1. 种内斗争（intraspecific competition）

种内斗争是指同种个体间为了争夺资源、领地、配偶等而进行的生存斗争。

2. 种内协作（intraspecific cooperation）

种内协作是指同种个体间为了共同防御敌害、获得食物及保证种族生存和延续而进行的相互帮助、相互有利的行为。

（二）种间关系

早在 3000 年前，《诗经》上已有"螟蛉有子，蜾蠃负之"的记载，记述了胡蜂类捕捉蛾类幼虫的现象，是种间捕食的写照。物种之间除了捕食与被捕食之间的关系外，比较常见的还有竞争、共生、寄生、共栖等。

9.2 种群生态学

9.2.1 种群（population）的概念

种群是指同种生物在特定环境空间和特定时间内的所有个体的集群，是物种（species）存在的基本单位。例如一个池塘的鲫鱼、黄山的马尾松都是一个种群。

种群是由个体组成的，但并不等于个体的简单相加，种群除了与组成种群的个体具有共同的生物学特征外，还有其独特的群体特征，如出生率、死亡率、年龄结构、性比空间分布、种群行为、生态对策等，这说明有机个体之间存在着相互作用和影响，从而在整体上呈现一种有组织有结构的特性。

9.2.2 种群的基本特征

一般认为，种群具有三个方面的特征：①空间特征，指种群具有一定的分布区域；②遗传特征，指种群具有一定的基因组成，以区别于其他物种，但基因组成也是处于变动之中；③数量特征，指种群数量随时间推移具有一定的变动规律。

（一）出生率和死亡率

出生率（natality）指单位时间内种群出生的个体数与种群个体总数的比值。

死亡率（mortality）指单位时间内种群死亡的个体数与种群个体总数的比值。

在自然环境状态下，生物种群只有很少一部分个体能活到生理寿命期，多数则死于捕食者的捕捉、疾病及不良环境条件。

（二）年龄结构

年龄结构（age structure）指种群中各年龄期个体在种群中所占的比例，通常用年龄金字塔来形象、直观地表示种群的年龄结构，年龄金字塔是用从下到上的一系列不同宽度的横柱做成的图，从下到上的横柱分别表示由幼年到老年的各个年龄组，横柱的宽度表示各个年龄组的个体数或其所占的比例。

从生态学角度可以把一个种群分成三个主要的年龄组，即繁殖前期、繁殖期、繁殖后期。也可将年龄金字塔划分成三个基本类型（图9-1）：①增长型表示种群中幼年个体数量多，老年个体数量少，说明种群具有较高的出生率和较低的死亡率，种群处于不断增长时期。②稳定型表示种群中的幼年、中年、老年个体数量接近，说明种群的出生率和死亡率基本平衡，种群数量处于稳定状态。③下降型表示种群的幼年个体数目少，老年个体数目较多，说明种群的死亡率大于出生率，种群数量处于下降状态。

（三）性比例

性比例（sex ratio）指种群中雄性与雌性个体数的比例。如果比例等于1，表示雄雌个体数相等；如果大于1，表示雄性多于雌性；如果小于 1，表示雄性少于雌性。不同生物种群具有不同的性比例特征，同时种群性比例也会随其个体发育阶段的变化而发生改变。

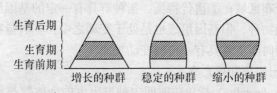

图 9-1　几个理论上的年龄金字塔

（四）空间分布

组成种群的个体在其生活空间中的位置状态或布局，称为种群的内分布型（internal distribution pattern）。种群的内分布型是种群的特征之一，它主要分为三种类型（图9-2）：①均匀型（uniform）指种群内个体之间彼此保持一致的距离，主要是由于种群内个体间的竞争所引起的，通常只有在资源均匀的条件下形成，在自然条件下均匀分布的现象很难见到。②随机型（random）指每一个体在种群领域中各点上出现的机会是相等的，某一个体的存在不影响其他个体的分布。随机分布在自然界中比较少见，只有在资源分布均匀、种群个体间没有彼此吸引或排斥的情况下才能呈现随机分布。③成群型（clumped）是最常见的内分布型，它是动植物对环境资源不均匀分布的反映，同时也受生殖方式和社会行为的影响。

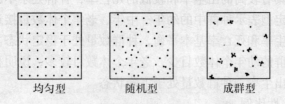

图 9-2　种群中个体的空间分布格局

(五) 种群密度

种群密度 (population density) 指单位面积或体积内某个种群的个体数量。种群密度是一个变量,随着时间、空间以及生物周围环境的变化发生改变。特定生态环境下单位面积或体积中的生物个体数称为生态密度 (ecological density),是一个常用的密度指标。

9.2.3 存活曲线

存活曲线 (survivor acrve) 是用来表示一个种群在一定时间过程中存活量的指标,以存活量的对数为纵坐标,以年龄为横坐标作图,可以直观地表达出各年龄组的死亡过程。一般存活曲线可有三种基本类型 (图9-3)。

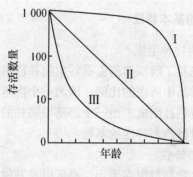

图 9-3 存活曲线

Ⅰ型存活曲线,表示种群在达到生理寿命之前,只有少数个体死亡,如人类和一些大型哺乳动物。

Ⅱ型存活曲线,表示种群各年龄期的死亡率基本相同,如鸟类、大多数爬行动物和一些小型哺乳动物。

Ⅲ型存活曲线,表示种群幼体的死亡率很高,只有极少数个体能够活到生理寿命,如大多数鱼类、两栖类、海洋无脊椎动物等。

9.3 群落生态学

9.3.1 群落（community）的概念

生物群落是指在特定空间或特定环境下，具有一定的生物种类组成，具有一定外貌结构和功能的生物集合体。研究生物群落与环境之间相互关系的科学称为群落生态学（community ecology）。

群落是由动物、植物、微生物等多个物种的种群，共同组成生态系统中有生命的部分。但群落并非多种生物随意的组合，而是长期历史发展和自然选择的一种结果，群落内多个物种之间相互作用不仅有利于它们各自的生存和繁殖，而且也有利于保持群落的稳定性。

9.3.2 群落的基本特征

1. 具有一定的物种组成

研究群落首先要了解该群落由哪些生物种群组成，以及各个生物种群的数量在群落中所占的比例。因为一个群落区别于另一个群落的首要特征就是物种组成，而一个群落中物种的多少及每一物种的个体数量是衡量群落多样性的基础。

2. 具有一定的外貌

群落中各种生物种群因在大小、高低以及其他宏观形态方面的差异，构成了不同的群落外部形态，在植物群落中通常由其生长型决定其高级分类单位的特征。

3. 具有一定的群落结构

生物群落是生态系统的一个结构单位，它本身除具有一定物种组成外，还具有外貌和一系列的结构特点，包括形态结构、营养结构等，但这些结构常常是松散的，有人称之为松散结构。

4. 具有一定的空间分布格局

群落的空间格局包括垂直分层现象和水平分布格局，不同生物群落都是按一定的规律，分布在特定区域或特定环境中。

5. 具有一定的动态特征

生物群落是生态系统中具有生命的部分,生命的特征是不停地运动,群落也是如此,其运动形式包括季节动态、年纪动态、演替与演化等。

6. 群落的边界特征

在自然条件下,有些群落具有明显的边界,可以清楚地区分,有的则不具有明显边界,而处于连续变化中。

9.3.3 群落的结构

相对稳定的生物群具有一定的结构和特征,对群落和群落环境的形成具有明显控制作用的物种称为优势种(dominant species),它们对生态系统的稳定起着举足轻重的作用,应该得到充分保护。群落结构包括空间结构和时间结构,空间结构又可分为垂直结构和水平结构。群落的垂直结构主要指群落分层现象,是不同物种对垂直空间不同生态条件的适应,是自然选择的结果,它显著提高了生物利用环境资源的能力,群落的水平结构是指群落的配置状况和水平格局。

由于群落内部环境因子的不均匀性及物种本身的生物学、生态学特征导致群落内生物种类及组合的不同,使群落在外形上表现为斑块相间即镶嵌性(mosaic)。群落结构随时间的推移而不断变化称为群落的时间结构。群落各种生物的昼夜节律和季节性交替是时间格局中的昼夜相和季节相的原因,两个或多个群落生态系统之间的过渡区域称为群落交错区(ecotone)或生态过渡带。这里环境条件复杂,能为不同生态类型的生物提供定居条件,因此,常常生活着相邻群落所拥有的物种及过渡区特有的物种。目前,人类活动正在大规模地改变着自然环境,形成许多交错区,如城乡结合部,我们应该加强研究生态过渡区对能源物质流、信息流、全球气候变化、资源利用、生物多样性、环境污染等的影响,强化生态过渡区的管理。

9.3.4 群落的类型和分布

地球上生物群落的类型可分为水生生物群落和陆生生物群落。以植被为基础,陆生生物群落又可划分为热带雨林、亚热带常绿阔叶林、温带落叶阔叶林、寒温带针叶林、温带草原、荒漠和苔原。

1. 热带雨林

此区域雨量充沛，且在一年中分布均匀。林木通常高大、植物种类繁多、无脊椎动物十分丰富，脊椎动物也很繁多，有很大比例的哺乳动物栖息在树上，如南美洲亚马逊流域、亚洲的马来西亚、印度尼西亚等地。

2. 亚热带常绿阔叶林（又称照叶林）

此区域是温暖湿润的地区。常绿阔叶树组成的树木有木兰科、樟科、山茶科等植物。林中两栖动物丰富。我国长江流域以南地区即为此区域。

3. 温带落叶阔叶林区（又称夏绿林）

此区域常见有栎属落叶树种以及椴属、槭属等。动物有较强的季节性活动，如鹿。我国的黄河流域以及辽东半岛属于此区。

4. 针叶林

此区域主要由松杉类植物构成，其外貌往往是单一树种构成的纯林，动物种类相对贫乏，我国的东北兴安岭属于此区。

5. 温带草原

此区是温带气候下植被类型之一，属于夏绿干燥草本群落类型，通常缺乏散生乔木，而多年生禾本科植物则连绵成片。我国的黄土高原、内蒙高原和松辽平原属于此区。

6. 荒漠

此区降雨量极少而且不稳定，土质极贫瘠，白天极热，夜间极冷，温度季节性差异更显著，植物稀少，主要是旱生灌木、半灌木和半乔木。动物大多夜间活动，主要有袋鼠、驼鸟等，保护色显著。我国的新疆准噶尔盆地、塔里木盆地、青海柴达木盆地属于此区。

7. 水生群落

此区由各种水生生物组成，它的分布没有严格区域性，有一定量水的地方即可形成水生群落。

9.3.5 群落的演替

群落演替（community succession）是指经过一定历史时期，由一种类型转变为另一种类型，逐步向稳定群落发展的顺序过程。这个过程是由于这个地区的有机体和环境反复地相互作用,发生在时间、空间上的不可逆的动态变化。在不受外力干扰的情况下,演替最后将达到一种相对稳定的状态,即与当地环境条件相适应的稳定群落,称为顶极群落(climax)。

常见演替系列有水生演替系列和旱生演替系列两类。以水生演替为例,当一个水池形成之后,逐渐有水生植物和水生动物定居,微生物则分布在开阔的水体中,在水较浅的部分,光线可以透过底部,着根的沉水植物侵入过来,在更浅的水中,可能生长具有漂浮叶片的着根水生植物。近岸出现挺水植物。在岸边则是忍受土壤水分饱和的湿生植物占优势,这些植物类型分别形成一个群落,并有若干种动物与其相联系,由于有机质和泥沙经常积累,使水池逐渐变浅。随着环境改变的加剧,所有群落都向水池中心方向前进。池水的淤积使沉水植物被浮叶根生植物所替代,后者又被挺水植物所取代,继之挺水植物被湿生植物所取代,然后又依次被陆生植物群落所替代,于是水生植物群落演替为陆生植物群落(图9-4)。

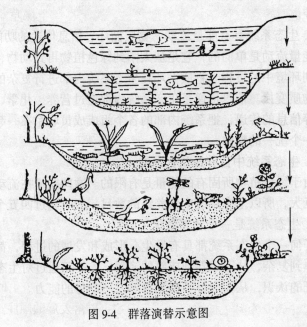

图9-4 群落演替示意图

9.4 生态系统

9.4.1 生态系统的概念

生态系统（ecosystem）是英国植物生态学家 A.G.Tansley 于 1935 年首先提出来的，它是指生物群落与其环境之间由于不断地进行物质循环、能量流动和信息传递而形成的统一整体。

生态系统的范围和边界可大可小，通常可以根据研究目的和研究对象而定，大的如生物圈；小的如一块草皮，一个小水泡，甚至一滴含有藻类、微小动物和细菌的水滴也可以看做一个生态系统。

9.4.2 生态系统的特征

1. 生态系统具有自我调节的能力

主要表现在以下三个方面：①同种生物和种群密度的调控；②不同种生物种群之间的数量调控；③生物与环境之间的相互适应的调控。

2. 生态系统具有能量流动、物质循环、信息传递的功能

能量流动是单向的，它是从太阳到绿色植物再到动物，最后被释放到环境中的过程。物质循环在生态系统内部进行复杂的周而复始的物质变换。信息传递是生态系统内部通过营养、化学、物理和行为等信息的传递，把系统内部的各个组成成员联系在一起，从而成为一个统一的整体。

3. 生态系统中营养级是有限的

由于绿色植物所固有的能量是有限的。这些能量在流动过程中损失巨大，所以生态系统中营养级的数目一般不超过四五个。

4. 生态系统是一个动态系统

任何一个生态系统都具有发生、形成和发展的过程，都要经历从简单到复杂，从不成熟到成熟的演替，人类正通过对生态系统这一特征的认识，从而取得了预见自然发展趋势的能力。

9.4.3 生态系统的组成

任何一个生态系统都由生物和非生物两大部分组成，生物部分按照它们的营养方式和在系统中所起的作用不同，又可分为生产者、消费者和分解者三大功能类群（图9-5）。

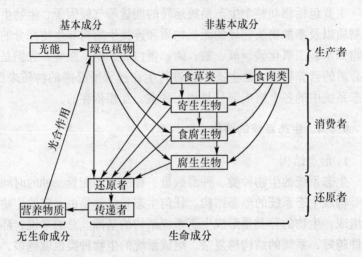

图 9-5 生态系统中各成分的性质和相互关系

1. 生产者（producers）

主要是绿色植物，也包括一些光合菌等自养生物，它们是生态系统中最积极的因素，利用日光能制造初级有机产品——淀粉和糖等碳水化合物。

2. 消费者（consumers）

消费者是指直接或间接从绿色植物所制造的有机物质中获得营养和能量的异养生物。根据食性可以把动物分为草食动物（或称一级消费者）和肉食动物，以草食动物为食的动物称为二级消费者，以肉食动物为食的动物称为三级消费者，依此类推，但这种消费级不可能太高。

3. 分解者（decomposers）

又称还原者，属于异养生物，主要是细菌和真菌，也包括某些原生动物和腐食性动物（如白蚁、蚯蚓等）。它们具有把生物残体复杂的有机物质分解为简单的化合物，释放归还到环境中供生产者再利用的能力，分解者在物质循环和能量流动中有重要意义，因此成为生态系统中不可缺少的部分。

4. 非生物成分

主要包括驱动整个生态系统运转的能量等气候因子、生物生长的基质以及参加物质循环的无机物质和连接生物与非生物部分的有机物如水、二氧化碳、氧、氮、磷、蛋白质、糖、脂等，它们是生命必需的营养物质，是生态系统进行生命过程所必需的物质来源。生态系统中的各个组成部分是相互联系，互相依存的。

9.4.4 生态系统的结构

1. 形态结构

生态系统的生物种类、种群数量、种的空间配置、种的时间变化等构成生态系统的形态结构。任何生态系统都是由一定的生物种类组成，生物的种类是形成生态系统结构的基础。总的来说，环境条件越好，系统的结构越复杂，组成系统的生物种类也就越多，生态系统的形态结构主要表现在垂直结构上具有层次性和水平方向上的不一致性。另外，生态系统除了具有一定的空间结构之外也随时间的更替呈现有规律的外观变化。如生物种类、数量、生物的营养生长、动物的迁移等都随时间的推移呈现周期性变化。

2. 食物链和食物网

一个生态系统中的各种生物彼此以能量和营养物质相互联系从而形成各种生物的链索称为食物链（food chain）。各种生物之间通过取食关系存在着错综复杂的联系，这就使生态系统内多条食物链互相联结，形成网络，称为食物网（food wed）（图9-6）。

食物链、网是生态系统中存在的普遍而又复杂的现象，它从本质上反映了系统内部生物之间的取食关系。

食物网是在生态系统长期发展过程中形成的，正是通过食物网，生态系统中各种生物成分之间建立起直接或间接的联系，从而增加了生态系统的稳定性。人为地去除其中的某个环节,必然牵动整个食物网,导致系统稳定性降低,甚至使生态系统崩溃。

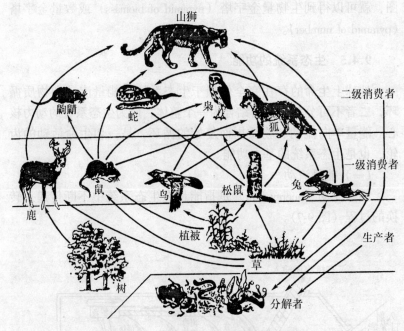

图9-6 一个陆地生态系统的部分食物图

3. 营养级和生态金字塔

绿色植物、草食动物、肉食动物等各种有机体位于食物链的不同环节上,食物链的一个环节称为营养级,是处于食物链某一环节上的所有生物的总和。营养级之间的关系不是指一种生物同另一种生物的关系,而是指某一层次上的生物和另一层次上生物之间的关系。

研究表明,能量沿食物链从一个营养级流到下一营养级时,将逐级递减,因为高一级生物不能全部利用低一级生物储存的能量,这样每经过一个营养级,能量就要减少90%,即后营养级的能量只能等于前一营养级储能的10%。

能量通过营养级逐级减少，如果把通过各营养级的能量由低到高用图来表示，就成为一个金字塔，称为能量金字塔（pyramid of energy）。同样，如果把通过各营养级生物量或生物数量由低到高作图，就可以得到生物量金字塔（pyramid of biomass）或数量金字塔（pyramid of number）。

9.4.5 生态系统的功能

地球上生命的存在完全依赖于生态系统的能量流动和物质循环，二者不可分割，紧密结合为一个整体，成为生态系统的动力核心。能量单向流动和物质周而复始的循环，是一切生命活动的齿轮，也是生态系统的基本功能。

（一）能量流动

能量流动（energy flow）是指能量在生态系统中不断传递、转换的过程（图9-7）。

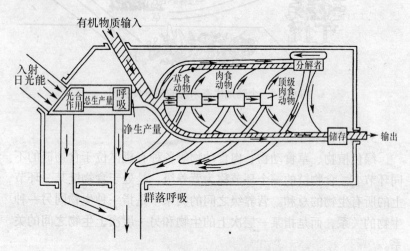

图9-7 普适的生态系统能流模型

能量在生态系统中流动具有以下特点。

1. 能量流动具有单方向、不可逆性

能量以光能的形式进入生态系统后,就不再以光的形式存在,而是以热的形式不断散失到环境中。主要表现在以下三个方面:①太阳的辐射能以光能的形式输入生态系统后,通过植物固定为化学能,此后,不再以光能的形式返回;②自养生物被异养生物摄食后,能量由自养生物流到异养生物体内,不能再返回给自养生物;③从总的能流途径来看,能量只能一次性经过生态系统,不能循环,因此是不可逆的。

2. 能量流动具有逐级递减性

太阳的辐射能被生产者固定,经草食动物到肉食动物,再到顶级肉食动物,能量是逐级递减的。因为:①各营养级不可能百分之百地利用前一营养级的生物量;②各营养级的同化作用也不是百分之百,总有一部分不被同化;③生物的新陈代谢过程总要消耗一部分能量。

(二) 物质循环

在生态系统中,物质流动是循环的,各种有机物质最终经过还原者分解成可被生产者吸收的形式,重返环境中进行再循环。物质循环的类型有多种,下面主要就水的循环、碳的循环和氮的循环进行介绍。

1. 水循环

水是生物圈中最丰富的物质,又是生命过程中氢的来源,它在地球表面覆盖面积大约为 70%。地球上海洋、河流、湖泊等一切水面的水不断蒸发,变成水蒸气,进入大气层,它遇冷凝结成雨、雪、雹等降落在地面与水上。地面降水的一部分聚到河、湖,重新注入海洋,另一部分渗入土壤或松散岩层,其中有些成地下水,有些被植物吸收。被植物吸收的部分除少量结合在植物体内外,大多通过植物

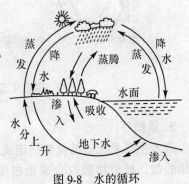

图 9-8 水的循环

叶面蒸腾作用返回大气（图9-8）。

2. 碳循环

碳循环从光合作用固定大气中的二氧化碳开始。在这一过程中，二氧化碳和水反应，生成碳水化合物，同时释放出氧气，进入大气中，一部分碳水化合物直接作为生产者的能量而被消耗。生产者固定的一部分也被消费者消耗，并进行呼吸而放出二氧化碳。生物死亡后，最终被分解者微生物分解，生物组织内碳被氧化成二氧化碳，又回到大气中（图9-9）。

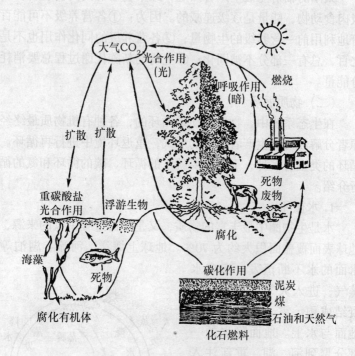

图9-9 碳在生态系统中的循环

3. 氮循环

进入生态系统中的氮被固定成氨或氨盐，经过硝化为硝酸盐或亚硝酸盐，被植物吸收合成蛋白质，然后经食物链合成动物蛋白质。在动物的生活中，一部分蛋白质分解为尿素、尿酸排出体外，另一部分经细菌的分解成为氨，氨排到土壤中再次被细菌、植物、动物循环利用，但其中有部分硝酸盐经反硝化作用生成游离的氮，返回大气中，另外，硝酸盐还可能贮存在腐殖质中并被淋浴，然后经过河流、湖泊最后到达海洋为水域生态系统所利用（图 9-10）。

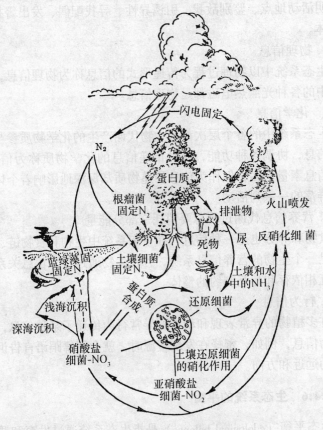

图 9-10　氮在生态系统中的循环

因此，在自然生态系统中，一方面通过各种固氮作用使氮素进入物质循环，另一方面又通过反硝化作用、淋溶作用使氮素不断重返大气，从而使氮的循环处于一种平衡状态。

（三）信息传递

在生态系统中，除了有物质循环和能量流动之外，还有机体之间的信息传递，这些信息流把系统中多个组成部分联成一个整体。生态系统中各种生物就是利用颜色、气味、声音、运动姿势、超生波、电磁场等信号来传递信息或通过产生带有特定信息的化学物质以标明活动地点、鉴别敌我、引诱异性、寻找配偶、发出警报或集合群体。

1. 物理信息

生态系统中以物理过程为传递形式的信息称为物理信息，生态系统中的各种光照热电磁都是物理信息。

2. 化学信息

生态系统中的各个层次都有生物代谢产生的化学物质参与物质传递信息，协调各种功能，这种传递信息的化学物质称为信息素。虽然信息素量不多，但作为信息传递物质却深深地影响着个体、种群和群落的一系列活动。

3. 营养信息代谢过程总要消耗一部分能量

食物和养分也是一种信息，在生态系统中生物和食物链、食物网就是一个生物的营养信息系统，各种生物通过营养信息关系联成一个互相依存和相互制约的整体。

4. 行为信息

许多植物的异常表现和动物的异常行为传递了某种信息，可称为行为信息，例如，蜜蜂在发现蜜源时，就会用舞蹈语言告诉同伴蜜源的远近和方向。

9.4.6 生态系统的平衡

生态平衡（edological balance）是指生态系统通过发育和调节达到的一种稳定状态，包括结构、功能和能量输入、输出上的稳定，它是一种动态平衡。在自然条件下，生态系统总是朝着种类多样化，结构复杂化和功能完善化的方向发展，直到最成熟最稳定的状态，此时，生态系统的自我调节能力，抗外界干扰能力也最强，但这种自我调节能力是有限的，干扰超过了一定限度，调节就会失去作用，生态系统就不能恢复到原初状态，即生态失调或生态平衡的破坏，甚至导致生态危机。生态失调的初期往往不易被人类所觉察，但一旦出现生态危机，就很难在短期内恢复平衡。因此人类的活动除了要讲究经济和社会效益外，还必须要注意生态效益，以便在改造自然的同时能保持生物圈的稳定和平衡。生态平衡，人与自然和谐相处是人类社会可持续发展的基础。

9.5 人与环境

大自然是人类赖以生存和发展的基础。人类为了自身的生存和发展，总是与自然界进行顽强的斗争，克服自然束缚，力求在更大程度上利用自然，控制自然，改造自然，甚至创造出人工环境。人类的发展史，也是为利用自然、控制自然和改造自然环境的斗争史。

认真反思过去我们不难发现，当今世界人口爆炸、森林被严重破坏、土地资源丧失、淡水资源匮乏、水污染加剧、大气污染严重等问题日益严重地威胁着人类的生存和发展。

人口、资源和环境是人类社会赖以生存和发展的基础，它们相互联系，相互影响，它们之间的关系是一种复杂和动态关系。为了人类社会与整个自然界的可持续发展，当前最重要的是控制人口数量，提高人口素质，合理开发资源，走可持续发展道路，保护环境等。

9.5.1 控制人口数量，提高人口素质

环境空间和资源都是有限的。因此，人口的增长不仅要与经济发展水平相适应，也要与环境的承载量相适应，而不能无限制地发展。严峻的现实警示我们人类应善于管理自己，控制自身的数量，使人类社会的发展与资源的增殖和环境的改善相适应，以实现可持续发展。在控制人口增长的同时，还要努力提高人口质量。因为人类与环境的矛盾主要是靠发展生产力来解决，人是生产力中最活跃

的因素。因而人所能提供的生产力与其文化、科学技术以及身体素质相关。人口质量越高,潜在的生产力水平就越高。

9.5.2 合理开发资源,走可持续发展道路

1987 年以布伦特兰夫人为主席的世界环境和发展委员会发表了著名的《我们共同的未来》,明确提出并论证了可持续发展(sustainable development)的科学观点,并在 1992 年里约热内卢"联合国环境与发展大会"上得到共识。可持续发展包括三个最基本的原则:公平性原则;持续性原则;共同性原则。

只有尊重客观规律,自然资源才能永远成为人类的财富,为人类的生产、生活提供源源不断的物质保证。因此,我们应坚持科学的资源观,根据生产力水平来控制人口增长,调节资源开发速度,使世界人口的发展与自然资源的开发利用保持平衡关系,从而促进人类自身的发展。

9.5.3 保护和建设环境

环境保护的目的在于防止自然环境在人类发展时遭到破坏。当今突出的环节是防止和减少工业生产向大气、水体和土壤中排放废气、污水和废弃固形物,尤其是有毒物质。

环境建设是指人类在发展生产的同时,建设一个更有利于人类发展的环境。这种环境应具有高效的经济潜力、保持高水平的生态稳定和具备良好的环境外貌等特征。

人口、资源和环境是实施可持续发展的三个要素。由于人口增长的惯性作用,我国人口数在未来三十年内将是 15~16 亿人口的巅峰。虽然我国各类资源的总量还比较大,但多项人均资源量远远落在世界平均水平之下,淡水和土壤的现状和今后的发展趋势都令人十分担扰。至于环境问题,更是一个十分不容乐观、迫在眉睫的问题,任重而道远,我们只能知难而进,没有退路,也没有其他选择。

第四篇 现代生物学与生物技术

第 10 章 现代生物技术

现代生物技术是 20 世纪 70 年代初诞生的以基因工程为标志的高新技术，其在解决全球性经济问题，迎接人口、资源、能源、食物和环境五大危机挑战中至关重要，故被许多国家确定为增强国力和经济实力的关键性技术。生物技术产业将成为 21 世纪的支柱产业。

现代生物技术的应用领域非常广泛，包括农业、工业、药物学、能源、环保、冶金、化工原料等方面。

10.1 生物技术概述

生物技术（biotechnology）这个词是由"biological technology"缩写而成，有时也称为生物工程，是指人们以现代生命科学为基础，结合先进的工程技术手段和其他基础学科的科学原理，按照预先的设计改造生物体或加工生物原料，为人类生产出所需产品或达到某种目的。

先进的生物技术手段至少包括基因工程、细胞工程、酶工程、发酵工程和蛋白质工程等五项工程，改造生物体是指获得优良品质的动物、植物或微生物品系。生物原料则指生物体的某一部分或生物生长过程所能利用的物质，如淀粉、糖蜜、纤维素等有机物，也包括一些无机化学品，甚至某些矿石。为人类生产出所需的产品包括粮食、医药、食品、化工原料、能源、金属等各种产品。达到某种目的则包括疾病的预防、诊断与治疗、环境污染的检测和治理等。

一般认为，生物技术包括传统生物技术和现代生物技术两部分。传统的生物技术是指旧有的利用微生物发酵法制造酱、醋、酒、面包、奶酪、酸奶及其他食品的传统工艺；现代生物技术则是指20世纪70年代初诞生的以基因工程为标志的新兴学科，已经成为一门集生物学、医学、微生物学、数学、计算机科学、电子学等多学科互相渗透的综合性学科。现代生物技术的产生虽然只有短短30多年，对社会和科学的影响是巨大的。当前所称生物技术均指现代生物技术。

现代生物技术产业将是21世纪高技术革命的核心内容。生物技术是解决全球性经济问题的关键技术，如通过生物技术培育的高产作物品种可利用有限的水和土地使更多的人有饭可吃，我国国家杂交水稻工程技术中心袁隆平教授1977年试种其培育的"超级杂交稻"3.6亩，平均亩产884kg。又如试管苗实现工厂化生产，一个$10m^2$的恒温室内，可繁殖1万~50万株小苗。生物技术广泛应用于医药卫生、农林牧渔、轻工、食品、化工和能源等领域，促进传统产业的技术改造和新兴产业的形成，对人类社会生活产生深远的影响。如基因工程制药、克隆牛和羊、基因诊断、基因治疗、人类基因组计划、开发能源、降低环境污染。所以，生物技术是一种具有巨大经济效益的潜在生产力，生物技术将是21世纪高技术革命的核心内容，生物技术产业将是21世纪的支柱产业。

10.2 生物技术的研究领域

10.2.1 基因工程（gene engineering）

（一）基因工程的概念及主要步骤

基因工程技术是现代生物技术的核心或主体。基因工程是通过对核酸分子的插入、拼接和重组而实现遗传物质的重新组合，再借助病毒、细菌质粒或其他载体，将目的基因转移到新的宿主细胞系统,并使目的基因在新的宿主细胞系统内进行复制和表达的技术,其主要研究任务是 DNA 的人工重组,包括基因分离、合成、切割、重组、转移和表达等。故基因工程又称重组 DNA 技术。

由上可知,基因工程的实施至少要有四个必要条件:①工具酶;②基因;③载体;④受体细胞。

从本质上讲,基因工程是将外源 DNA 分子的新组合引入到一种新的宿主生物中进行增殖和表达。这种 DNA 分子的新组合是按工程学的方法进行设计和操作的。这就赋予了基因工程跨越天然物种屏障的能力,克服了固有的生物物种间的限制,引入了定向创造新物种的可能性(图 10-1)。

图 10-1 小鼠和超级小鼠

基因工程的主要步骤:

(1)从生物体的基因组成 cDNA 文库中,分离(克隆)目的基因的 DNA 片段。

(2)将目的基因连接到具有自我复制并有选择标记的载体上,形成重组 DNA 分子。

(3)将重组 DNA 分子导入受体细胞(又称宿主细胞或寄生细胞)。

(4) 将带有重组 DNA 分子的细胞,通过繁殖和克隆筛选,挑选出具有重组 DNA 分子的细胞克隆(阳性细胞克隆)。

(5) 选出阳性细胞克隆并使目的基因在细胞内进行高效表达。

应该指出:基因工程已经成了现代生物技术的核心,使人类掌握了改造生物、保护环境、战胜疾病、改善生活质量的强有力武器。基因工程与细胞工程、酶工程、发酵工程和蛋白质工程彼此之间是互相关连、互相渗透的。例如通过基因工程对细菌或细胞改造后获得的"工程菌"或细胞,都必须借助发酵工程或细胞工程产生效益;又如基因工程对酶进行改造以增加酶的产量、酶的稳定性以及提高酶的催化效率等(图10-2)。

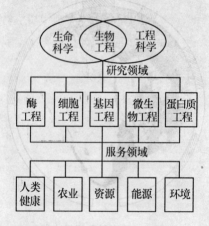

图 10-2 生物工程的学科基础、所包涵的研究领域及生物工程的服务对象

(二)基因工程的诞生

基因工程诞生于 20 世纪 70 年代初,现代分子生物学领域理论上的四大里程碑与技术上的三大发明对基因工程诞生起到了决定性作用。

1. 四大里程碑

(1) 1944 年,Oswald Avery 在美国首次报道了肺炎球菌转化试验，不仅证明了生物的遗传物质是 DNA，而且还证明了 DNA 可以转移，并把一个细菌的性状传给另一个细菌。如果说这项成果是现代生命科学的开端，那么也是基因工程的先导。

(2) 1953 年 James Waston 和 Francis Crick 阐明了 DNA 双螺旋结构。Crick 在 20 世纪 60 年代建立了 DNA 半保留复制和蛋白质合成的中心法则，从而解开了 DNA 复制、转录和蛋白质翻译过程之谜，提出了遗传信息是 DNA→RNA→蛋白质，也阐明了转录、翻译过程中出现误差所造成生物变异之谜，从此千百年来神秘的遗传现象从分子水平上得到了揭示，该项工作奠定了分子遗传学的基础，极大地推动了生命科学的发展。

(3) 遗传密码子的破译。1961 年 Monod 和 Jacob 提出了操纵子学说，为基因表达调控提出了新理论，到 1968 年 Crick 和 Nireberg 完全破译了 64 个遗传密码子，mRNA 中每三个核苷酸组成一个密码子。每一个密码子代表某一个氨基酸，其中 61 个分别代表各种氨基酸，其余的 3 个密码子（UAA、UAG、UGA）为肽链的终止信号（又称终止密码子），不代表任何氨基酸；AUG 既代表蛋氨酸密码子，同时又为肽链合成的启动信号（又称启动密码子）；确定遗传信息是以密码子方式传递的，即 DNA→RNA→蛋白质。从而在分子水平上揭示了遗传现象，为基因工程中的基因结构、框架、基因分离与合成提供了理论根据。

(4) 基因转移载体的发现为基因工程开创了新局面。在 20 世纪 60 年代人们发现了细菌的质粒，即生物体内染色体以外的环状 DNA，它具有独立自我复制的能力，可在微生物细胞间转移。此后又相继发现噬菌体、疱疹病毒、腺病毒、逆转录病毒、昆虫多角体病毒转移载体等。这一发现为目的基因转移和导入找到了理想的运载工具，使目的基因表达得以实现，使基因工程的成功成为可能。

2. 三大技术发明

(1) 工具酶的发现

如何将 DNA 切成单一 DNA 基因片段并装配到载体上是基因工程发展的第一大难题。

1970 年，Smith 和 Wilcox 在流感嗜血杆菌中发现了限制性核酸内切酶 Hind Ⅲ，此后陆续发现了许多内切酶，使 DNA 分子的切割成为可能。不久，美国的 Khorana Mandel 又发现了 T_4DNA 连接酶，它具有高度 DNA 连接特性，能够使被切割下来的基因片段通过 T_4DNA 连接酶而组装到载体上。

由于真核细胞的 DNA 中内含子的存在，切割下来的基因片段难以在原核细胞中表达。1970 年，Baltimore 等人和 Temin 等人同时各自发现了逆转录酶，打破了中心法则，使真核基因制备成为可能，即真核细胞的 mRNA 在逆转录酶作用下，可逆转成相应的 cDNA，这样使 cDNA 能在原核细胞中获得表达。

上述工具酶的发现，为基因的切割、连接以及功能基因的获得创造了条件。有人形象地将限制性核酸内切酶称为"剪刀"，而把 DNA 连接酶比喻为"缝纫针线"，生命科学家就是手艺高超的"时装设计大师"，从而裁剪，拼装新的 DNA 分子有了可能性。

(2) 基因合成和测序

对某些小分子 DNA 基因片段采用酶切或逆转录技术，既繁琐，又难以获得，特别是克隆 cDNA 中功能基因往往要有引物。这些 DNA 需要用 DNA 合成法来获得。DNA 合成仪的问世为基因合成提供了便利的条件，拓宽了基因来源的途径，同时也为在真核细胞中克隆功能基因时，既不必由 mRNA→cDNA，再从 cDNA 中分离克隆功能基因，又能克服真核细胞基因组中由于内含子存在而影响真核功能基因在原核中表达的难题。1965 年，Sanger 发明基因序列分析法，接着又发明了 DNA 基因序列分析测定法，这样就可使已获得的基因序列一目了然，而且也可用于鉴定所获得的基因序列的状况，为各类基因序列（密码顺序）图的绘制提供了可能，这项技术已成为现代基因工程技术中不可缺少的技术。

(3) 特异性 DNA 片段快速扩增技术（PCR）

PCR 基因扩增仪的发明，不仅可使极微量的基因能得以大量扩增，为基因工程技术提供足量的目的基因，而且还可应用于疑难疾病的基因诊断，因此 PCR 基因扩增仪对基因工程技术的发展也起到了很大的推动作用，使 DNA 合成与扩增获得了广泛的应用。

由于具备了上述的理论与技术基础，基因工程诞生的条件已经成熟。

1972年，美国斯坦福大学 P. Berg 等在世界上第一次将猿猴病毒 SV40 的 DNA 和 λ 噬菌体 DNA 通过酶切和 T_4DNA 连接酶连接后，所获得的包含 SV40 基因的重组体在大肠杆菌中获得了表达。同时斯坦福大学的 S. Cohen 等人将抗四环素质粒和抗新霉素及抗磺胺的质粒通过酶切和连接后，又获得了抗四环素和抗新霉素的重组菌落。从此揭开了基因工程的序幕。1977年，Itakura 又将人工合成的生长激素释放抑制素（somatostatin，SMT）基因在原核细胞中获得了真核基因的表达，打破了生物物种界限，轰动了全世界，显示了基因工程巨大的生命力。

10.2.2 细胞工程（cell engineering）

所谓细胞工程是以细胞为基本单位在离体条件下进行培养繁殖或人为地使细胞某些生物学特性按照人们的意愿发生改变，从而改良生物品种和创造新品种，或加速繁育动植物个体或获得有用物质的综合性科学技术，包括细胞融合技术、动植物细胞和组织培养技术、细胞移植技术、染色体工程技术。根据细胞类型的不同，可以把细胞工程分为植物细胞工程和动物细胞工程两大类（图10-3）。

当前重点发展的细胞工程是细胞融合和动植物细胞大量培养技术。在动物细胞融合方面，发展最快的是单克隆抗体技术。动物细胞的融合常常用病毒作为诱导剂。很多不同种类的动物细胞之间或动物与人的细胞之间都能进行融合，形成杂种细胞，例如人-鼠、人-兔、人-鸡、人-蛙、鼠-鸡、鼠-兔、鼠-猴等的细胞都能进行融合。在动物发生免疫反应的过程中，体内的 B 淋巴细胞可以产生多达百万种以上的特异性抗体，但是每一个 B 淋巴细胞只分泌一种特异性抗体。因此，要想获得大量的单一抗体，必须用单个 B 淋巴细胞进行无性繁殖，也就是通过克隆，形成细胞群，这样的细胞群就有可能产生出化学性质单一、特异性强的抗体——单克隆抗体。

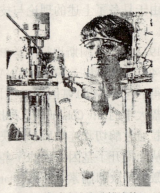

(a) 建立植物细胞株　　(b) 实验室小发酵罐培养

(c) 植物细胞大规模培养

图 10-3　植物细胞大规模培养流程

1975 年，阿根廷科学家米尔斯坦（Cesar Milstein，1926~）和德国科学家柯勒（Georges Köhler，1946~）在前人工作的基础上，充分发挥想像力，设计了一个极富创造性的实验方案。如果用一种能在体外培养条件下大量增殖的细胞，如小鼠骨髓瘤细胞，与某一种 B 淋巴细胞融合,所得到的融合细胞就能大量增殖,产生足够数量的特定抗体。根据这个设想,他们首先将抗原注射入小鼠体内,然后从小鼠脾脏中获得能够产生抗体的 B 淋巴细胞,与小鼠骨髓瘤细胞在灭活的仙台病毒或聚乙二醇的诱导下融合,再在特定的选择性培养基中筛选出杂交瘤细胞。由于杂交瘤细胞继承了双亲细胞的遗传物质,因此,它不仅具有 B 淋巴细胞分泌特异性抗体的能力,还有骨髓瘤细胞在体外培养条件下大量增殖的本领。他们培养杂交瘤细胞,从中挑选出能够产生所需抗体的细胞群,继续培养,以获得足够数量的细胞,在体外条件下做大规模培养或注射到小鼠腹腔内增殖。这样,可从细胞培养液或小鼠的腹水中提取大量的单克隆抗体(图 10-4)。单克隆抗体在疾病的诊断、治疗和预防

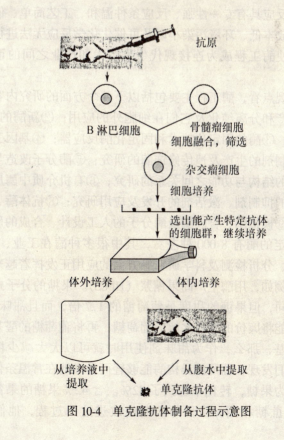

图 10-4 单克隆抗体制备过程示意图

方面，与常规抗体相比，特异性强，灵敏度高，优越性非常明显。国内外已有多种单克隆抗体实现商品化，制成单抗诊断盒，有的已投放市场。人们正在研究用单克隆抗体治疗癌症，就是在单抗上连接抗癌药物，制成"生物导弹"，将药物定向带到癌细胞所在部位，既消灭了癌细胞，又不会伤害健康细胞。此外，单克隆抗体还用于发酵工业的分离提纯工作和生物医学研究等方面。

10.2.3 酶工程（enzyme engineering）

所谓酶工程是利用酶、细胞器或细胞所具有的特异催化功能，或对酶进行修饰改造，并借助生产反应器和工艺过程来生产人类所需要产品的一项技术。

由于酶反应具有专一性强、反应条件温和、工艺简单、催化效率高、生产成本低、环境污染小以及可催化化学反应无法进行的反应等特点，使酶工程成为连接现代生物技术和产业之间的重要桥梁。

按现代观点看，酶工程主要包括以下几个方面的研究内容：① 酶的大量生产和分离纯化及它们在细胞外的应用；② 新酶的发现、研究和应用；③ 酶的固定化技术和固定化酶反应器；④ 基因工程技术应用于酶制剂的生产及遗传修饰酶的研究；⑤ 酶分子改造与化学修饰以及酶的结构与功能之间关系的研究；⑥ 有机介质中酶反应的研究；⑦ 酶的抑制剂、激活剂的开发及应用研究；⑧ 抗体酶、核酸酶的研究；⑨ 模拟酶、合成酶及酶分子的人工设计、合成的研究。

已经鉴定的酶有 8 000 种左右，其中很多种酶在工业、农业、医药、食品、分析检测及科学研究等方面的应用正发挥着越来越重要的作用。例如，用酶生产高果糖浆（HFCS）。果糖的分子式与葡萄糖完全相同，但果糖的甜度是葡萄糖的 1.7 倍，而且甜味纯正。因此，如果能将廉价的淀粉水解为葡萄糖，再将葡萄糖的醛基转化为果糖的酮基，那么，作为甜味剂使用时就可以大大减少糖的用量。科学家们发现，葡萄糖异构酶能够轻而易举地在常温条件下将葡萄糖转化为果糖，转化率达到了 42%。含 42% 果糖的果葡糖浆甜度已经与蔗糖相当。工程师不断地改进这一过程，他们将含

42%果糖的果葡糖浆采用模拟移动床分离出果糖后,将葡萄糖重新用酶进行转化,这样得到的高果糖浆中果糖的含量达到了92%以上。由于原料淀粉来自玉米,这种产品称为高果玉米糖浆(HFCS)。目前,全世界的HFCS产量已经高达1 000万吨以上,主要用于碳酸饮料、食品工业等作为甜味剂。HFCS生产企业主要集中在北美粮食生产过剩地区,不但为农场主开辟了新的粮食消费市场,而且大大节约了原来用于进口蔗糖的外汇。

20世纪60年代开始发展起来的一项新技术——酶的固定化和固定化酶反应器是酶工程的一个里程碑。酶的固定化技术是将酶或细胞吸附在固体载体上或用包埋剂包埋起来,使酶不易失活,可以多次使用,从而提高了催化效率和酶的利用率。而固定化细胞又是固定化酶技术的一个发展,可以不必把酶从细胞中提取出来。现在又发展到固定化增殖细胞,就是固定化了的细胞可以增殖,这样使催化效率更高。

近几年来,在固定化技术的基础上又发展出了生物传感器。生物传感器是一种测试分析工具。它的特点是灵敏、快速、准确。它主要用在化学分析、临床诊断、环境监测、发酵过程控制等方面。生物传感器的类型有酶传感器、细胞传感器、微生物传感器和免疫传感器4种。在发酵工业中已能用传感器来测定温度、pH值、氧液流量、液位、罐压等指标。

另外,在酶工程的开发中,迅速发展的还有生物反应器。目前设计的生物反应器有活细胞反应器、游离酶反应器、固定化酶和固定化细胞反应器、细胞培养装置、生物污水处理装置等。固定化酶反应器的形式目前多达几十种。

10.2.4 发酵工程(fermentation engineering)

利用微生物生长速度快、生长条件简单以及代谢过程特殊等特点,在合适条件下,通过现代化工程技术手段,由微生物的某些特定功能生产出人类所需的产品称为发酵工程,有时也称微生物工程。

发酵(fermentation)最初来自拉丁语"发泡"(fervere),是指酵母作用于果汁或发芽谷物产生 CO_2 的现象。生物化学上定义发酵为"微生物在无氧时的代谢过程"。目前，人们把利用微生物在有氧或无氧条件下的生命活动来制备微生物菌体或其代谢产物的过程统称为发酵。

早在公元前 2400 年左右，在埃及第五王朝的墓葬壁画上，就有烤制面包和酿酒的大幅浮雕，根据我国的《黄帝内经素问》和《汤液醪醴论》的文字记载可知，我国利用微生物酿酒起源于公元前 2600~2200 年。但是，微生物发酵工业，是在 20 世纪 40 年代随着抗生素工业的兴起而得到迅速发展的，而现代发酵技术又是在传统发酵的基础上，结合了现代的 DNA 重组、细胞融合、分子修饰和改造等新技术。由于微生物发酵工业具有投资省、见效快、污染小、外源目的基因易在微生物菌体中高效表达等特点，迅速成为全球经济的支柱产业之一。据有关资料统计，发酵工业与初期相比，产品的产量至少增加几十倍，通过发酵生产的抗生素品种高达 200 个，在有些发达国家中，发酵工业的产值占国民生产总值的 5%。在医药产品中，发酵产品也占有重要地位，其产值占 20%。总之，发酵工业在与人们生活密切相关的许多领域中（医药、食品、化工、冶金、资源、能源、环保等），都有着难以估量的经济和社会效应。

医药工业：用于生产抗生素、维生素等常用药物和胰岛素、乙肝疫苗、干扰素、透明质酸等新药。

食品工业：用于微生物蛋白、氨基酸、新糖原、饮料、酒类和一些食品添加剂（柠檬酸、乳酸、天然色素等）的生产。

能源工业：通过微生物发酵，可将绿色植物的秸秆、木屑、工农业生产中的纤维素、半纤维素、木质素等废弃物转化为液体或气体燃料（酒精或沼气）。还可利用微生物采油、产氢、产石油以及制成微生物电池。

化学工业：用于生产可降解的生物塑料、化工原料（乙醇、丙酮、丁醇、癸二酸等）和生产一些生物表面活性剂及生物凝集剂。

冶金工业：微生物可用于黄金开采和铜、铀等金属的浸提。

农、牧业：生物固氮、生物杀虫剂的应用和微生物饲料的生产，为农业和畜牧业的增产发挥了巨大作用。

10.2.5 蛋白质工程（protein engineering）

蛋白质工程是指在基因工程的基础上，结合蛋白质结晶学、计算机辅助设计和蛋白质化学等多学科的基础知识，通过对基因的人工定向改造等手段，从而达到对蛋白质进行修饰、改造、拼接以产生能满足人类需要的新型蛋白质。有人称为第二代基因工程。

为什么要对蛋白质进行改造？因为有的天然蛋白质不尽如人意，例如，治疗癌症和多种病毒感染的特效药干扰素，即使在 -70℃的条件下保存也相当困难。如果将干扰素分子上的两个半胱氨酸更换成丝氨酸，那么在 -70℃的条件下，可以保存半年。又如，研究结果表明，植物在进行光合作用时，需要固定空气中的二氧化碳。但是，在光照条件下，又会消耗氧和释放二氧化碳，这一过程叫做光呼吸。植物在光呼吸过程中会消耗已合成的有机物 20%～27%。上述这两个反应过程都是由 1，5-二磷酸羧化酶来催化的。如果通过蛋白质工程的手段，改造这个酶，就可以促进固定二氧化碳的作用，降低光呼吸的强度，从而提高光合作用的效率。因此，许多科学家都积极地投入到这一课题的研究中。

当前，蛋白质工程方面取得的进展向人们展示出诱人的前景。例如，科学家通过对胰岛素的改造已使它成为速效型药物。又如，生物和材料科学家还积极探索将蛋白质工程应用于微电子方面。用蛋白质工程方法制成的电子元件，具有体积小、耗电省和效率高的特点，因此有极为广阔的发展前景。

10.3 生物技术的服务领域

10.3.1 在医药卫生领域中的应用

1. 生产基因工程新型药品

生物技术在医药领域中的应用涉及新型药品开发、新诊断技术、新预防措施及新的治疗技术。医学生物技术是生物工程中最活跃、产业发展最迅速、效应最显著的领域。多数基因工程药物首创于美国，常分为四类：激素和多肽类、酶、重组疫苗及单克隆抗体。用基因工程方法制造的"工程菌"，可以高效率地生产出各种高质量、低成本的药品。1977 年，美国首先采用大肠杆菌生产了人类第一个基因工程药物——人生长激素释放抑制激素，开辟了药物生产的新纪元。此激素可抑制生长激素、胰岛素和胰高血糖素的分泌，用来治疗肢端肥大症和急性胰腺炎。如果用常规方法生产，50 万头羊的下丘脑才能产生 5mg，而用大肠杆菌生产，只需 9L 细菌发酵液。其价格降至每克 300 美元。

胰岛素是治疗糖尿病的特效药。一般临床上给病人注射用的胰岛素主要从猪、牛等家畜的胰腺中提取，每 100kg 胰腺只能提取 4～5g 胰岛素。用这种方法生产的胰岛素产量低，价格昂贵，远远不能满足社会的需要。1979 年，科学家将动物体内能够产生胰岛素的基因与大肠杆菌的 DNA 分子重组，并且在大肠杆菌内表达获得成功。这样，用 2 000L 大肠杆菌培养液就可以提取 100g 胰岛素，相当于从 2t 猪胰腺中提取的量。1982 年，美国一家基因公司用基因工程方法生产的胰岛素投入市场，其售价比用传统方法生产的胰岛素的售价降低了 30%～50%。

目前，用基因工程方法生产的药物已经有六十余种，除胰岛素、干扰素外，还有白细胞介素、溶血栓剂、凝血因子、人造血液代用品，以及预防乙肝、狂犬病、百日咳、霍乱、伤寒、疟疾等疾病的各类疫苗。其中一部分药品已经商品化，还有一部分处于临床试验阶段。我国的第一个生物工业园区——上海生物技术工业园区已经正式兴建。1997 年，我国自己生产的白细胞介素-2、干扰素、乙肝疫苗、人生长激素等几种基因工程药物也已经投产。

2. 疾病的预防和诊断

基因诊断是用放射性同位素（如 ^{32}P）、荧光分子等标记的 DNA 分子做探针，利用 DNA 分子杂交原理，鉴定被检测标本上的遗传信息，达到检测疾病的目的。1978 年，著名美籍华裔科学家（Yuer Wei Kan）首先应用液相 DNA 分子杂交技术对镰状细胞贫血（β^s）实现了产前诊断。目前基因诊断方法不仅对肠道病毒、单纯疱疹病毒、乙型肝炎病毒、梅毒螺旋体等可以快速、准确诊断，而且对几十种遗传病可以进行产前诊断。

利用细胞工程技术可以生产单克隆抗体。单克隆抗体既可用于疾病治疗，又可用于疾病的诊断。如用于肿瘤治疗的"生物导弹"，就是将治疗肿瘤的药物与抗肿瘤细胞的抗体联结在一起，利用抗体与抗原的亲和性，使药物集中于肿瘤部位以杀死肿瘤细胞，减少药物对正常细胞的毒副作用。

传统的疫苗生产方法对某些疫苗的生产和使用，存在着免疫效果不够理想、被免疫者有被感染的风险等不足，科学家们一直在寻找新的生产手段和工艺，而用基因工程生产重组疫苗可以达到安全、高效的目的，如已经上市或已进入临床试验的病毒性肝炎疫苗（包括甲型和乙型肝炎等）、肠道传染病疫苗（包括霍乱、痢疾等）、寄生虫疫苗（包括血吸虫、疟疾等）、流行性出血热疫苗、EB病毒疫苗等。

3. 基因治疗

如今基因治疗的概念为：在基因水平上，向靶细胞或组织中引入外源基因DNA或RNA片段，以纠正或补偿基因的缺陷，关闭或抑制异常表达的基因，从而达到治疗的目的。

1990年美国FDA批准了用腺苷脱氨酶（ADA）基因对一患重症联合免疫缺损的4岁女孩进行基因治疗，首例获得成功，开创了基因治疗的先河。

我国基因治疗的研究在"863"高技术计划的支持下，也取得一些重大的进展：

（1）血友病B基因治疗：1991年复旦大学薛京伦教授主持的实验室与上海长海医院合作进行国内首例血友病B的基因治疗的临床试验获得成功，患者体内凝血因子的浓度从71ng/ml上升到250ng/ml。

（2）恶性肿瘤的基因治疗：上海肿瘤研究所顾健人院士领导的课题组，用导入对肿瘤细胞有杀伤力的"自杀基因"治疗恶性脑瘤已通过药审，正在进行一期临床试验。

（3）处于实验室研究阶段的基因治疗研究还有：重组腺病毒介

导的反义癌基因治疗肝癌；地中海贫血病的基因治疗；心血管病的基因治疗；神经性疾病的基因治疗等。

10.3.2 在农业、食品工业中的应用

1. 提高粮食品质

利用生物技术培育品质好、营养价值高的作物新品系。例如美国威斯康星大学的学者将菜豆储藏蛋白基因转移到向日葵中，使向日葵种子含有菜豆储藏蛋白。利用转基因技术培育番茄可延缓其成熟变软，从而避免运输中的破损。大米是人们的主要粮食，但人体不能自身合成的8种氨基酸含量很低，科学家正试图将大豆储藏蛋白基因转移到水稻中，培育高蛋白质的水稻新品系。

2. 培育抗逆的农作物优良品系

自然界中细菌的种类是非常多的，在细菌身上几乎可以找到植物所需要的各种抗性，如抗虫、抗病毒、抗除草剂、抗盐碱、抗干旱、抗高温等。如果将这些抗性基因转移到作物体内，将从根本上改变作物的特性。例如转基因植物，就是对植物进行基因转移，其目的是培育出具有抗寒、抗旱、抗盐、抗病虫害等抗逆特性或品质优良的作物新品系。至1994年全世界批准进行田间试验的转基因植物已达1 467例，涉及的作物种类包括马铃薯、油菜、烟草、玉米、水稻、番茄、甜菜、棉花、大豆、苜蓿等。转基因性能包括抗除草剂、抗病毒、抗盐碱、抗旱、抗虫、抗病以及作物品质改良等。1993年，中国农业科学院的科学家成功地将苏云金芽孢杆菌中的抗虫基因转入棉植株，培育成了抗棉铃虫的转基因抗虫棉，对棉铃虫杀虫率高达80%以上。

3. 植物种苗的工厂化生产

利用细胞工程技术对优良品种进行大量的快速无性繁殖，实现工业化生产。该项技术又称植物的微繁殖技术。植物细胞具有全能性，一个植物细胞有如一株潜在的植物。利用植物的这种特性，可以从植物的根、茎、叶、果、穗、胚珠、胚乳、花药或花粉等植物器官或组织取得一定量的细胞，在试管中培养这些细胞，使之生长成为所谓的愈伤组织。愈伤组织具有很强的繁殖能力，可在试管内

大量繁殖。在一定的植物激素作用下，愈伤组织又可分化出根、茎、叶，成为一株小苗。利用这种无性繁殖技术，可在短时间内得到遗传稳定的、大量的小苗（这种小苗称之为试管苗，以区别于种子萌发的实生苗），并可实现工厂化生产。一个 $10m^2$ 的恒温室内，可繁殖 50 万株小苗。所以该项技术是很有价值的，可使自然繁育慢的植物在很短的时间内和有限的空间内得到大量的繁殖。

植物的微繁殖技术已广泛地应用于花卉、果树、蔬菜、药用植物和农作物的快速繁殖，实现商品化生产。我国已建立了多种植物试管苗的生产线，如葡萄、苹果、香蕉、柑橘、花卉等。

4. 培育动物的优良品系

基因工程在畜牧养殖业上的应用也具有广阔的前景，科学家将某些特定基因与病毒 DNA 构成重组 DNA，然后通过感染或显微注射技术将重组 DNA 转移到动物受精卵中。由这种受精卵发育成的动物可以获得人们所需要的各种优良品质，如具有抗病能力、高产仔率、高产奶率和产生高质量的皮毛等。

1982 年，美国科学家将人的生长素基因和牛的生长素基因分别注射到小白鼠的受精卵中，得到了体型巨大的"超级小鼠"。人们还用同样的方法，陆续获得自然界中从来就不曾有过的"超级绵羊"和"超级鱼"等动物。

中国农业大学生物学院陈永福教授领导的课题组承担的"863"课题——瘦肉型猪基因工程育种研究已取得初步成果，获得快速生长的转基因猪，并对转基因猪进行传代研究，生产出 G_3 代转基因猪。

5. 开辟人类所需的新食品源

采用基因工程技术克隆一株高效表达菌株，通过发酵每 250g 微生物（湿重）每天可生产 250t 蛋白，平均每克细菌每天可生产 1t 蛋白，而一头体重 250kg 的牛，每天增重蛋白仅为 200g 左右。可见微生物工程菌合成蛋白质能力，1g 细菌是一头牛的 100 万倍，应用此项技术还可为人类生产所需要的碳水化合物、脂、维生素等。

单细胞蛋白可作为食品和饲料蛋白的重要来源，采用微生物发酵技术可利用纤维素和石油副产品来生产单细胞蛋白。俄罗斯计划每年生产 100Mt，这样可免于大豆进口；英国建造了年产量达 75kt 单细胞蛋白的工厂，这是当前世界上最大的工厂，整个工艺均采用电脑控制；美国的厄普约翰公司和法国巴斯德研究所，还应用鸡的卵清蛋白基因转移的基因工程技术使大肠杆菌或酵母菌产生了没有蛋壳的鸡蛋（卵清蛋白）。这表明，有朝一日，人们将能够用发酵罐培养的大肠杆菌或酵母菌来生产人类所需要的卵清蛋白。不久的将来，人们还可以用基因工程的方法从微生物中获得人们所需要的糖类、脂肪和维生素等产品。

10.3.3 在开发能源和解决污染中的应用

地球上的化石燃料终将枯竭，代之而起的除核能及太阳能外就是生物能，目前常用微生物发酵法来制备酒精燃料等。但需要消耗大量的甘蔗、玉米渣、木薯粉、大麦或小麦等食品粮，当前科学家们正在研究通过基因工程创造出多功能的超级基因工程菌，不再以粮食为原料，采用分解纤维素和木质素法，以利用稻草、木屑、植物枯秆、食物的下脚料等作为原料来生产酒精，这样可变废为宝，综合利用。这种酒精有"绿色石油"的美称。美国能源部已投巨资来开展生物能研究。并开办了利用纤维素生产酒精的工厂。可用酸水解木屑、落叶、甘蔗渣来大规模生产酒精，日本正在开展用石油生产新能源——酒精。今后汽车将不用汽油为燃料，而改用酒精作能源，目前世界上已有许多国家已部分采用，可避免尾气污染。

生物技术还可用来提高石油的开采率。目前石油的一次采油，仅能开采储量的 30%。二次采油需加压、注水，也只能获得储量的 20%。深层石油由于吸附在岩石空隙间，难以开采。加入能分解蜡质的微生物后，利用微生物分解蜡质使石油流动性增加而获取石油，称之为三次采油，可使贮藏在地下深层的石油获得充分的开采。通过固定化酶技术可使农、林和工业废物变成沼气和氢气，这不仅是一种取之不尽用之不竭的能源，而且可避免废气、废水、废料对环境的污染，采用基因工程技术构建新的菌株，进而可使系统的化学工业获得改造。

传统的化学工业生产过程大多在高温高压下进行，呈现在人们面前的几乎是大烟囱冒浓烟的景象。这是一个典型的耗能过程并带来环境的严重恶化。如果改用生物技术方法来生产，不仅可以节约能源还可以避免环境污染。例如用化学方法生产农药，不仅耗能而且严重污染环境，如改用苏云金杆菌生产毒性蛋白，既可节约能源而且该蛋白质对人体无毒。目前已发现有致癌活性的污染物达1 100多种，严重威胁着人类的健康。但是小小的微生物有着惊人的降解这些污染物的能力。人们可以利用这些微生物净化有毒的化合物，降解石油污染，清除有毒气体和恶臭物质，综合利用废水和废渣，处理有毒金属等，达到净化环境、保护环境、废物利用并获得新的产品的目的。

美国科学家们将能够降解不同石油组分的几种细菌质粒转移至假单孢菌中，从而构建了能分解多种原油组分的"超级菌"。这种菌可用于海洋的石油污染处理、处理工业废水。美国利用固定化酚氧化酶技术可从废水中去除酚（致癌物）。

基因工程的方法还可以用于环境监测。据报道，用 DNA 探针可以检测饮用水中病毒的含量。具体的方法是使用一个特定的 DNA 片段制成探针，与被检测的病毒 DNA 杂交，从而把病毒检测出来。此方法的特点是快速、灵敏。用传统方法进行检测，一次需要耗费几天或几个星期的时间，精确度也不高。用 DNA 探针只需要花费一天的时间，并且能够大幅度地提高检测精度。据报道，1t 水中有 10 个病毒也能检测出来。

10.3.4 制造工业原料　生产贵重金属

利用微生物在生长过程中积累的代谢产物，生产食品工业原料，种类繁多。主要有以下几个大类：①氨基酸类，目前能够工业化生产的氨基酸有 20 多种，大部分为发酵技术生产的产品，主要的有谷氨酸（即味精）、赖氨酸、异亮氨酸、丙氨酸、天冬氨酸、缬氨酸等；日本味精公司利用基因工程和细胞融合技术改造了原生产菌株，使氨基酸的产量提高了几十倍；②酸味剂，主要有柠檬酸、乳酸、苹果酸、维生素 C 等；③甜味剂，主要有高果糖浆、天冬甜精（甜味是砂糖的 2 400 倍）、氯化砂糖（甜味是砂糖的 600 倍）。

发酵技术还可用来生产化学工业原料。主要有传统的通用型化工原料如乙醇、丙酮、丁醇等产品。还有特殊用途的化工原料，如制造尼龙、香料的原料癸二酸；石油开采使用的原料丙烯酰胺；制造电子材料的粘康酸；制造合成树脂、纤维、塑料等制品的主要原料衣康酸；制造工程塑料、树脂、尼龙的重要原料长链二羧酸；合成橡胶的原料2,3-丁二醇；合成化纤、涤纶的主要原料乙烯等。

在冶金工业方面，稀有金属矿不断耗尽。面对数量庞大的废渣矿、贫矿、尾矿、废矿，采用一般的采矿技术已无能为力，惟有利用特殊的工程菌浸出铜、锰、锌、铬等十多种金属。目前世界各国都在着重研究构建基因工程的新菌种、改造工艺，以回收稀有贵重金属。

思 考 题

1. 生物技术的概念，包括哪几项工程及对人类社会产生什么影响？
2. 什么是基因工程，并简述它与其他工程之间的关系？
3. 所谓基因工程诞生的四大里程碑和三大技术发明是什么？
4. 以小鼠为例，简述单克隆抗体的制备过程？
5. 从发酵工程上看，发酵为"微生物在无氧时的代谢过程"的说法全面吗？
6. 为什么有的天然蛋白质如干扰素不尽如人意？
7. 基因治疗是怎么回事？
8. 举例说明生物技术在开辟人类所需食品源中的应用？
9. 名词解释：细胞工程　酶工程　发酵工程　蛋白质工程

第11章 生物学前沿科技

11.1 动物克隆技术

11.1.1 克隆的基本概念

"Clone"来源于希腊文,原意是用于扦插的枝条,后来根据我国遗传学家吴旻教授的建议,改为音译"克隆",主要是因为"Clone"的实际含义是指"人工诱导下的无性繁殖方式",翻译成"无性繁殖"不能完整表达其含义。

就科学价值而言,克隆羊"多莉"的问世无疑是"20世纪最重大的科技成果之一",其重大理论意义在于,它证明了一个完全分化成熟了的动物体细胞,也能恢复到早期的原始细胞状态,也能像胚胎细胞一样保存全部遗传信息。此前,科学家只认为植物的体细胞具有母体的全部遗传信息,并有发育成为完整个体的潜能。

当前,克隆至少分为三个层次:个体克隆、细胞克隆和分子克隆。所谓分子克隆指利用DNA重组技术将特定的基因序列插入载体,再通过载体的复制而获得大量相同基因或DNA序列的过程。

11.1.2 动物克隆的基本方法

动物的克隆,特别是高等动物的克隆,在目前理论和技术水平下,可以通过两条途径而获得,一条是将细胞中的遗传物质转入卵细胞后被激活,即已分化的细胞中的细胞核借助于卵细胞质中的某些特殊物质,进行正常的生长发育。另一条是通过胚胎切割的方式产生孪生子。

1. 胚胎分割技术

在2-细胞期至囊胚期的早期胚胎用酶或者是机械方法分割,然后由分割的细胞分别发育产生新个体。用胚胎分割技术产生的后代数量有限,但方法较简单,可有效地获得同卵孪生后代。

2. 细胞核移植方式进行克隆

用供体细胞核或细胞移入去核的受体细胞质中,在此基础上发育成为新个体的过程。

(1) 供体(donnor)细胞的准备 用于细胞核移植的供体细胞(核)有三大类:早期胚胎细胞、胚胎干细胞和体细胞。它们可来自活体或体外培养的细胞。移植前采用机械吹打或酶消化分散成单个细胞。然后以整个细胞或细胞核(可含少量细胞质)为供体。

(2) 受体(recipient)细胞的准备 核移植的受体细胞也有三类:去核卵母细胞、受精卵和2-细胞胚胎。其中以卵母细胞作为受体最多。将收集到的以上受体细胞经显微操作去除细胞核,如果是卵母细胞还包括去除第一极体。

(3) 核移植或融合 通过显微注射的方法将供体核或细胞移入受体的细胞质中,或者用融合的方法(化学融合、病毒融合及电融合)而获得单个细胞。(图11-1)

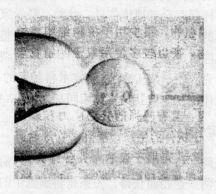

图11-1 显微注射进行转基因操作

(4) 重构胚胎的培养及移植 完成核移植或融合后形成的单个

细胞在体外培养一段时间后,移入雌性子宫或输卵管进行发育,或者是移入离体输卵管(同种或异种)进行体外培养(图11-2)。

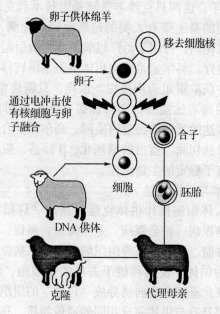

图 11-2 1997 年克隆"多莉"的程序轮廓

细胞核移植克隆技术的成功的关键问题:

① 供体细胞与受体细胞处于细胞周期同一时期,核移植的成功率高;

② 核移植产生的重构核能正确重新编程,在适宜的环境条件下像正常胚胎那样分裂、分化、发育形成个体;

③ 受体细胞质中具有诱导移植入的供体核存活,成为全能细胞的一些特殊物质,能促进细胞分裂并促进核基因进行时空顺序表达。

11.1.3 动物克隆技术的应用前景

1. 克隆技术与医药生产

通过克隆动物生产医药上所需的胰岛素、干扰素、细胞生长因子、肿瘤坏死因子、血清白蛋白等。1998年初，以克隆绵羊而闻名于世的英国Roslin研究所宣称，Vilmut等还克隆了"莫莉"和"波莉"两只绵羊，这两只克隆羊是转基因技术和克隆技术相结合的产物，在它们的身上带有人类的超氧化物歧化酶（SOD）基因。SOD是一种抗氧化剂，可用于治疗过氧化合物所引起的疾病，如早产儿中毒症的治疗。科学家希望应用体细胞基因转移克隆技术从克隆动物的奶汁中获取重组药用蛋白。这样，只需简单地饲养动物，利用动物乳腺的高表达能力，即可源源不断地得到贵重的药用蛋白，动物乳腺表达的蛋白质经过内质网、高尔基复合体的加工、修饰过程，如信号肽切除、蛋白的糖基化、β羟基、羧基化等，获得的药用蛋白具有了稳定的生物活性。

2. 克隆技术与组织工程

用患者本人体细胞核作供体克隆出新的"订做"的组织、器官，用以治疗糖尿病、帕金森病、老年痴呆、癌症、肾功能衰竭以及其他神经、骨骼、肌肉皮肤等组织的损伤和疾病。例如将某人提供的体细胞作为供体，使其移植于去核的卵细胞，然后发育成囊胚、原肠胚，在此基础上定向诱导成"订做"的组织、器官。由于器官中的细胞都具有与供体完全相同的遗传物质，移植后不会发生免疫排斥反应。1996年，马萨诸塞大学的研究人员将人的面颊细胞与去核的牛卵细胞融合，形成了杂合胚胎。

3. 动物克隆技术与遗传育种

利用优良动物品种的体细胞作核供体克隆动物，可以避免在自然条件下选种受动物育种周期和生育效率的限制，从而大大缩短育种年限，提高了育种效率，还可用于拯救濒危动物，例如我国提出了用动物克隆技术来拯救大熊猫的计划。

11.1.4 克隆人

1997年2月23日，英国科学家Wilmut等宣布，通过克隆技术，他们获得了世界上第一只来源于体细胞的克隆羊——多莉（dolly）。该消息一公布，立即在全球掀起了轩然大波。美国前总统克林顿咨询生物伦理顾问委员会，要他们研究克隆技术在法律、伦理方面可能带来的影响,并宣布:禁止政府资金用于一切与人体无性繁殖有关的研究。此后,德国政府宣布,绝不允许人类无性繁殖,不能让纳粹曾提出通过科学手段培育超级人种的幻想成为事实,违者将判处 5 年徒刑。阿根廷总统发布法令对进行"克隆人"研究者处以 10 年徒刑。罗马的梵蒂冈报纸《罗马观察家》发表社论,呼吁全世界各国立即制定一项法律禁止人类无性繁殖;英国科技委员会也发出类似呼吁。世界卫生组织通过一项反对克隆人的决议,认为将克隆技术用于人体复制有悖人类的完整性和道德观,在伦理上是不能接受的。英、法、日、加拿大、丹麦、西班牙、葡萄牙等国也立法禁止人类无性繁殖。我国政府有关部门也表示不支持克隆人的研究。人们认为,在人类文明社会中随心所欲地制造人,将像打开的"潘多拉魔盒子"一样,无法收拾。

根据 1985 年的第 35 届国际医学组织大会上通过的关于人体实验的赫尔辛基宣言规定:"对研究对象利益的关注必须高于科学和社会利益",这是人体试验的伦理原则,被试验者的利益总是第一位的,神圣不可侵犯,不可借科学发展的利益、社会的需要而任意把人的身体作为试验对象。多莉的成功率很低,只有 1/277 并且早衰而死。如果用人体做实验,必然要克隆出大量不正常的人,包括怪胎、残废人、不同程度的心理或生理缺陷的人,这种不负责任的对人体的实验是不道德的。是否可以待克隆技术完善之后,确保人体实验可以做到万无一失的情况下,进行人的克隆呢?从伦理道德上讲并非是不可以的。但是,目前不可试验。

今后,克隆人讨论的重心将集中于"克隆人究竟是利大弊小还是弊大利小?""能否对克隆人技术进行有效控制?"与"应怎样控制克隆人研究?"等问题上。

下面是科学家、人文学者中赞同克隆人派的理由,仅供参考。大致可归纳为 10 种:①克隆人技术能够使个人的生命不断延续,让死去的人得以再生。克隆人虽没有生物学意义上的父母,但可以有社会学上的(养)父母,也可以有生物学意义上的"基因祖先"或"代理母亲。"②克隆人不失为一种供不孕夫妻选择的繁衍途径。③克隆人可以让患有严重显性遗传病患者,避免生育一个患有严重遗传病的人。④克隆人技术能复制大量从事特殊职业、执行特殊任务所需要的人。如让克隆人进行星际航行。星际航行要以光年计，而人的生命短促，若一面航行，一面克隆人，则可解决这一矛盾。⑤克隆人能满足思念亲人的需要。如战争、疾病、车祸或自然灾难不幸死亡的人可以克隆。⑥克隆人能满足特殊人群的需要，如为同性恋者，单亲个人获得后代。⑦克隆人技术提供器官，用于移植。⑧克隆人可以改善人的质量或改良种族，实现优生，为社会复制伟大天才和绝代佳人。⑨克隆人可以用于研究，如生产大量遗传性完全相同的人，用于心理学和社会学方面的研究。⑩克隆人不会亵渎人的尊严，也不会影响人类进化。因为有性繁殖和无性繁殖不是人的尊严所在，在人类进化过程中，克隆少数人不会使人类基因库丧失多样性，反之，还能帮助我们保存和收藏比自然方式更丰富的人类基因，包括已死去的人的基因。

11.2 人类辅助生育技术——体外受精-胚胎移植（IVF-ET）

1977年英国剑桥大学生理学家爱德华博士（Edwards）和妇产科医生斯特普托（Steptoe）精诚合作，为女方输卵管堵塞、结婚9年仍不能生育的一对夫妇进行了体外受精-胚胎移植（IVF-ET）。世界上首例试管婴儿路易丝·布朗（Lonise Brown）于1978年诞生，开创了人类辅助生育技术的新纪元。

据报道，国内外育龄男女中约有10%患有不育症，IVF-ET给他们带来福音。当今，试管婴儿已遍布全球，截至2000年，世界各地已有30多万个试管婴儿。

11.2.1 常规IVF-ET技术及其派生技术

11.2.1.1 常规IVF-ET技术

体外受精-胚胎移植（IVF-ET）是精子与卵母细胞在体外进行受精，当胚胎发育至2~8细胞期时，移植入子宫腔，在母体内妊娠、分娩。因为受精卵在试管中培育过3~4天，故有人称其为

"试管婴儿"。

1. 适应证

①输卵管因素不孕　如先天性输卵管缺如，输卵管阻塞或切除，其他输卵管疾患导致精子不能在其内正常运行者。

②子宫因素不孕　如子宫内膜异位症经治疗仍不能受孕，子宫病变、子宫颈口严重狭窄，但夫妇精、卵正常者，可在 IVF 后将胚胎移至他人子宫代育。

③卵巢因素不孕　如卵巢发育不良者，卵巢早衰（自发性、手术、放化疗）者，可用供卵与丈夫精子行 IVF-ET。

④精子因素不育　如精液异常，少精症患者或精子活动度降低者。

⑤遗传病因素不孕　夫妇中一方因患遗传病不育者。

⑥原因不明不孕者。

2. 主要步骤

①诱导排卵　正常女性月经周期一般只有一个主导卵泡发育成熟，若取卵只能获得单个卵母细胞，且取卵容易失败，所以在 IVF-ET 中多采用控制性卵巢过度刺激（COH）方案诱导排卵，有利于收集到较多健康的卵母细胞用于受精。通常用于诱导排卵的药物有氯米芬（克罗米芬）、促性腺激素、FSH 等。

②卵泡期监测　卵泡监测的目的是获取高质量的卵母细胞，减少取出未成熟或过度成熟的卵母细胞；控制过多的卵泡发育，避免卵巢过度刺激症或多胎妊娠。

③取卵　在 B 超指引下，经阴道穿刺取卵有准确、方便、创伤少、痛苦小、不需麻醉、恢复快等优点，易为患者接受，可以多周期重复进行。

④精样准备　治疗周期开始需对丈夫精液进行检查，若发现感染应及时用抗生素治疗。取卵术前，丈夫手淫取精，液化后用上游法或 Percoll 连续梯度分离法获取高活力精子，调整浓度待用。

⑤受精　卵母细胞置 CO_2 培养箱内预孵育后，在含卵培养基液滴内加入精样。受精后 16～24 小时进行镜检，若见胞浆内有 2 个原核并在卵黄周间隙内观察到第二极体者表示已经受精。将其由原

来的受精培养基转移至新鲜的生长培养基中继续培养。

⑥胚胎移植　当胚胎发育到2~8细胞期时,移植入母体子宫腔。

⑦结果检测　胚胎移植12~14天,测定B-HCG;若尿标本阳性或血浓度>5ng/ml可诊断为生物化学妊娠;移植后5周行B超检查,若见宫内妊娠体,可诊断为临床妊娠;若见卵黄体与胎心搏动,提示胎儿存活。

11.2.1.2　卵子和胚胎捐赠（转移IVF-ET技术）

1984年Lutjen等人首次报道采用卵子捐赠为性激素替代的卵巢早衰妇女使用转移IVF-ET技术,获得正常新生儿。因此卵巢功能衰竭妇女、遗传性疾病携带的妇女,或反复IVF-ET或ICSI失败者,可以凭借此技术生育孩子。

胚胎捐赠由于双方染色体均非来自要求生育的父母方,故较少采用,主要适用于双方均有遗传性疾病者。但自从捐赠胚胎成功分娩以来,胚胎的免疫保护作用备受关注,与器官移植排斥作用之间关系的研究也日益深入。

11.2.1.3　代孕母亲

代孕母亲是借助IVF-ET技术帮助无子宫、子宫切除、子宫破裂或子宫腔严重粘连破坏的女性借助他人的子宫使受精卵得以着床妊娠获得新生儿的技术。

11.2.1.4　胚胎冻融技术（1984年,Bourn Hall Clinic）

1984年世界上第一例冰冻胚胎的婴儿在英国诞生。目前,胚胎的冰冻与复苏已成为ART常规技术之一。将新鲜胚胎移植周期中多余的胚胎冻存,在适当的时候将胚胎解冻再植入子宫,提高了累积妊娠率。同时,我们发现胚胎冻融后成功率不受患者年龄、不孕病因、冻存时胚胎发育的程度等影响。

人类胚胎冻存也牵涉到伦理问题,一旦形成胚胎标志着人的生命的开始。但成熟的卵子正处于减数分裂时期,常规冻存时常导致细胞结构的破坏或导致染色体异常等不可逆改变,如何成功地进行卵子冻融获得妊娠,并避免染色体畸变后代的出生是亟待解决的课题。

11.2.2 IVF-ET 技术的发展

1. 单精子胞浆内注射（intracytoplasmic sperm injection，ICSI）

1992 年意大利 Palermo 博士首创此项技术,他用显微操作仪,将患者单个精子注射到卵母细胞的胞浆内,结果 IVF-ET 获得成功。ICSI 技术给那些少、弱精患者和其他常规 IVF 无法受精的患者带来了希望。目前不论是用新鲜的或冻存解冻的精液精子、附睾精子、睾丸精子,还是用精细胞、未成熟精细胞均可经 ICSI 获得受精妊娠。因此 ICSI 技术被认为是生殖医学研究的新里程碑。但由于 ICSI 是用非自然选择的精子,而少、弱精患者常伴有基因缺陷,除了不育基因外,还可能携带有病理表型基因。那么,ICSI 就有可能将遗传缺陷传给下一代。因此,ICSI 前必须对精样提供者进行遗传学检查,并加强妊娠后随诊。ICSI 俗称第二代试管婴儿。（图 11-3）。

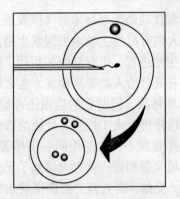

图 11-3 精子胞浆内注射示意图
（上图示用显微针将单个精子注射到卵胞浆内,卵膜外为第一极体；
下图示雌雄原核,卵膜外为第一极体与第二极体）

2. 种植前遗传学诊断（preimplantation genetic diagnosis，PGD）

PGD 是对有遗传风险的夫妇,将其精、卵进行体外受精,当胚胎发育到 6~8 细胞期时,取 1~2 个细胞进行遗传学分析,剔除具有遗传缺陷的胚胎,将正常胚胎植入母体子宫,以期生育正常的后代。此外，对于女性患者，也可取其极体进行遗传学分析，从而推断相应的卵母细胞是否正常，选择正常卵母细胞与其丈夫的精子受精，再将胚胎植入母体子宫。1990年英国Handyside博士首次用PGD技术，使囊性纤维化病患者生育一健康婴儿。近年来，PGD成为生殖医学领域研究热点。

PGD的优越性是既避免了被动地妊娠遗传病患儿后，一经查出不得不终止妊娠给患者夫妇带来的痛苦，又避免了在绒毛取样和羊水穿刺过程中有可能带来正常胎儿流产的风险。目前PGD主要用于：①性染色体分析，以避免严重性连锁疾病；②非整倍体染色体检测，减少高风险多倍体片段缺失或平衡异位的发生风险；③单基因疾病（纤维囊性变，镰刀状红细胞贫血，GM神经节苷脂沉积病Ⅰ型和地中海贫血）。PGD俗称第三代试管婴儿。

11.2.3 先进的辅助生育技术面临的社会、伦理、道德、法律等问题

20世纪后叶，现代辅助生殖技术的飞跃发展，为生殖医学增添了新的活力，使得人们有可能主动地去探索生殖活动的奥秘，按照主观愿望控制自身生殖进程、生育健康的后代。然而，现代生殖技术是一把双刃剑，它既会给人类带来福音，也会给人类传统的伦理道德观念带来冲击和挑战，同时它的滥用还可能给人类造成灾难。如用同一供精者的精样进行人工授精，分娩的后代是同父异母的兄弟姐妹。如果精子库管理不严，使用同一供精者精样的次数过多，而其后代生活的地域又很相近，就大大增加了兄弟姐妹间发生"血亲婚配"的可能性。又如，有人以"提供诺贝尔奖获得者精子"或"提供美女卵子"作诱饵，招揽生意。这是利用人们望子成龙的心理和对遗传规律不甚了解所进行的误导或欺骗，目的在于牟取暴利。人的基因一半来自其父亲，另一半来自其母亲。由于遗传因子的传递遵循自由组合定律，"诺贝尔奖获得者"或"美女"与他们配偶的不利遗传因子也可能组合在一起传给子代，这就是在中外名人生育的子女中，白痴、傻子、低能儿以及外表畸形者也不罕见的原因。

此外，代孕母亲所孕胎儿其精子可能来自患者的丈夫或其他供精者，卵可能来自患者、代孕母亲或其他供卵者，这样就形成了遗

传学父母、生物学母亲和社会学父母之间错综复杂的关系，胎儿的归属问题有可能导致法律上的纠纷。

11.3 转基因动植物

11.3.1 转基因动物的构建

所谓转基因动物就是把外源性目的基因导入动物的受精卵或其囊胚细胞中，并在细胞基因组中稳定整合，再将合格的重组受精卵或囊胚细胞筛选出来，采用借腹怀孕法寄养在雌性动物（foster mother）的子宫内，使之发育成具表达目的基因的胚胎动物，并能传给下一代。这样，生育的动物为转基因动物。这类动物由于外源性目的基因的稳定存在而赋予子代动物个体新性状。转基因动物的主要构建方法有显微注射法、逆转录病毒法、干细胞法、精子载体法和体细胞移植法等。

最早的转基因动物是转基因小鼠，是将提纯的 SV40 病毒基因利用显微注射法（microinjection）注入胚胎的胚泡期（blastocyst）的囊胚腔（blastocoel）。随后将转基因的胚泡移植于寄养母鼠的子宫中，使之发育成长，在生育的后代中，大约有 40% 子鼠的某些细胞中含有 SV40 病毒基因 DNA，而且在同一组织中有的含有 SV40DNA，有的却没有。这表明早期胚胎已接受了异体 DNA 并稳定地组装到某些胚胎细胞的染色体上，并随细胞增殖和分化稳定整合在成体细胞中。此后，人们开始研究转基因家兔、猪、羊和牛等，开始是用生长激素（hGH）基因，下述转基因小鼠的转基因技术，其技术路线如下：

供体动物 →(目的基因(hGh)显微注射) 动物受精卵 →(移植) 受体动物输卵管 →(妊娠出生) 动物幼崽 →(分子检测) 转基因动物

中国科学院水生生物研究所朱作言院士领导的课题组在世界上率先进行转基因鱼的研究，成功地将人生长激素基因、鱼生长激素基因导入鲤鱼,育成当代转基因鱼,生长速度比对照快,并从子代测得生长激素基因的表达。我国已生产出生长速度快、节约饲料的转基因鱼上万尾,为转基因鱼的实用化打下基础。hGH 的转基因鱼、鼠、兔、猪可产生巨鱼、巨兔、巨猪,这些都是商业上的重要指标。转基因技术在保证农业的稳产、高产及高品质方面产生了十分巨大的效果。由于转基因动物体系打破了自然繁殖中种间隔离,使基因能在种系关系很远的机体间流动,它将对整个生命科学产生全局性影响。

11.3.2 转基因动物的应用

1. 提高动物品质与育种效率

转基因动物能提高动物品质与育种效率。它可用于改造动物的基因组,使家畜、家禽的经济性状改良更加有效,如使生长速度加快、瘦肉率提高、肉质改善、饲料利用率提高、抗病力加强等。加上体细胞克隆技术能使优良种畜迅速扩群,在短时间培育出新品种。对动物遗传资源保护意义更加深远,对濒危物种挽救是必不可少的。由中国农业大学畜牧研究所培育的中国第一头采用常规冷冻方法保存克隆胚胎生产的体细胞克隆奶牛,于 2002 年 10 月 26 日在顺义区石家营奶牛场通过剖腹产降生。这头克隆牛起名"顺华",出生体重达 63.5kg,体质健壮,毛色光亮。该克隆牛的核供体来自北京市奶牛中心的一头优良成年母牛的耳部细胞。克隆胚胎经过常规冷冻后移植到一头健康的年轻荷斯坦母牛体内,克隆牛的产奶量是普通奶牛的 2~3 倍。

2. 生产医用蛋白——转基因的"动物药厂"

治疗人类疾病,特别是遗传疾病所需的生物活性蛋白,如胰岛素、白蛋白、生长因子、细胞因子、凝血因子、tpA 等,大部分是从活体动物体血液或脏器中提取获得,成本高,价格昂贵,应用受限。可采用原核的基因工程获得大量的生物活性蛋白,但生产量还不够多,提取纯化工艺较复杂,特别是某些蛋白必须糖基化或因分子量大以及基因中有内含子存在,难以由原核表达系统进行生产,必须采用哺乳动物细胞等真核表达系统来进行生产。因为这有利于

mRNA 表达，可剪切内含子，蛋白分子在细胞中能正确地进行 α-螺旋和 β-折叠以及糖基化。但细胞培养的无菌要求严，营养要求高，设备投资大，价格昂贵，应用也受限。如果采用转基因克隆动物表达这些蛋白，即可满足哺乳动物表达系统的不足之处。最大的优越性是只要通过牧场饲养人工喂养动物，就能生产药用蛋白并具有生物活性，纯化简单、投资少、成本低、对环境没有污染。畜牧业由此可开辟一个全新的天地。

例如，利用转基因动物生产溶解血栓凝块的组织纤溶酶原激活剂（tpA），则克隆编码 tpA 的基因，在这里把编码 tpA 或其他蛋白产物的功能统称为"你所宠爱的基因"（your favorite gene），简称 YFG，把 YFG 基因组装在 β-乳球蛋白启动子（β-lactoglobul in promotor）控制之下，使 YFG 基因只能在乳腺细胞中才具有启动表达活性。用显微注射法把目的基因（tpA 或其他基因）与表达载体的 DNA 重组体注入受精卵内，经培育后，选择发育好的多细胞胚胎囊胚植入借腹怀孕的寄养母体子宫内，生育后的幼崽（如羊）经 YFG 特异引物对羊崽细胞基因组进行 PCR 检测，证明 YFG 在其基因组中的确存在，经 YFG 蛋白检测，基因羊只在乳汁中可表达高浓度的 YFG 蛋白（图 11-4）。

我国以曾溢涛为首的上海医学遗传研究所的研究人员采用上述转基因技术，已将人凝血 IX 因子基因的转基因羊获得了成功，可从转基因的母羊乳汁中获取大量人凝血 IX 因子，用于治疗血友病，由于所转导的人凝血 IX 因子基因能通过生殖细胞-卵细胞遗传给小羊，从而可繁殖成大批转基因羊群。因而既不必担心原代转基因母羊死亡而失去这一宝藏，又不必担心产量能否满足需求和价格昂贵问题。可以设想，转基因羊一旦繁殖开来，只要拥有数百只这种转基因羊的大牧场，就可足以供应治疗全世界所有血友病患者所需的凝血 IX 因子。

3. 提供人体器官

为了解决人体器官移植中的器官来源问题，利用当今的克隆生物技术来克隆人体器官，是一项十分有意义和有应用价值的研究，现已引起医学、生物学界的极大关注。

英国剑桥大学的几位科学家为一头猪胚胎导入了人的基因，因而培育出了世界上首例携有人基因的转基因猪，名叫阿斯特丽德（Astrid）。在世界上引起强烈反响，许多报道都以"具有人类心脏的猪"为题。目前，这种转基因猪已发展到数百头。转基因克隆猪对人类疾病的治疗，特别是用于人的器官移植将带来成功和新的希望。因猪的器官大小、功能与人体接近，有人设法在猪心肌干细胞中导入与

图 11-4 "动物药厂"利用转基因羊在乳汁中生产重要的转基因蛋白

患者心脏相一致的人的基因，一方面可防止移植后的免疫排斥反应，另一方面使猪的心脏发育成与人心脏功能完全相同的猪心脏，移植后就成了真正的"人面猪心"了。可望用猪器官来取代人的各种器官。为了防止猪器官移植后的排斥反应，现发现与人体移植排斥相应的基因，称为α-1.3GAL 转移酶基因。若将此基因消除或使其失活后可防止移植排斥反应。

11.3.3 转基因植物的构建

转基因植物的构建方法主要有农杆菌导入法、基因枪法、花粉管通道法和原生质体融合法等，各有优缺点。

如基因枪法，这种方法用表面附着 DNA 分子（含目的基因）的金属微粒，经过加速装置，轰击植物细胞，将 DNA 直接射入植物细胞，转化率可达 8%~10%。这种方法不受植物细胞种类限制，快速简单，但设备昂贵。花粉管通道法是将目的基因整合后，在植株开花时利用花粉管通道直接导入受体植株。这是由我国科学工作者发明的方法，主要用于棉花转基因研究。

世界上第一种实验室转基因作物是 1983 年培育成功的含有抗生素抗性的烟草。1993 年，第一种转基因蔬菜——延迟成熟的番茄开始在美国的超市出售，到了 1996 年，由转基因番茄制造的番茄饼，才得以允许在超市出售。目前，美国是转基因农作物种植和转基因食品批准上市最多的国家，60% 以上的加工食品都含有转基因成分，90% 以上的大豆、50% 以上的玉米和小麦都是转基因的。1999 年，全球转基因农作物种植面积达到了 4×10^7 ha，转基因农作物迅速摆上了餐桌，走进了人们的日常生活。据预测，到 2010 年，转基因作物的世界市场总收入将达 3 万亿美元，光是转基因作物种子的收入就可达到 1 200 亿美元。

11.3.4 转基因植物的应用

1. 培育抗逆农作物

科学家目前所构建的转基因植物主要是那些具有抗病、抗虫、抗病毒和抗除莠剂能力的转基因植物，因为这些抗性都由单个基因所控制，而且植物一旦具备这些性状，自然便能提高产量。此外转基因植物还可应用于改进农产品质量，例如，提高蛋白质的必需氨基酸含量、改变油脂组分、延长果品的保鲜期、改变花卉的颜色等，都已经取得了研究成果。转基因植物还能改变农产品的外观，如方形的西红柿和西瓜，以便于装箱运输。可见，转基因植物有着广阔的发展天地。

中国在转基因植物方面也取得了可喜成果。到目前为止，已获得了抗细菌病的转基因马铃薯、抗赤霉病的转基因小麦、抗小菜蛾的转基因甘蓝、抗病毒的转基因烟草等，此外在耐盐转基因植物和提高必需氨基酸含量的转基因马铃薯等方面也取得了成果。中国农科院郭三堆研究员研制的"双价抗虫棉"就是向棉花植株中导入了两种基因，其中一个基因是人工合成的，另一个基因则来自细菌。他研制的转基因抗虫棉在全国各地已经推广了近 $2 \times 10^8 m^2$，实验表明，每亩可降低成本 80～100 元。

2. 生产药用蛋白质

利用转基因植物可作为生物反应器生产动物疫苗等蛋白质。目前，这项研究尚处于实验室阶段。Mason 等在 1992 年就提出了利用转基因植物作为生物反应器生产疫苗的设想，并实现了人类乙型肝炎表面抗原在转基因植物中的表达。目前，乙型肝炎表面抗原、大肠杆菌热不稳定肠毒素（LT-B）抗原、诺沃克病毒衣壳蛋白、口蹄疫病毒 VP1 抗原、霍乱抗原等都已经在转基因植物中成功表达并且成功地诱导动物产生保护性免疫反应。狂犬病病毒糖蛋白在转基因西红柿中也已经成功地表达，但能否刺激机体产生保护性免疫反应尚未得到证实。

转基因植物疫苗具有以下优点：①易于形成产业化规模，在筛选到高效表达植株后，只需增加耕种面积就能扩大产量；②价格便宜，植物易于栽培和管理，生产成本很低；③安全，植物病毒不会感染人类和家畜；④使用方便，例如，口蹄疫是一种急性高度接触性、发热性、毁灭性传染病，然而目前世界上使用的疫苗仍是以口蹄疫弱毒疫苗为主，尽管这些弱毒疫苗是预防口蹄疫的有效手段，但有文献报道，在生产弱毒疫苗的同时，又存在着传播口蹄疫病毒的潜在危险性，因此利用转基因植物作为生物反应器生产的口蹄疫疫苗很易被接受和推广使用。

11.3.5 转基因生物的安全性

虽然转基因作物已经在世界范围内得到成功推广，通过培育转基因羊和转基因牛来生产昂贵医药品及转基因猪提供移植"人"造器官被寄予厚望，但不时有科学家对转基因动植物的生物安全性提出疑问，担心大量应用转基因生物会破坏生物多样性，甚至可能对人类健康造成伤害。

据英国媒体报道，转基因作物生产公司今后3年内将不准在英国进行转基因作物商业化种植。西班牙政府拒绝转基因大米，俄罗斯一直在质疑转基因土豆的安全性。经合组织（OECD）1993年提出了食品安全性评价的实质等同性原则，即通过转基因技术生产的"产品"如果和传统产品有实质等同性，则可认为是安全的。如转基因羊乳汁中含有人类的凝血因子经鉴定和其他方法生产的是同一种物质，那么就可以放心地使用。若转基因产品与传统产品不存在实质等同性，则应进行严格的安全性评价，要求对所转入基因认真研究，确认对人畜无毒，不形成过敏源。

转基因技术是中性的，对人体不存在利弊问题。但是由于转基因食品是把一种外源的基因转移到生物中，因此便有可能存在着一些潜在的风险：如转基因作物演变成农田杂草、基因漂流到近缘野生种群及进入食物链，最终导致破坏生态环境，打破原有生物种群的动态平衡等。当然，这些风险在短时间内往往不易察觉，因此加强监管和严格审批是完全必要的，中国政府对转基因动植物的研究、应用及转基因产品的销售都作出了严格的规定，以保证人们的健康和生态系统不被破坏。

11.4 生物芯片

11.4.1 生物芯片概念

生物芯片（biochip）是在一定的固相表面建立的微流体检测系统，用来检测组织、细胞、DNA、RNA和蛋白质。目前的生物芯片包括DNA芯片、蛋白质芯片、组织芯片、药物芯片、传感器芯片等。现在研究最多的是DNA芯片，最有价值的是蛋白质芯片。

DNA芯片（DNA chip）又称为基因芯片（gene chip）或DNA微列阵（DNA microarray）。它利用微点阵技术，将探针（通常是DNA

或 cDNA 或寡核苷酸片段）以高密度布阵的形式（原位合成或离片合成后点样）按一定的顺序固定排列在 $1cm^2$ 的硅片（玻片、尼龙膜等）表面上，再将所研究的样本材料如 DNA、RNA 或 cDNA 用荧光标记，在芯片上与探针杂交；然后通过激光共聚焦显微镜等对芯片进行扫描，并配合计算机系统进行分析，从而快速、准确地得出所需信息。只需要一次实验，DNA 芯片便能够将成千上万的基因表达图谱（gene expression pattern）记录下来。生物芯片巨大的分析能力，极少的样品用量，简便、快速、高效的无与伦比的优势，已在医学、分子生物学等领域显现出巨大的应用价值，具有非常广阔的发展前景。当然生物芯片技术想要被广泛采用必须降低芯片成本（现在一块芯片要几百美元至上千美元），国内外生命科学界、工业界和医学界等都认为生物芯片将会给 21 世纪整个人类生活带来一场"革命"。

11.4.2 生物芯片的应用

1. DNA 测序

DNA 杂交测序原理是短的标记寡核苷酸探针（一般为 18~50 个核苷酸）与靶 DNA 杂交，计算机扫描分析杂交谱，从而重建靶 DNA 序列。一般情况下，探针的序列越短，杂交所需时间也越短，如一个 20mer 核苷酸探针在 0.1 微克/毫升浓度下，10 分钟就能达到最高限度的杂交率。带荧光标记的目标 DNA 与芯片上的探针杂交后，经检测器及处理器分析处理就可得出靶 DNA 序列，一次可测定较长片段的 DNA 序列。DNA 芯片技术具有快速、准确等特点，应用该技术进行杂交测序具有其他方法无可比拟的优越性。Murk Chee 等人利用这种方法对人类线粒体基因组测序，证明其准确率达 99%。

2. 基因诊断

直接探查基因的存在和缺陷，从而对人体状态和疾病作出诊断，就是基因诊断。目前，已知人类有 4 000 多种遗传病与基因有关，所以基因诊断，特别是致病基因如癌基因、肿瘤基因等的诊断对人类的健康至关重要。DNA 芯片可用于大规模筛查由点突变、

插入及缺失等基因突变引起的疾病（图 11-5）。用于基因诊断的芯

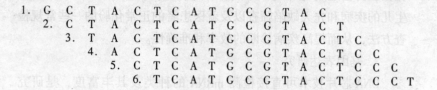

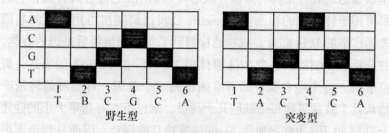

图 11-5 基因诊断及 DNA 测序
Fig. 3 Gene diagnosing and DNA resequencing
■表示杂交信号；□表示未杂交信号

片一般是针对靶基因而特别设计的，利用分子杂交进行特定基因的确认。据报道，目前已研制出了检测艾滋病病毒（HIV）相关基因、囊性纤维化相关基因、与肿瘤抑制有关的 P_{53} 基因、与乳腺癌相关的 BRCAI 基因及监控药物代谢的 CY450 等 20 余种 DNA 芯片。用 20mer 包含有 96 600 种寡核苷酸探针的高密 DNA 芯片检测到了遗传性乳腺和卵巢癌基因 BRCAI 全长 3.45kb 外显子 II 的突变。在国内利用点样法已研制出乙型肝炎表面抗原诊断型 DNA 芯片，并成功地诊断了血清样本，其优点是只需少量血液样本。据报道，英国一家生物技术公司研制成功了用于检测人类基因的新型 DNA 芯片，该芯片集成了多种遗传疾病的检测，能够检测的基因突变障碍多达 16 种类型，其中包括有关智力和遗传方面的基因。由于这项技术的高度准确性、高度自动化和高效率使其在分子诊断方面得到了广泛的应用。当人类所有基因被彻底解读后，科学家们预言可以

利用DNA芯片检测人类DNA上所有的遗传突变位点。未来的医院化验室将会运用DNA芯片技术，替代目前对孕妇的产前诊断、新生儿的疾病和先天缺陷筛查以及就医患者的正常化验的一些常规检查方法，从而提高疾病诊断的效率和准确性。

3. 基因表达研究

DNA芯片技术可直接检测mRNA的种类及其丰富度，是研究基因表达的有力工具。寡核苷酸芯片和cDNA芯片各具特点，它们都可用于转录物的检测。Affymetrix公司已研制出可用于检测基因表达水平的DNA芯片，成功地检测到了T细胞激活后基因的表达，并分析了T细胞系整个RNA群体中21个不相同mRNA的表达。研究表明，20个左右探针即可准确检测一个基因，可检测的转录产物从几个数量级到每个细胞几个拷贝，现已可在一指甲大小的硅片上排列40万～100万种含20mer的寡核苷酸探针，因而从理论上讲通常一块芯片可检测100 000多个目的基因。已知人类有3万个左右基因，如果通过直接测序等手段来了解功能基因的情况非常费时费力，而改用功能基因转录出来的mRNA与芯片杂交来研究功能基因的表达，用一块芯片就可检测人类全部基因转录产物，进而研究基因表达。

4. 芯片实验室的应用

芯片实验室可防止污染，使分析过程自动化，能大大提高分析速度和多样品分析能力，而且设备体积小，便于携带。因此，它被认为是最理想和最具潜力的一种生物芯片，已引起了各国生命科学界和工业界的注意，目前国内外许多科研机构已在研究芯片实验室。1998年6月，Nanogen公司的程京博士及其同事首次报道了利用芯片实验室从混有大肠杆菌的血液中成功地分离出了细菌，破坏细胞之后用蛋白酶K孵化脱蛋白，得到纯化的DNA，经分析证实提取物为大肠杆菌的DNA。该研究向实现创建芯片实验室的最终目标，即将原始样品制备、生物化学反应以及获取所需信息的整个分析过程集成化，迈出了决定性的一步。相信不久的将来，各种芯片实验室将不断涌现，利用芯片实验室将在生命科学、医学、食品检验防疫等方面不断取得突破。

思 考 题

1. 什么是克隆，细胞核移植方式进行克隆成功的关键问题有哪三点？
2. 克隆人问题引起全世界关注和讨论，谈谈你的观点？
3. 试管婴儿真是在试管中孕育长大的吗？
4. 有人说现代辅助生育技术是一把双刃剑，若滥用会给人类造成灾害，为什么？
5. 什么是转基因动物，应用生长激素（hGH）基因转基因动物的技术路线如何绘制？
6. "人面猪心"是怎么回事？
7. 转基因植物疫苗有哪些优点？
8. 转基因"动物药厂"是怎么回事？
9. 你对科学家关于转基因动植物安全性的疑问有什么看法？
10. 什么是生物芯片？它有哪些优点？

主要参考文献

1. 顾德兴主编. 普通生物学. 北京: 高等教育出版社, 2000
2. 陈阅增主编. 普通生物学. 北京: 高等教育出版社, 1997
3. 胡玉佳主编. 现代生物学. 北京: 高等教育出版社, 1999
4. 南开大学等主编. 普通生物学. 北京: 高等教育出版社, 1983
5. 寿天往, 徐耀忠主编. 现代生物学导论. 合肥: 中国科技大学出版社, 1998
6. 岑沛霖主编. 生物工程导论. 北京: 化学工业出版社, 2004
7. 宋思扬, 楼士林主编. 生物技术概论. 北京: 科学技术出版社, 1999
8. [美] G.H·弗里德, G.J·黑德莫诺斯著, 田清涞等译. 生物学. 北京: 科学出版社, 2002
9. 凌治萍主编. 细胞生物学. 北京: 人民卫生出版社, 2001
10. 汪德耀主编. 细胞生物学超微图谱. 北京: 高等教育出版社, 1986
11. 赵寿元, 乔守怡主编. 现代遗传学. 北京: 高等教育出版社, 2001
12. 李惟基主编. 新编遗传学教程. 北京: 中国农业大学出版社, 2002
13. [巴西] 阿芦茨奥·博尔姆等主编, 马建岗译. 生物技术. 西安: 交通大学出版社, 2003
14. 朱玉贤, 李毅主编. 现代分子生物学. 北京: 高等教育出版社, 2001
15. 吴乃虎主编. 基因工程原理. 北京: 科学出版社, 2000
16. 贺林等主编. 解码生命. 北京: 科学出版社, 2000
17. 顾宏达主编. 基础生物学. 上海: 复旦大学出版社, 1992
18. 赵寿元等主编. 人类遗传学原理. 上海: 复旦大学出版社, 1996
19. Villee C A. Biology. W. B. Saunders Company, 1997

20. Campbell N A. Biology. New York: The Benjamin/Cummings Publishing Company Inc, 1996
21. Brown T A. Gegomes. John Wiley and Son Inc, 1999
22. Cantor C R, Smith C L. Genomics. John Wiley and Sons Inc, 1999